高等学校教材

画法几何及土木工程制图

主　编　唐　广　张会斌　周乔勇
副主编　张德莹　信丽华

西南交通大学出版社
·成都·

内容提要

本书共 16 章，主要内容包括：点，直线，平面，直线与平面、平面与平面的相对位置，投影变换，平面体，曲面体，轴测投影，标高投影，透视投影，制图的基本知识和技能，组合体投影图，工程形体的表达方法，钢筋混凝土结构图，钢结构图，桥梁、涵洞和隧道工程图，房屋建筑施工图和结构施工图等。

本书的特点是紧密结合土木工程各个专业的工程实际，采用最新的工程图样，涵盖面广，便于教师结合工程实际进行教学，并提供配套习题集供学生练习作图。

本书可作为高等学校土木、建筑类以及工程管理类等相近专业的"画法几何和工程制图"课程的教材，也可作为函授、成教、高职高专的课堂教学或自学的教材。

图书在版编目（ＣＩＰ）数据

画法几何及土木工程制图 / 唐广，张会斌，周乔勇
主编 . 一成都：西南交通大学出版社，2018.8（2021.12 重印）
ISBN 978-7-5643-6331-4

Ⅰ . ①画… Ⅱ . ①唐… ②张… ③周… Ⅲ . ①画法几
何 – 高等学校 – 教材②土木工程 – 建筑制图 – 高等学校 –
教材 Ⅳ . ①TU204

中国版本图书馆 CIP 数据核字（2018）第 189906 号

画法几何及土木工程制图

主编／唐　广　张会斌　周乔勇　　　责任编辑／姜锡伟
　　　　　　　　　　　　　　　　　封面设计／何东琳设计工作室

西南交通大学出版社出版发行
（四川省成都市二环路北一段 111 号西南交通大学创新大厦 21 楼　610031）
发行部电话：028-87600564
网址：http://www.xnjdcbs.com
印刷：四川煤田地质制图印刷厂

成品尺寸　185 mm×260 mm
印张　20　　插页：1　　字数　504 千
版次　2018 年 8 月第 1 版
印次　2021 年 12 月第 3 次

书号　ISBN 978-7-5643-6331-4
定价　49.00 元

前　言

　　本书是为适应工科院校教学改革的发展，满足工科院校土木建筑类各专业的教学需要，根据教育部工程图学教学指导委员会 2014 年制定的《普通高等院校工程图学课程教学基本要求（本科各专业适用，专科各专业参考）》，总结作者多年的教学实践与经验而编写的。

　　本书的内容主要有三部分：画法几何、制图基础、土木建筑专业图。本书在内容上力求理论系统、语言精练、内容充实、结构合理，且理论基础教学内容以满足工程应用实际需要为目的。本书的章节划分符合教学单元的设置和学生的学习心理，并提供配套习题集供学生练习作图。本书的特点是紧密结合土木工程各个专业的工程实际，采用最新的工程图样，对建筑物的表达与阅读作了全面而详细的介绍，便于教师结合工程实际进行教学。

　　本书参考了现行的最新制图规范，包括《房屋建筑制图统一标准》（GB/T 50001—2010）、《建筑结构制图标准》（GB/T 50105—2010）、《建筑给水排水制图标准》（GB/T 50106—2010）、《暖通空调制图标准》（GB/T 50114—2010）、《建筑电气制图标准》（GB/T 50786—2012）、《道路工程制图标准》（GB 50162—92）以及《混凝土结构施工图平面整体表示方法制图规则和构造详图》（16G101）。

　　本书由石家庄铁道大学唐广、张会斌、周乔勇担任主编，张德莹、信丽华担任副主编，河北建筑工程学校李丛参编。具体编写分工如下：唐广编写第 1、2、11、15 章的一部分；周乔勇编写 7、8、13 章；张德莹编写第 3、6、12、14 章；信丽华编写第 4、5、10 章；张会斌编写第 9、16 章的一部分；李丛编写第 15、16 章各一部分。全书由唐广负责统稿。

　　本书可作为高等学校土木、建筑类以及工程管理类等相近专业的"画法几何和工程制图"课程的教材，也可作为函授、成教、高职高专的课堂教学或自学的教材。

　　由于编者水平有限，书中难免存在不足之处，恳请读者和同行批评指正。

编　者

2018 年 5 月

目　录

第一篇　画法几何

第二篇　制图基础

第一篇　画法几何

第一章　投影的基本知识

第一节　投影的概念

影子，是生活中常见的自然现象，无论是在阳光下，还是在灯光下，物体都会留下一片和其自身轮廓相似的影子，人们把这种自然现象抽象为投影。如图 1-1 所示，将光源抽象为一点，称为投影中心。由投影中心发出的光线，称为投射线。物体影子所在的平面称为投影面。物体在投影面上产生的影子，称为物体在投影面上的投影。这种使投射线通过物体，向选定的面投射，并在该面上得到图形的方法，称为投影法。

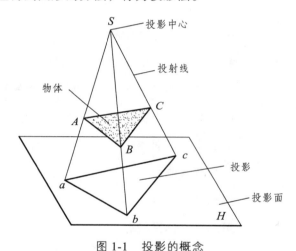

图 1-1　投影的概念

因此，形成和构成投影必须具备的三个要素为：投影中心、物体和投影面。

第二节　投影法的分类

根据投影中心距离投影面的远近，投影法可以分为两类：中心投影法和平行投影法。

一、中心投影法

当投影中心 S 距离投影面 H 为有限远时，点 S 即为所有投射线在有限远距离内的交点。用这样一组投射线使物体在投影面上得到投影的方法，称为中心投影法。用中心投影法得到物体投影的过程，称为中心投影，如图 1-2 所示。

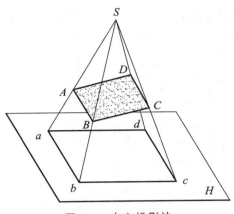

图 1-2　中心投影法

二、平行投影法

当投影中心距离投影面为无限远时，所有的投射线都相互平行，用这样一组投射线使物体在投影面上得到投影的方法，称为平行投影法。用这种方法得到物体投影的过程，称为平行投影。

平行投影法根据投射线是否与投影面垂直，又分为正投影法和斜投影法。

（1）如图 1-3（a）所示，投射线垂直于投影面时所得到的平行投影，称为正投影，得到正投影的方法称为正投影法。

（2）如图 1-3（b）所示，投射线倾斜于投影面时所得到的平行投影，称为斜投影，得到斜投影的方法称为斜投影法。

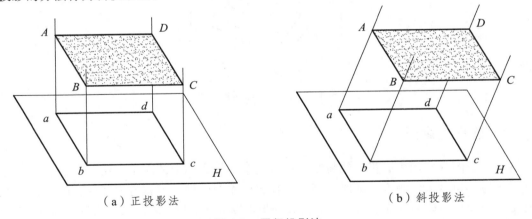

（a）正投影法　　　　　　　　　　（b）斜投影法

图 1-3　平行投影法

第三节　工程上常用的几种投影图

一、多面正投影图

工程上，为了能够全面清楚地表达出物体的形状，往往采用将物体向多个投影面作正投影的方法来表达物体，然后将这些正投影图按照一定规则展开在同一个平面上，这样的图样称为多面正投影图，如图 1-4 所示为物体的三面投影图。

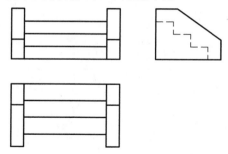

图 1-4　物体的三面投影图

多面正投影图由于作图方便、易于度量而在工程上得到了广泛应用，但它缺乏立体感，需经过一定的训练才能看懂。

二、轴测投影图

轴测投影图是应用平行投影法将物体投射到单一投影面上的图示方法。其特点是直观性较好，但度量性较差，且作图较繁，因此在工程上常常作为表达物体形状的辅助图样，如图 1-5 所示为物体的轴测投影图。

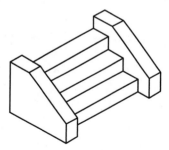

图 1-5　物体的轴测投影图

三、透视投影图

透视投影图是应用中心投影法将物体投射到单一投影面上的图示方法。其特点是具有较好的立体感，符合人们观察物体时的视觉习惯，但作图较繁，不具有度量性，因此，在工程上常常用作表达物体的外观形状和立体效果的辅助图样，如图 1-6 所示为物体的透视投影图。

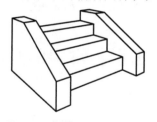

图 1-6　物体的透视投影图

四、标高投影图

标高投影图是一种带有数字标记的单面正投影，常用来表达地面的形状。即采用一系列间距相等的水平面截切地表面，然后将各截交线向水平投影面作正投影，并标注出各截交线的高程，从而表达该处的地形，这种图示方法，称为标高投影图，如图 1-7 所示。

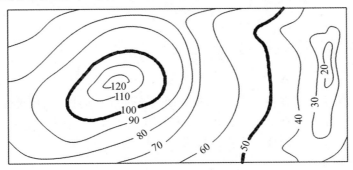

图 1-7　标高投影图

第二章　点、直线和平面的投影

第一节　点

如图 2-1（a）所示，已知空间点 A 和投影面 H，过点 A 向投影面作投射线与投影面相交于 a 点，a 即点 A 在投影面 H 上的投影。由于投射线与 H 面只有一个交点，所以 A 点在 H 面上的投影是唯一的。即由空间点向投影面作投影，其投影具有唯一性。

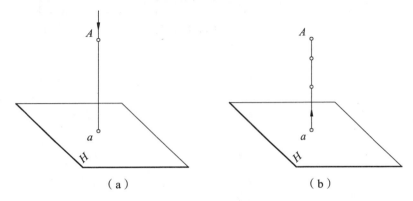

（a）	（b）

图 2-1　点的单面投影

然而，知道点的投影 a，则不可能确定空间点的位置，因为在投射线上的任意点的投影都是 a，如图 2-1（b）所示。因此，由点的一个投影，不能确定空间点的位置。

一、点的两面投影

（一）两投影面体系

为了能够解决"点的一个投影，不能确定空间点的位置"的问题，可以在原来一个投影面的基础上，再增加一个投影面，构成两投影面体系。如图 2-2 所示，两投影面之间相互垂直，水平放置的称为水平投影面，以 H 表示；正立放置的称为正立投影面，以 V 表示；两投影面的交线 OX 称为投影轴。

（二）点的两面投影

如图 2-3（a）所示，将空间点置于两投影面体系中，并且分别向 H、V 投影面作正投影，得 a 和 a'，分别称为空间点 A 的水平投影和正面投影，此时两投影面所确定的空间点是唯一的。

为了将点的两面投影画在同一平面上，可以按下面的规则将两投影面体系展开：V 面不动，H 面绕 OX 轴向下旋转 90°与 V 面展平在同一平面上，如图 2-3（b）所示，同时，将空间点移去。

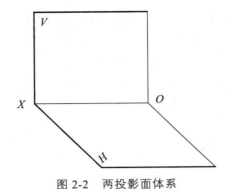

图 2-2　两投影面体系

由于投影面可以看作是无边界的，所以可去掉投影面的边框，即得点 A 的两面投影图，如图 2-3（c）所示。

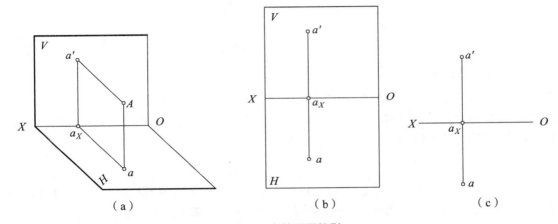

（a）　　　　　　　　（b）　　　　　　　　（c）

图 2-3　点的两面投影

点的两面投影具有如下规律：

（1）点的两投影的投影连线垂直于投影轴，即 $aa' \perp OX$。

证明如下：如图 2-3（a）所示，从点 A 所作的两垂线 Aa' 和 Aa 确定一平面，此平面与 V 面和 H 面均垂直。由立体几何学可知，三平面相互垂直时，它们的三条交线交于一点，且相互垂直，所以 $a'a_X \perp OX$，$aa_X \perp OX$。当投影面展开后，$a'a_X$ 与 aa_X 连成一条垂直于 OX 轴的直线，即 $aa' \perp OX$。

（2）点的一个投影到投影轴的距离，等于空间点到另一投影面的距离，即

$$Aa = a'a_X, \ Aa' = aa_X$$

证明如下：如图 2-3（a）所示，平面 $Aa'a_Xa$ 是一个矩形，$a'a_X$ 与 Aa 平行且相等，反映出点 A 到 H 面的距离；aa_X 与 Aa' 平行且相等，反映出点 A 到 V 面的距离。

（三）点在四个分角内的投影

1. 四个分角的划分

如图 2-4 所示，将 V 面向下延伸，将 H 面向后延伸，则将空间分为四个区域，这种用水平和铅垂的两投影面将空间分成的各个区域，称为分角。在 H 面之上，V 面之前的区域，称

为第Ⅰ分角。其他逆时针依次称为第Ⅱ、第Ⅲ、第Ⅳ分角。可以将空间物体置于这四个分角的任何一个分角内，然后分别向投影面投影。国家标准规定，我国采用第Ⅰ分角画法，即将空间元素放在第Ⅰ分角内，然后向投影面作正投影的画法。

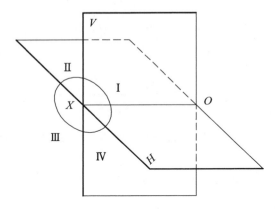

图 2-4　四个分角的划分

2. 四个分角的展开

投影面的展开方法与前面介绍的方法相同，即 H 面的前半部分绕 OX 轴向下旋转 $90°$ 与 V 面的下半部分重合，H 面的后半部分则与 V 面的上半部分重合。这种展开的规则使得处于空间不同分角中的点在投影面上的投影将会不同。

3. 各种位置点的投影

在投影面体系确定的情况下，空间点相对于投影面的位置是各不相同的，由于投影面体系的展开规则总是不变的，因此各种不同位置点的投影将具有不同的特点。

（1）不同分角中的点。

例如图 2-5 中的点 A 在第Ⅰ分角中，则点 A 的 V 面投影位于 OX 轴的上方，而水平投影位于 OX 轴的下方；再看 B 点，由于 B 点位于第Ⅱ分角中，因此其正面投影和水平投影均位于 OX 轴的上方。根据同样的道理可知 C 点和 D 点的投影情况，如图 2-5 所示。

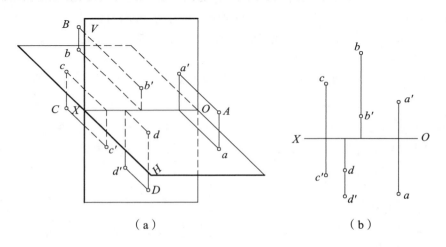

（a）　　　　　　　　　　（b）

图 2-5　不同分角中的点

（2）投影面上的点。

例如图 2-6 中的点 E 位于 H 面的前半个平面上，由于点在 H 面上，到 H 面的距离为零，因此，E 点与其水平投影重合，而正面投影则位于 OX 轴上。图中还示出了位于投影面上的 F 点的投影情况。

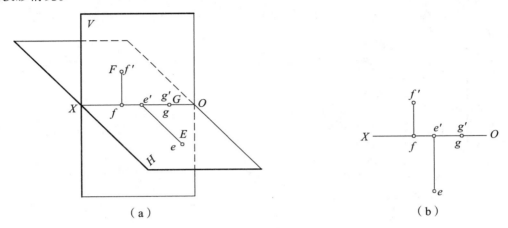

图 2-6　投影面上和投影轴上的点

（3）投影轴上的点。

如图 2-6 中的 G 点位于 OX 轴上，由于该点到两个投影面的距离均为零，所以，G 点的正面投影和水平投影及其本身重合为一点，并位于 OX 轴上。

二、点的三面投影

（一）三投影面体系

有时，两个投影仍然不能完全表达一些复杂形体的形状，这时应考虑增加第三个投影面——侧立投影面，用 W 表示，如图 2-7 所示。W 面与 H 面和 V 面保持两两垂直，与 H 面的交线称为 OY 轴，与 V 面的交线称为 OZ 轴。三个投影轴的交点为原点，用 O 表示。

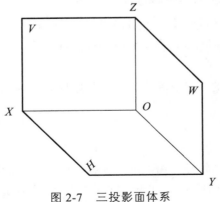

图 2-7　三投影面体系

（二）点的三面投影

在三投影面体系中设有空间点 A，如图 2-8（a）所示，由空间点 A 分别向 H、V 和 W 面作正投影，得 a、a'、a''，即为点 A 的三面投影。

类似两投影面体系的情况，我们也要将三投影面体系展开到同一平面内。展开的方法是：V 面保持不动，H 面绕 OX 轴向下旋转 90°与 V 面重合，将 W 面绕 OZ 轴向右旋转 90°与 V 面重合。这里要注意 OY 轴在展开过程中被一分为二，一条在 H 面上，称为 Y_H 轴，一条在 W 面上，称为 Y_W 轴。移去空间点 A，去掉投影面的边框，即得点 A 的三面投影图，如图 2-8（b）、（c）所示。

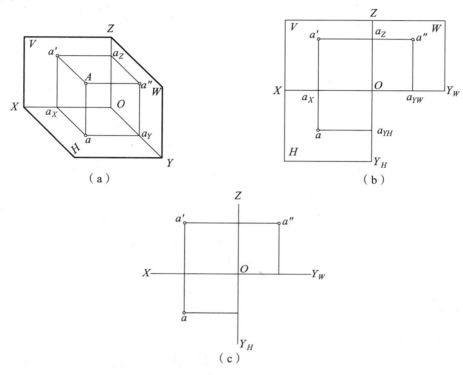

（a）　　　　　　　（b）

（c）

图 2-8　点的三面投影

（三）点在三投影面体系中的投影特性

与点的两面投影的投影特性相类似，可以得出点的三面投影的投影特性：

（1）点的相邻两面投影的连线垂直于相应的投影轴，即

$aa'\perp OX$，$a'a''\perp OZ$

（2）点的投影到投影轴的距离反映空间点到相应投影面的距离，即

$aa_X = a''a_Z = Aa'$

$a'a_X = a''a_{YW} = Aa$

$aa_{YH} = a'a_Z = Aa''$

根据点的三面投影的投影特性，由点的两面投影可以求出点的第三投影。

【例 2-1】已知点 A 的 V 面投影 a' 和 W 面投影 a''，求其 H 面投影 a，如图 2-9（a）所示。

【分析】过已知投影 a' 作 OX 轴的垂线，根据点的投影连线垂直于投影轴的特性，水平投影一定在此连线上，同时 a 到 OX 轴的距离必然等于 a'' 到 OZ 轴的距离，因此，截取 aa_X 等于已知的 $a''a_Z$，定出 a，即为所求。

【作图】如图 2-9（b）所示。

（1）过 a' 向下作 OX 轴的垂线。

（2）在 $a'a_X$ 的延长线上截取 $aa_X=a''a_Z$。

作图时，对于 $aa_X=a''a_Z$ 关系也可用 1-9（c）所示的作图方法，即过原点 O 作一条 45°的辅助线，由 a'' 作 OY_W 轴的垂线与该辅助线相交，再由该交点作 OY_H 轴的垂线与过 a' 所作 OX 轴的垂线相交，交点即为 a。

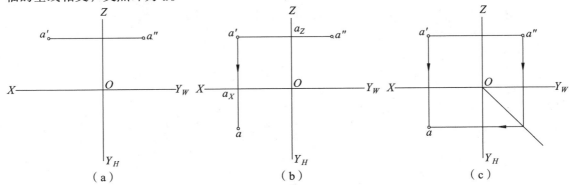

图 2-9 求点的第三投影

（四）点的投影与直角坐标

如果将三投影面体系与空间直角坐标系相对应来看的话，可以建立三投影面体系与空间直角坐标系的一一对应关系。将投影面作为坐标面，三条投影轴作为坐标轴，三投影面系的原点即为直角坐标系的原点，则三投影面系与直角坐标系是完全统一的。由此可以得到如下关系，如图 2-10（a）所示：

点的 x 坐标=点到 W 面的距离，即 $x=a''A=Oa_X=aa_{YH}=a'a_Z$；

点的 y 坐标=点到 V 面的距离，即 $y=a'A=Oa_Y=aa_X=a''a_Z$；

点的 z 坐标=点到 H 面的距离，即 $z=aA=Oa_Z=a'a_X=a''a_{YW}$。

由此，空间一点的位置可以由它的直角坐标（x，y，z）来确定。如图 2-10（b）所示，点 A 的三个投影的坐标分别为 a（x，y），a'（x，z），a''（y，z）。

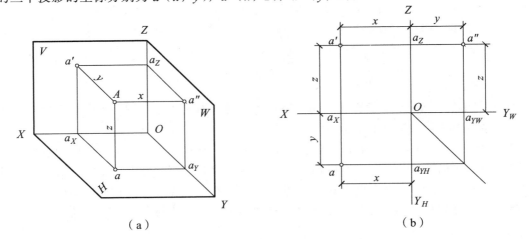

图 2-10 点的投影与直角坐标的关系

【例 2-2】已知点 A 的坐标为（12，18，20），求作点 A 的三面投影图。

【作图】如图 2-11 所示：

（1）在 OX 轴上量取 12 个坐标单位，得 a_X，过该点作 OX 轴的垂线，即投影连线。

（2）过 a_X 向下量取 18 个坐标单位，即得点 A 的水平投影 a。

（3）过 a_X 向上量取 20 个坐标单位，即得点 A 的正面投影 a'。

（4）再过 a' 垂直于 OZ 轴的垂线上截取 $a_Z a''$=18 个坐标单位，即得点 A 的侧面投影 a''。

用坐标定出点的两面投影之后，第三投影也可以用前述作图的方法求得。

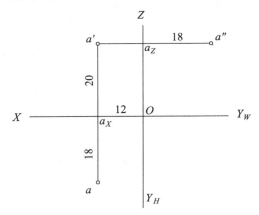

图 2-11　已知点的坐标求作三面投影

三、两点的相对位置

（一）两点间的相对位置关系的判别

由点的投影图，可以判别两点间的相对位置关系。在投影图上，可以 x 坐标的大小来判别左右关系，以 y 坐标的大小判别前后关系，以 z 坐标的大小判别上下关系，由此，可以判别图 2-12（a）中 A、B 两点的相对位置关系。从水平投影或正面投影可以看出，点 A 的 x 坐标大于点 B 的 x 坐标，说明点 A 在点 B 的左方；从水平投影或侧面投影可以看出，点 A 的 y 坐标小于点 B 的 y 坐标，说明点 A 在点 B 的后方；从正面投影或侧面投影可以看出，点 A 的 z 坐标大于点 B 的 z 坐标，说明点 A 在点 B 的上方。综合 A、B 两点的三个坐标的比较，可以判定点 A 在点 B 的左后上方，如图 2-12（b）所示。

（二）重影点

如果空间两点位于某个投影面的同一条垂线上时，则这两点在该投影面上的投影重合为一点，这两点称为该投影面的重影点。

如图 2-13（a）所示，点 A 和点 B 位于同一垂直于 H 面的投射线上，它们的水平投影重合为一点，从正面（或侧面）投影可知，点 A 在点 B 的上方，向 H 面投影时，投射线先遇到点 A，所以在水平投影面上，点 A 的投影可见，而点 B 的投影不可见，规定不可见点的投影用圆括号括起来表示，称点 A 和点 B 为水平投影面重影点。从两点的空间位置来看，点 A 在点 B 的正上方。

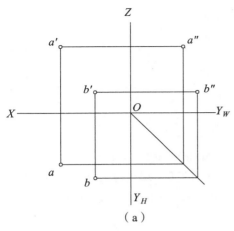
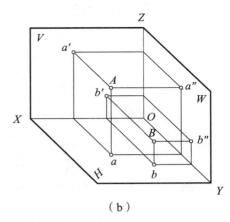

（a）　　　　　　　　　　　　　（b）

图 2-12　两点间的相对位置的判别

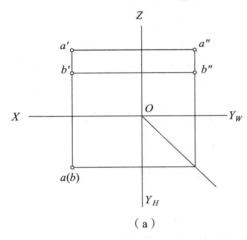
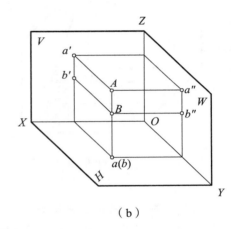

（a）　　　　　　　　　　　　　（b）

图 2-13　H 面的重影点

同样的道理，如图 2-14 所示，点 D 和点 C 为正立投影面重影点，此时，点 C 在点 D 的正前方，点 C 的正面投影可见，而点 D 的正面投影不可见。

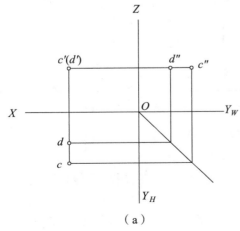
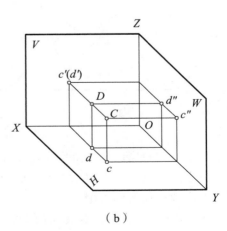

（a）　　　　　　　　　　　　　（b）

图 2-14　V 面重影点

同样，还有侧立投影面重影点，这里就不再详细说明了。

第二节　直　线

一、直线的投影

空间直线 AB 分别向三个投影面 H、V 和 W 投影，即得到直线 AB 的三个投影 ab、a'b'、a"b"，如图 2-15（a）所示。这三个投影也可以由直线 AB 的两个端点 A 和 B 点的同面投影连线得到。将投影面展开，则得到直线的三面投影图，如图 2-15（b）所示。

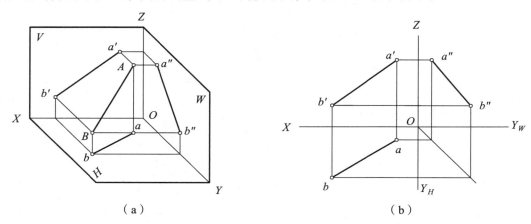

（a）　　　　　　　　　　　　　（b）

图 2-15　直线的投影

一般情况下，直线的投影仍为直线，其投影长度小于线段的实长，如图 2-16（a）所示；当直线平行于投影面时，直线段在该投影面上的投影长度等于实长，如图 2-16（b）所示；当直线垂直于投影面时，直线在该投影面上的投影积聚为一点，如图 2-16（c）所示。

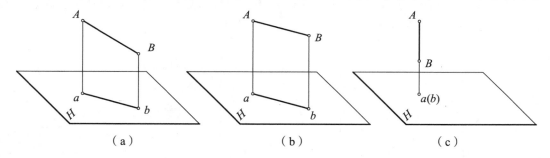

（a）　　　　　　　　　　（b）　　　　　　　　　　（c）

图 2-16　直线投影的性质

空间直线与投影面的夹角称为直线对投影面的倾角。

如图 2-17 所示，直线对水平投影面的倾角用 α 标记，直线对正立投影面的倾角用 β 标记，直线对侧立投影面的倾角用 γ 标记。

从图 2-17 可以看出：直线 AB 的水平倾角 α 与直线 AB 的正面投影 a'b' 与 X 轴的夹角 θ 是不相等的。这就是说：一般情况下，在投影图上不能直接反映直线对投影面的倾角。

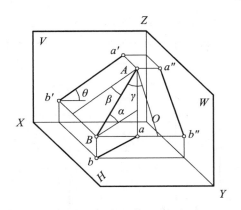

图 2-17　直线对投影面的倾角

二、直线上的点

1. 从属性

直线上点的投影，一定在该直线的同面投影上，并符合点的投影规律。在图 2-18 中，直线 AB 上的点 C，其投影 c、c' 和 c'' 分别位于 ab、$a'b'$ 和 $a''b''$ 上，且 $cc' \perp OX$，$c'c'' \perp OZ$。

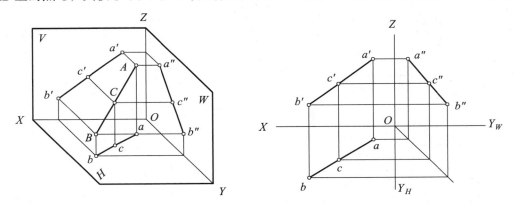

图 2-18　直线上的点

2. 定比性

直线上一点把直线分成两段，这两段长度之比等于其投影的长度之比。即：

$$ac : cb = a'c' : c'b' = a''c'' : c''b'' = AC : CD$$

三、各种位置的直线的投影

空间直线相对于投影面平行或垂直或倾斜，下面分别讨论它们的投影特性。

（一）投影面平行线

与一个投影面平行而与另两个投影面倾斜的直线，称为投影面平行线（表 2-1）。

表 2-1 投影面平行线的投影特性

名称	立体图	投影图	投影特征
正平线	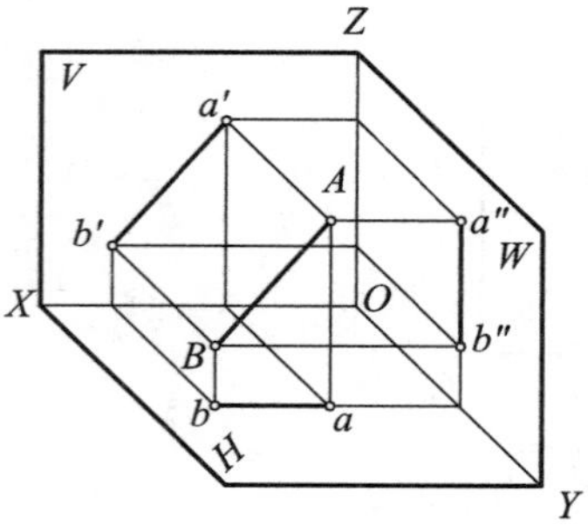	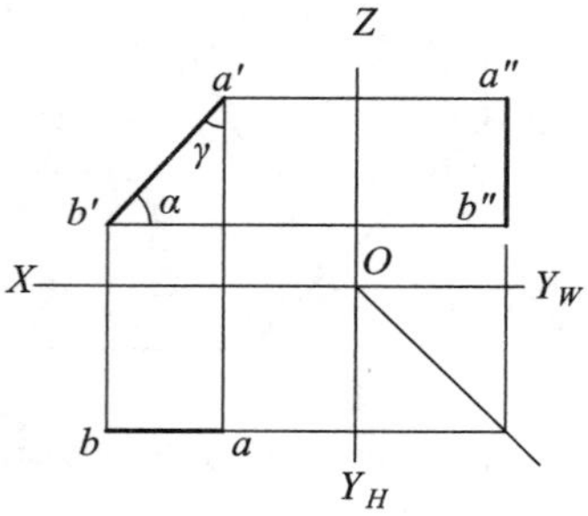	1. $a'b'=AB$； 2. V 面投影反映 α 角和 γ 角； 3. $ab /\!/ OX$，$a''b'' /\!/ OZ$
水平线	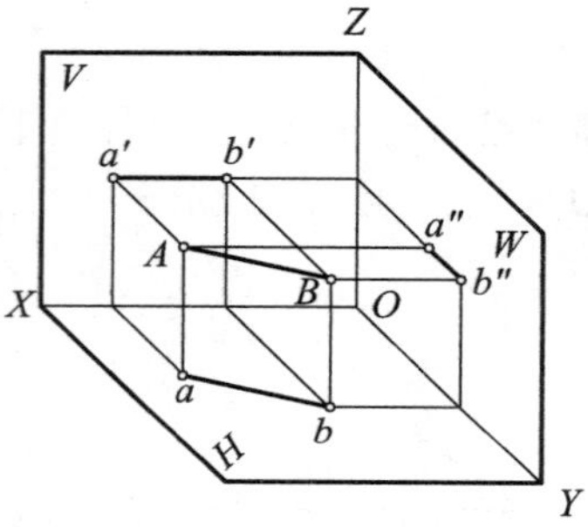	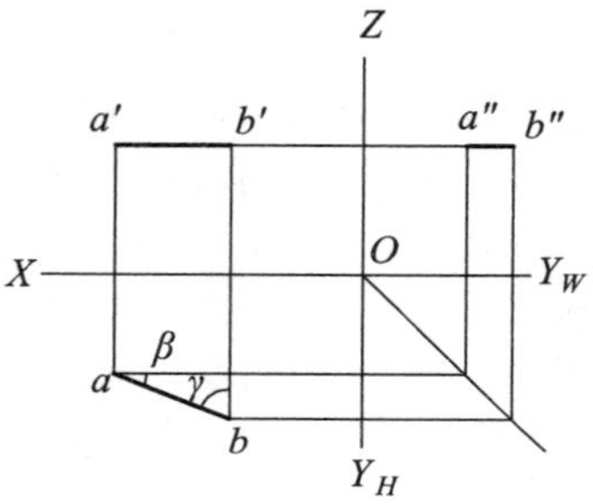	1. $ab=AB$； 2. H 面投影反映 β 角和 γ 角； 3. $a'b' /\!/ OX$，$a''b'' /\!/ OY_W$
侧平线	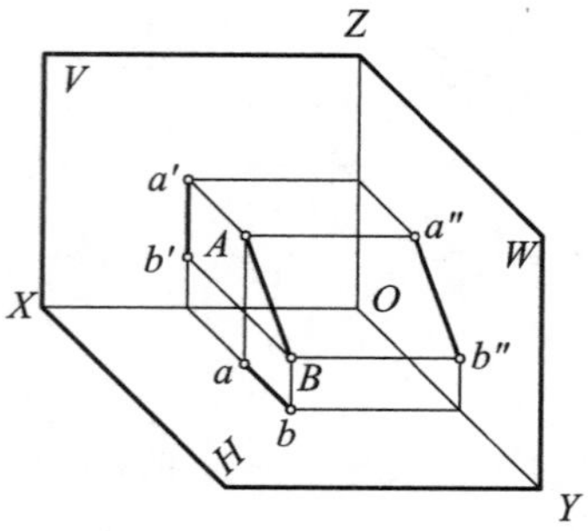	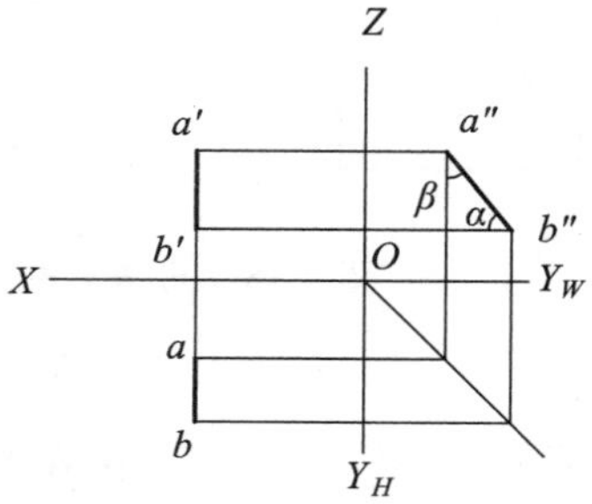	1. $a''b''=AB$； 2. W 面投影反映 α 角和 β 角； 3. $a'b' /\!/ OZ$，$ab /\!/ OY_H$

由表 2-1 的分析可知，投影面平行线的投影特性如下：

（1 直线在与其平行的投影面上的投影反映线段的实长，该投影与相应投影轴的夹角反映直线与另外两个投影面的倾角。

（2）其余两个投影均平行于相应的投影轴，但不反映线段的实长。

（二）投影面垂直线

与一个投影面垂直的直线，称为投影面垂直线（表 2-2）。

表 2-2　投影面垂直线的投影特性

名称	立体图	投影图	投影特征
正垂线	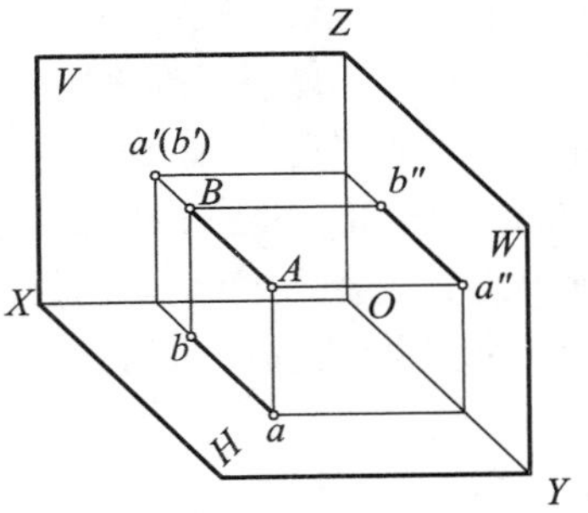	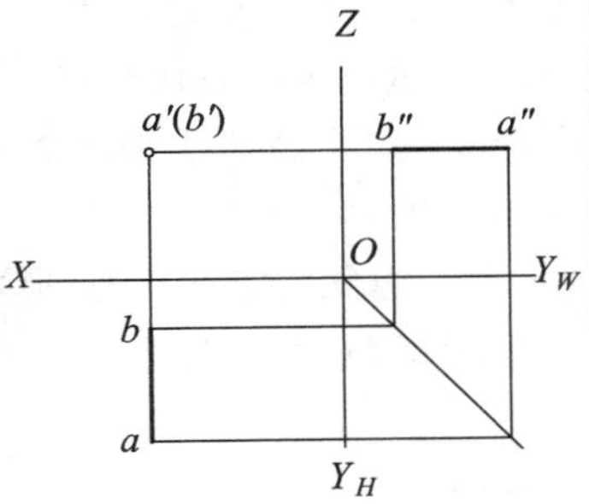	1. ab 有积聚性； 2. $ab=a''b''=AB$； 3. $ab \perp OX$，$a''b'' \perp OZ$
铅垂线	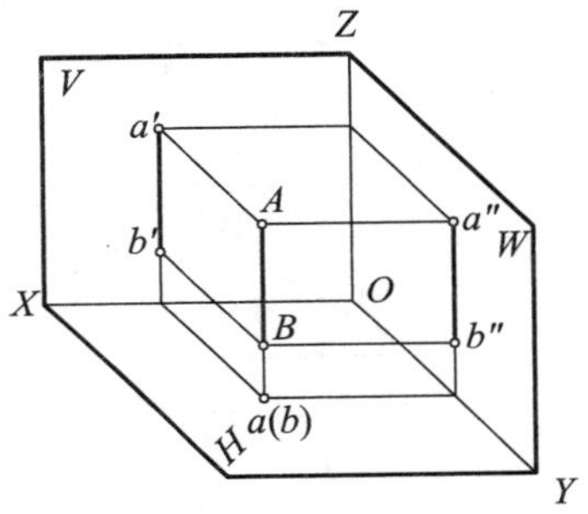	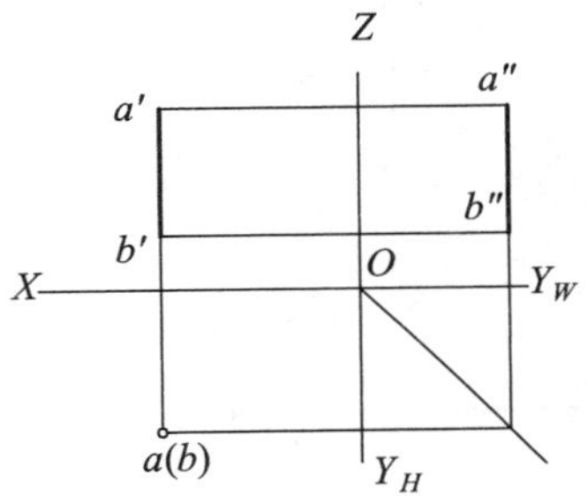	1. ab 有积聚性； 2. $a'b'=a''b''=AB$； 3. $a'b' \perp OX$，$a''b'' \perp OY_W$
侧垂线	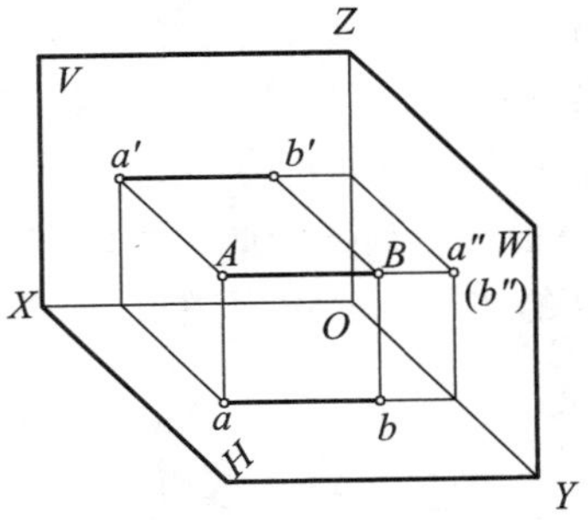	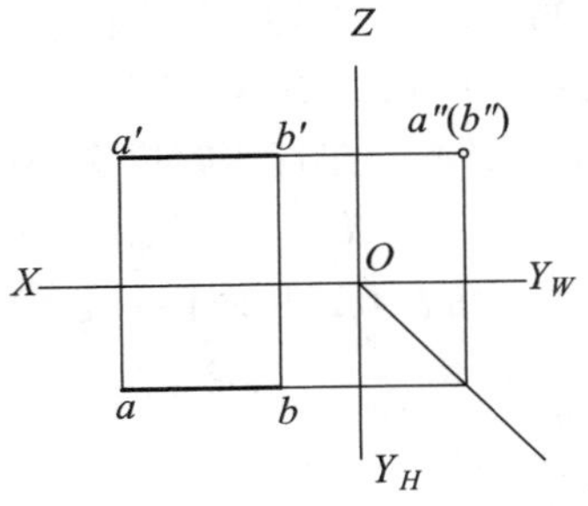	1. $a''b''$ 有积聚性； 2. $a'b'=ab=AB$； 3. $a'b' \perp OZ$，$ab \perp OY_H$

由表 2-2 的分析可知，投影面垂直线的投影特性如下：

（1）直线在其垂直的投影面上的投影积聚为一点。

（2）其余两个投影均垂直于相应的投影轴，且反映线段的实长。

（三）一般位置直线

与三个投影面均处于倾斜位置的直线，称为一般位置直线，如图 2-15 所示。

一般位置直线具有如下投影特性：

（1）直线的三个投影均为小于实长的直线段。

（2）直线的三个投影均倾斜于投影轴，且与投影轴的夹角也不反映空间直线对投影面的倾角。

四、直线对投影面的倾角和线段的实长

一般位置直线的投影不反映其实长及投影面的倾角，那么能否通过其投影图来求出其实长或对投影面的倾角呢？分析图 2-19（a）中直角 $\triangle ABC$ 可知：$AC=ab$（水平投影长度），$BC=z_B-z_A$（AB 线段两端点的 z 坐标差），$\angle BAC=\alpha$ 即直线 AB 对 H 面的倾角，AB 为空间线段 AB 的实长。在上述直角三角形的四元素中，只要已知任意两个元素，就可画出这个直角三角形。而在直线的投影图中，如图 2-19（b）所示，直线 AB 的水平投影长度 ab 是已知的，A、B 两点的 z 坐标差可由正面投影作图求得，因此可以在投影图中画出与直角 $\triangle ABC$ 全等的直角 $\triangle abB_0$，从而得到线段 AB 的实长及其水平倾角 α。这种求线段实长及对投影面倾角的方法，称为直角三角形法。

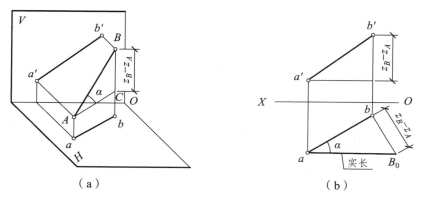

（a）　　　　　　　　　　（b）

图 2-19　求直线对 H 面的倾角及实长

同样的道理，还可以换一种方法画直角三角形。分析图 2-20（a）中直角 $\triangle ABC$ 可知：$BC=a'b'$（正面投影长度），$AC=y_A-y_B$（AB 线段两端点的 y 坐标差），$\angle ABC=\beta$ 即直线 AB 对 V 面的倾角，AB 为空间线段 AB 的实长。在直线的投影图中，如图 2-20（b）所示，直线 AB 的正面投影长度 $a'b'$ 是已知的，A、B 两点的 y 坐标差可由水平投影得到，因此也可以在投影图中画出与直角 $\triangle ABC$ 全等的直角 $\triangle a'b'A_0$，从而得到线段 AB 的实长及其正面倾角 β。

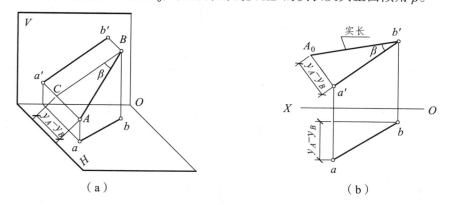

（a）　　　　　　　　　　（b）

图 2-20　求直线对 V 面的倾角及实长

综上所述，求直线段的实长及对投影面的倾角的作图步骤如下：

（1）以直线的一个投影作为直角三角形的一直角边。

（2）在另一投影面上求两端点的坐标差，并作为直角三角形的另一直角边。

（3）画出直角三角形。

注意：求 α 角要以直线的水平投影为一直角边，且 α 角为斜边与水平投影边的夹角；求 β 角要以直线的正面投影为一直角边，且 β 角为斜边与正面投影边的夹角。

【例 2-3】已知直线 AB 的正面投影 $a'b'$ 和 A 点的水平投影 a，如图 2-21（a）所示，并知 $AB=25$。求 AB 的水平投影 ab。

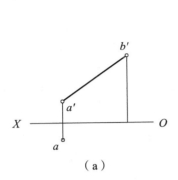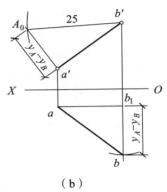

（a）　　　　　　　　　　　　（b）

图 2-21　求直线 AB 的水平投影

【分析】由点的投影规律可知，水平投影 b 应在过正面投影 b' 所作的垂直于 OX 轴的直线上。因此，只要求出 AB 两点的 y 坐标差，即可确定 B 点的水平投影 b。

根据直角三角形法原理，以 $a'b'$ 为一直角边，以空间长度 $AB=25$ 为斜边作直角三角形，该直角三角形的另一直角边即为 AB 水平投影的 y 坐标差。

【作图】如图 2-21（b）所示：

（1）以 $a'b'$ 为一直角边，以 25 为斜边作直角三角形 $a'b'A_0$，则 $a'A_0=y_A-y_B$。

（2）过 b' 作 OX 轴的垂线，过 a 作 OX 轴的平行线，两者相交于 b_1，从 b_1 沿 OX 轴的垂线方向下截取 $bb_1=a'A_0$，即得 b，本题有两解。

（3）连接 ab，即得直线 AB 的水平投影。

【例 2-4】已知直线 AB 的水平投影 ab 和 A 点的正面投影 a'，如图 2-22（a）所示，并知 AB 的水平倾角 $\alpha=30°$。求 AB 直线的正面投影 $a'b'$。

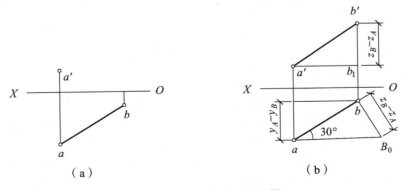

（a）　　　　　　　　　　　　（b）

图 2-22　求直线的正面投影

【分析】由点的投影规律可知，正面投影 b' 应在过水平投影 b 所作的垂直于 OX 轴的直线上。因此，只要求出 AB 两点的 z 坐标差，即可确定 B 点的正面投影 b'。

根据直角三角形法原理，以 ab 为一直角边，以 $\alpha=30°$ 作直角三角形，该直角三角形的另一直角边即为 AB 两点的 z 坐标差。

【作图】如图 2-22（b）所示：

（1）以 ab 为一直角边，以 $\alpha=30°$ 作直角三角形 abB_0，则 $B_0b=z_B-z_A$。

（2）分别过 b 作 OX 轴的垂线，过 a' 作 OX 轴的平行线，两者相交于 b_1，从 b_1 沿 OX 轴垂线方向上截取 $b'b_1=z_B-z_A$，即得 b'，本题有两解。

（3）连接 $a'b'$，即得直线 AB 的正面投影 $a'b'$。

五、两直线的相对位置

两直线间的相对位置有三种：平行、相交和交叉。

（一）两直线平行

1. 空间两直线相互平行的投影特性

空间两直线若平行，则它们的同面投影也对应平行。如图 2-23 所示，若 $AB/\!/CD$ 则 $ab/\!/cd$，$a'b'/\!/c'd'$。

空间两直线若平行，则它们的同面投影长度之比，等于其空间线段长度之比，即 $AB:CD=ab:cd=a'b':c'd'$。

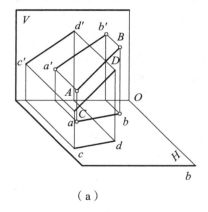
（a）

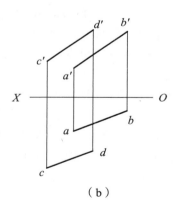
（b）

图 2-23　两直线平行

2. 两直线平行的判别

若已知两直线的同面投影均平行，则可断定空间两直线平行。

一般情况下，只要检查两组同面投影就能判断两直线是否平行。如图 2-23（b）中，两直线的正面投影平行、水平投影平行，则可判定两直线平行。但对于平行于同一投影面的两直线，最好要有一组该投影面上的投影，才能判断出两直线是否平行。如图 2-24 中两水平线的 H 面投影平行，则可判定 $AB/\!/CD$。而图 2-25（a）中，虽给出了两侧平线的 V、H 面投影，且同面投影平行，但没给出 W 面上的投影，所以不能直接判断两直线是否平行。当求出 W 面投影之后，才能断定两直线是否平行，如图 2-25（b）所示，由于 $a''b''$ 不平行于 $c''d''$，故 AB 不平行于 CD。

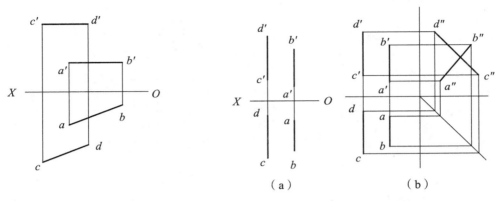

图 2-24 两水平线平行　　　　　图 2-25 两侧平线平行的判断

（二）两直线相交

1. 空间两直线相交的投影特性

如图 2-26 所示，空间两直线 AB、CD 相交于点 K，根据点在直线上的投影特性和交点同属于两直线，可以得出：交点 K 的水平投影 k 一定是 ab 与 cd 的交点，正面投影 k' 一定是 $a'b'$ 与 $c'd'$ 的交点。又因 k 与 k' 是同一点 K 的两面投影，所以在投影图上 k 与 k' 的连线垂直于 OX 轴。

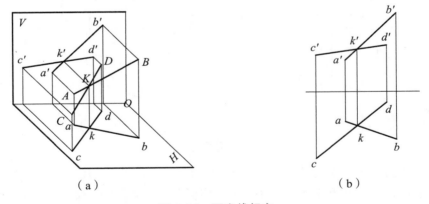

图 2-26 两直线相交

由以上的分析，可以得出空间两直线相交的投影特性：两直线的同面投影必相交，且交点满足空间一点的投影特性。

2. 两直线相交的判别

一般情况下，两直线是否相交只要根据任意两面投影同面投影是否相交以及交点是否符合空间一点的投影特性即可判定，是则相交，否则不相交。但当两直线中有一条平行于某一投影面时，则另当别论。如图 2-27（a）所示，两直线中 CD 平行于 W 投影面，尽管两直线的正面投影和水平投影均相交，且交点也在同一投影连线上，但不能判定两直线一定相交。对于此类情况，可以分别求出两直线的侧面投影 $a''b''$ 和 $c''d''$，如图 2-27（b）所示，虽然两直线的侧面投影 a"b" 和 c"d" 也相交，但其交点与正面投影的交点的连线与 OZ 轴不垂直，因此，可以判定该两直线不相交。（思考：可否不求第三投影来判定？）

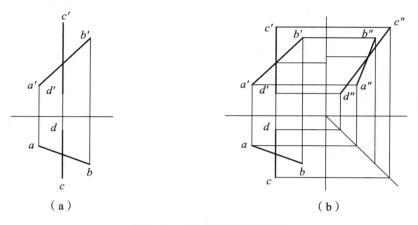

图 2-27　两直线相交的判定

【例 2-5】已知两平行直线 AB、CD，投影如图 2-28（a）所示，试作一直线 MN 与 AB、CD 均相交，且该直线距 H 面为 13。

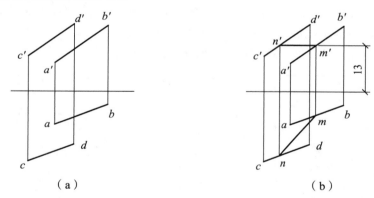

图 2-28　作给定距离的相交直线

【分析】所求直线 MN 距 H 面为定距，说明该直线为一水平线，其 V 面投影平行于 OX 轴，因此可先定 V 面投影。又因该直线与 AB、CD 均相交，再根据两直线相交的投影特性，可求出点 M、N 的 H 面投影。最后点 M、N 同面投影相连，即为所求直线 MN 的投影。

【作图】如图 2-28（b）所示。

（1）作平行于 OX 轴距离为 13 的直线，分别交 a'b' 于 m'、交 c'd' 于 n'，连线 m'n' 即为所求直线的正面投影；

（2）分别过 m'、n' 作投影连线与 H 面投影 ab 交于 m、与 cd 交于 n，连线 mn 即为所求直线的水平投影。

（三）两直线交叉

两直线在空间既不平行，也不相交，称为两直线交叉。

在投影图上，两直线的投影，既不满足相交两直线的投影特性，也不满足平行两直线的投影特性。它们的同面投影有可能相交，也有可能平行。即使各同面投影都有交点，它们也不可能是两直线共有点的投影。那么，交叉两直线同面投影的交点有何意义呢？从图 2-29（a）可以看出：正面投影的交点实际上是直线 *AB* 上的 Ⅰ 点和 *CD* 上的 Ⅱ 点正面投影重合为一点；而水平投影的交点实际上是直线 *AB* 上的 Ⅲ 点和 *CD* 上的 Ⅳ 点水平投影重合为一点。

因此，在投影图中，如果两交叉直线有两面投影相交，则两交点的连线不垂直于相应的投影轴。根据这一特性，即可判定空间两直线是否交叉。如图 2-29（b），*ab* 与 *cd*、*a'b'* 与 *c'd'* 都有交点，但该两交点的连线与 *OX* 轴不垂直，则可判定 *AB* 和 *CD* 为交叉两直线。

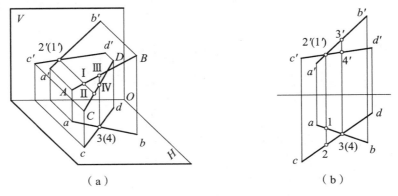

（a）　　　　　　　　　　（b）

图 2-29　两直线交叉

综上所述，两交叉直线同面投影的交点是两直线上两个点的投影重合，那么又如何判定其可见性呢？如图 2-29（b），要判定正面投影的重影点 1、2 的可见性，应从该重影点作垂直线交水平投影 *ab* 于 1、*cd* 于 2，由水平投影可看出，点 Ⅱ 在点 Ⅰ 之前，故其正面投影 2' 可见，1' 不可见。用同样的方法，要判定水平投影重影点 3、4 的可见性，应从该重影点作垂直线交正面投影 *a'b'* 于 3'、交 *c'd'* 于 4'，由其正面投影可看出，点 Ⅲ 高于点 Ⅳ，故其水平投影 3 可见，4 不可见。

两交叉直线重影点的意义在于通过对其可见性的判别，可以区分出两直线相对于重影点所在投影面的可见性关系。

六、一边平行于投影面的直角的投影

当构成直角的两直线都平行于同一投影面时，其在该投影面上的投影成直角；而当构成直角的两直线，其中有一直线平行于某一投影面时，则在该投影面上的投影也成直角：这即称为直角投影定理。

如图 2-30（a）所示，如果空间两直线 *AB* 和 *AC* 相交垂直，其中直线 *AB* 平行于投影面 *H*，则该两条直线在投影面 *H* 上的投影 *ab* 和 *ac* 仍互相垂直。证明如下：

因为 *AB*∥*H* 面，*Bb*⊥*H* 面，所以 *AB*⊥*Bb*，

又因 *AB*⊥*AC*，故 *AB*⊥平面 *AacC*，

又因 *ab*∥*AB*，故 *ab*⊥平面 *AacC*，

所以 *ab*⊥*ac*，即 *AB* 的投影 *ab* 必垂直于 *AC* 的投影 *ac*。

证毕。

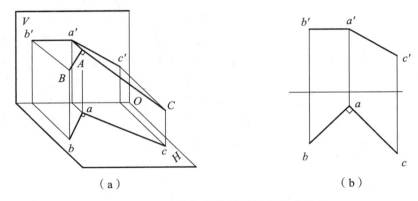

（a）   （b）

图 2-30　一边平行于投影面的直角的投影

　　反之，空间两直线的某一投影为直角，且其中一直线平行于该投影面，则两直线在空间一定成直角，这即为直角投影逆定理。如图 2-30（b），∠bac=90°，直线 AB 为水平线，则可判定直线 AB 与 AC 垂直。

　　上述直角投影定理，不仅适用于相交垂直的两直线，也适用于交叉垂直的两直线，证明从略。

　　【例 2-6】过点 C 作直线 CD 与正平线 AB 相交垂直[图 2-31（a）]。

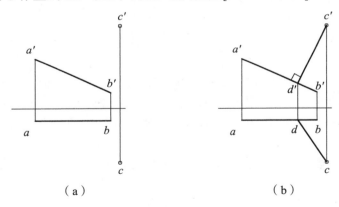

（a）   （b）

图 2-31　作已知直线的垂线

　　【分析】已知 CD⊥AB，且 AB 平行于 V 面，根据直角投影定理，正面投影 c'd'⊥a'b'，由此可以确定 CD 的投影。

　　【作图】如图 2-31（b）所示。

　　（1）过 c'作 a'b'的垂线并交 a'b'于 d'。

　　（2）过 d'作 OX 轴的垂线并交 ab 于 d，连接 cd，即得 CD 的水平投影。

　　【例 2-7】求作一般位置直线 AB 和铅垂线 CD 的公垂线 MN[图 2-32（a）]。

　　【分析】公垂线既垂直于 AB 又垂直于 CD，而 CD 又是铅垂线，与铅垂线垂直的直线一定是水平线，因此，所求直线 MN 为一水平线。根据直角投影定理，应在水平投影中过 CD 的积聚投影作 ab 的垂线 mn，据此再求 MN 的正面投影 m'n'（平行于 OX 轴）。

　　【作图】如图 2-32（b）所示。

　　（1）过 CD 的积聚投影 c（d）作 ab 的垂线交 ab 于 m。

（2）过 *m* 作 *OX* 轴垂线交 *a'b'* 于 *m'*，过 *m'* 作 *OX* 轴的平行线交 *c'd'* 于 *n'*，即为所求。

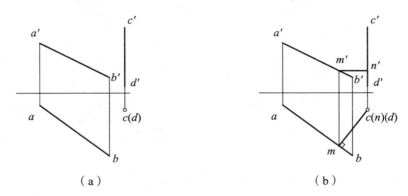

图 2-32　求作两交叉直线的公垂线

第三节　平　面

一、平面的表示法

平面的投影表示一般有两种方法：一种是用平面的几何元素来表示；另一种是用平面的迹线来表示。

（一）平面的几何元素表示法

几何学中，可以用下列任意一种方法表示一平面：

（1）不在同一直线上的三点：如图 2-33（a）。

（2）一条直线和直线外一点：如图 2-33（b）。

（3）两相交直线：如图 2-33（c）。

（4）两平行直线：如图 2-33（d）。

（5）一个平面图形：如图 2-33（e）。

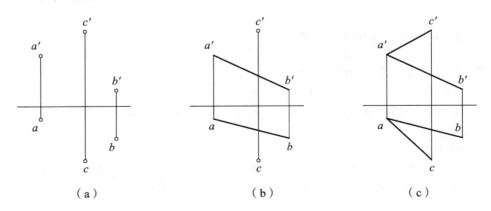

（a）　　　　　　　　　　（b）　　　　　　　　　　（c）

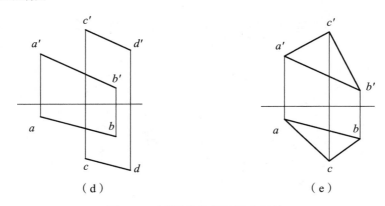

（d）　　　　　　　　　　　　　　（e）

图 2-33　平面的几何元素表示法

（二）平面的迹线表示法

不平行于投影面的平面，必与投影面交于一直线，此直线称为该平面的迹线。

如图 2-34（a）所示，平面 P 与 H 面相交于一直线，称水平迹线，标记为 P_H；与 V 面相交于一直线，称正面迹线，标记为 P_V（在三面体系中，与 W 面的交线称侧面迹线，标记为 P_W）。P_V、P_H 两迹线交于 OX 轴上一点 P_X，称迹线共点。

由于 P_H 和 P_V 为平面 P 上两相交直线，所以它们能唯一确定平面 P。将投影面展开，得到如图 2-34（b）所示的平面 P 的迹线表示。

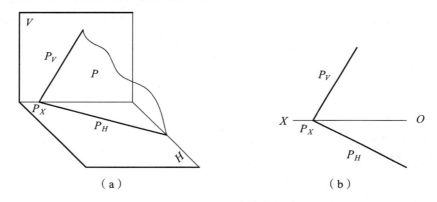

（a）　　　　　　　　　　　　　　（b）

图 2-34　平面的迹线表示法

二、各种位置平面的投影特性

画法几何中，空间平面与投影面的夹角，称为平面的倾角。平面对 H 面的倾角记为 α，平面对 V 面的倾角记为 β，平面对 W 面的倾角记为 γ。

空间平面相对于投影面有三种情况：投影面平行面、投影面垂直面和一般位置平面。

（一）投影面平行面

凡与一个投影面平行的平面，称为投影面平行面。平行于 V 面的平面，称为正平面；平行于 H 面的平面，称为水平面；平行于 W 面的平面，称为侧平面。它们的投影特性见表 2-3 所示。

表 2-3　投影面平行面

名称	立体图	投影图	投影特性
正平面	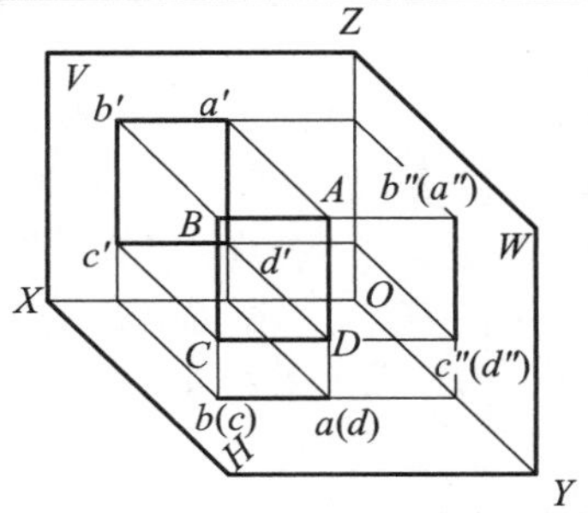	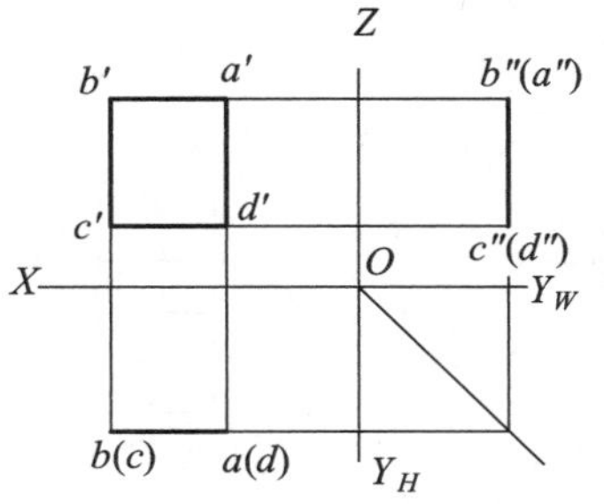	1. 正面投影反映实形； 2. 水平投影积聚为一条平行于 OX 的直线； 3. 侧面投影积聚为一条平行于 OZ 的直线
水平面	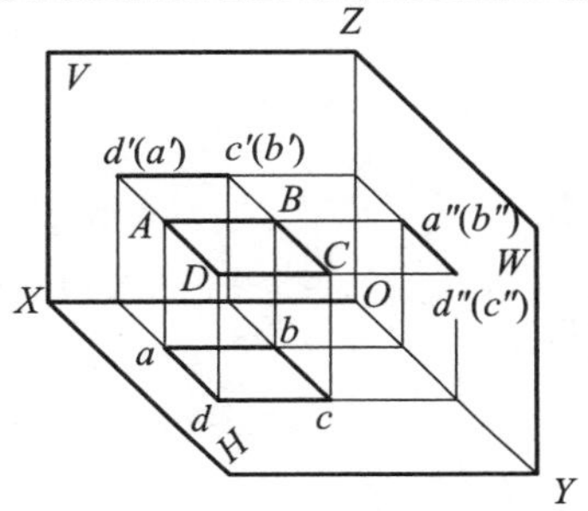	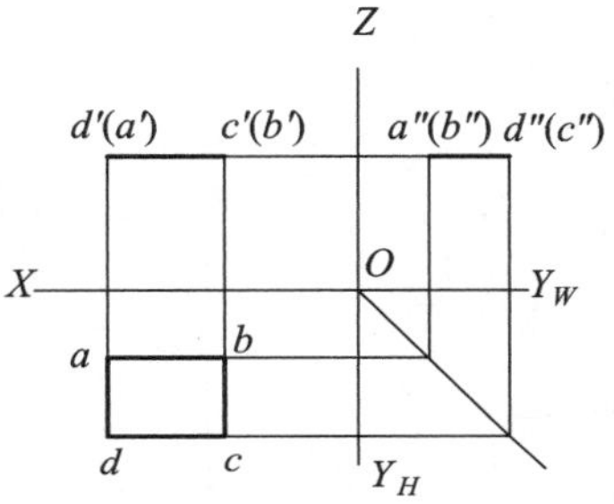	1. 水平投影反映实形； 2. 正面投影积聚为一条平行于 OX 的直线； 3. 侧面投影积聚为一条平行于 OY_W 的直线
侧平面	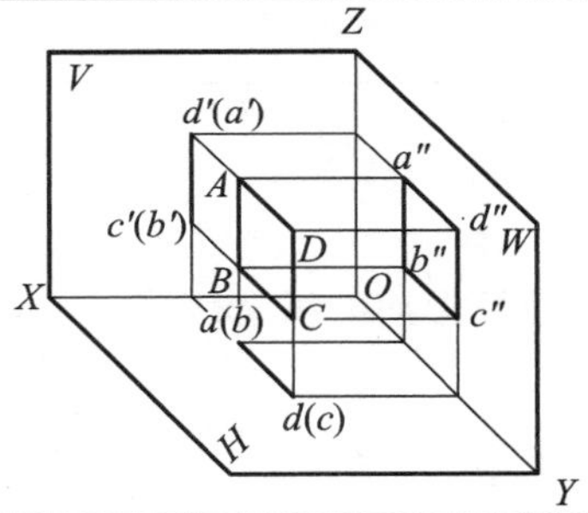	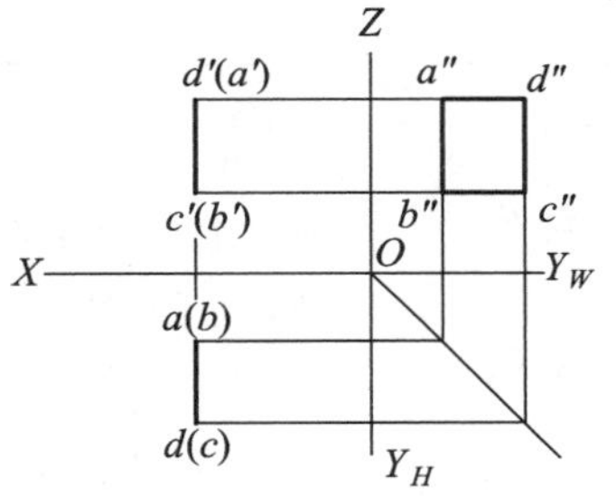	1. 侧面投影反映实形； 2. 正面投影积聚为一条平行于 OZ 的直线； 3. 水平投影积聚为一条平行于 OY_H 的直线

（二）投影面垂直面

凡与某一个投影面垂直而与另外的投影面倾斜的平面，称为投影面垂直面。垂直于 V 面的平面，称为正垂面；垂直于 H 面的平面，称为铅垂面；垂直于 W 面的平面，称为侧垂面。它们的投影特性见表 2-4 所示。

表 2-4　投影面垂直面

名称	立体图	投影图	投影特性
正垂面	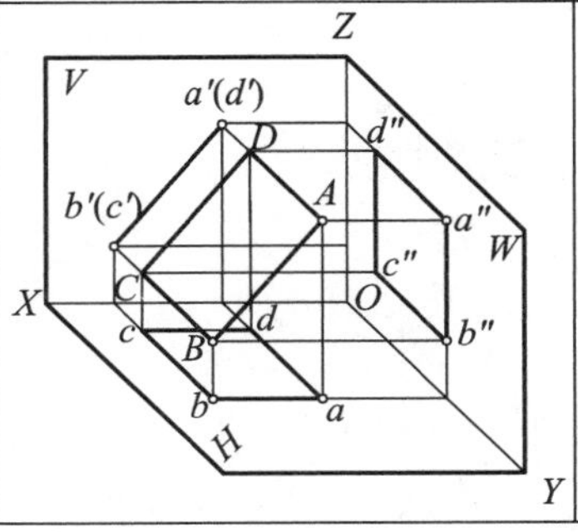	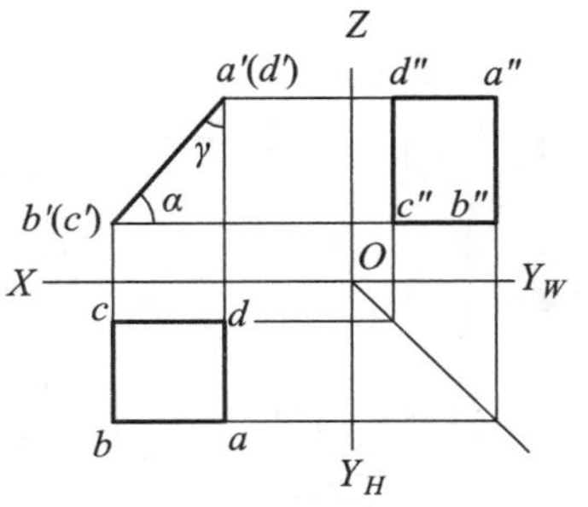	1. 正面投影积聚为一直线，且反映 α 和 γ 角； 2. 水平投影和侧面投影均为类似形

名称	立体图	投影图	投影特征
铅垂面	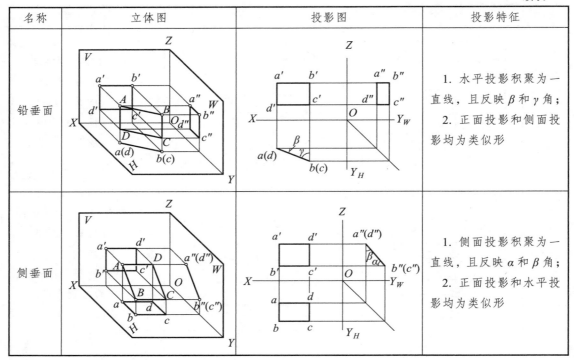		1. 水平投影积聚为一直线，且反映 β 和 γ 角； 2. 正面投影和侧面投影均为类似形
侧垂面			1. 侧面投影积聚为一直线，且反映 α 和 β 角； 2. 正面投影和水平投影均为类似形

（三）一般位置平面

凡与三个投影面均倾斜的平面，称为一般位置平面。

由于一般位置平面与三个投影面均倾斜，所以它的三面投影均无积聚性，也不反映实形，只是原图形的类似形，如图 2-35 所示。

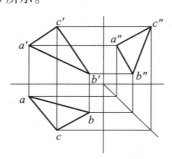

图 2-35　一般位置平面

第四节　平面上的直线和点

一、平面上的直线和点

（1）由初等几何可知，直线在已知平面上的几何条件是：该直线上有两个点属于已知平面；或该直线过已知平面上一点，且平行于该平面上的一条直线。如图 2-36 所示，直线 *AD*

通过平面 ABC 上的两点 A、D，所以直线 AD 在平面 ABC 上；直线 AE 通过平面 ABC 上的一点 A，且 AE 平行于平面 ABC 上一直线 BC，所以直线 AE 也在平面 ABC 上。

（2）由初等几何可知，点在已知平面上的几何条件是：该点必须在已知平面上的一条直线上。如图 2-37 所示，点 K 的正面投影 k' 和水平投影 k，分别在平面 ABC 的一条直线 AD 的正面投影 $a'd'$ 和水平投影 ad 上，且符合点的对应规律，则点 K 必在平面 ABC 上。

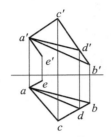 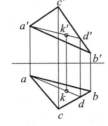 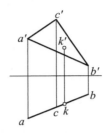

图 2-36　平面上的直线　　　图 2-37　平面上的点　　　图 2-38　特殊位置平面上定点

由直线和点在平面上的几何条件可知，欲在平面上定点，须先在平面上取直线；欲在平面上定直线，又须先在平面上取点，二者是相互制约的因果关系。对于特殊位置平面上的定点，只需利用平面的积聚性可直接定点。如图 2-38 所示，要定出铅垂面 ABC 上的点 K 的水平投影 k，只需过 k' 作投影连线交铅垂面 ABC 的积聚投影于 k，即为所求。

【例 2-8】如图 2-39（a）所示，已知 $\triangle ABC$ 平面上点 M 的水平投影 m，求其正面投影 m'。

【分析】点 M 在 $\triangle ABC$ 平面上，该点必在 $\triangle ABC$ 平面上的一条直线上，m 和 m' 应分别位于直线 BD 的同面投影上。

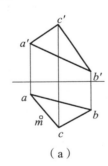 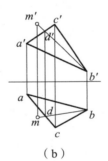

（a）　　　　　　　　　　（b）

图 2-39　平面上定点

【作图】如图 2-39（b）所示。

（1）在水平投影上，连接 bm 交 ac 于 d。

（2）过 d 作投影连线交 $a'c'$ 与 d' 并连接 $b'd'$。

（3）过 m 作投影连线交 $b'd'$ 于 m' 即为所求。

【例 2-9】如图 2-40（a）所示，已知平面四边形的部分投影，试补全其水平投影。

【分析】因为 $ABCD$ 为一平面四边形，点 C 也必在 ABD 所确定的平面上，因此点 C 的水平投影可运用平面上定点的方法求得。

【作图】如图 2-40（b）所示。

（1）连接 B、D 两点的同面投影 b、d 和 b'、d'。

（2）在正面投影上连接 *a'c'* 交 *b'd'* 于 *e'*。

（3）求出 *ae*，过 *c'* 作投影连线交 *ae* 于 *c*。

（4）分别连接 *bc* 和 *cd*，即完成作图。

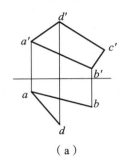 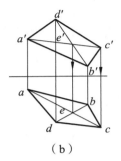

（a）　　　　　　　　　　　　（b）

图 2-40　补全投影

二、平面上的投影面平行线

凡平面上与某一投影面平行的直线，统称为平面上的投影面平行线。

平面上的投影面平行线，既是平面上的直线，又是某投影面的平行线，所以该直线既具有平面上直线的投影特性，又具有投影面平行线的投影特性。因此，在平面上作某投影面平行线的投影时，应先画平行于某投影轴的投影，再画其他的投影。如图 2-41 所示，直线 *MN* 为△*ABC* 平面上的水平线，它既过△*ABC* 平面上的两点，又平行于 *H* 面。因此，在投影作图时，点 *M*（*m*，*m'*）和 *N*（*n*，*n'*）分别位于 *AB*（*ab*，*a'b'*）和 *BC*（*bc*，*b'c'*）的同面投影上，而且其正面投影 *m'n'* // *OX* 轴。

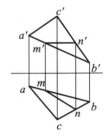

图 2-41　平面上画投影面平行线的方法

三、平面上的最大斜度线

平面上垂直于该平面的投影面平行线的直线，称为平面的最大斜度线。其中：垂直于面内水平线的直线称为平面对 *H* 面的最大斜度线（也称最大坡度线）；垂直于面内正平线的直线称为平面对 *V* 面的最大斜度线；垂直于面内侧平线的直线称为平面对 *W* 面的最大斜度线。由图 2-42 从平面 *P* 上对 *H* 面的最大斜度线 *AB* 上任取一点 *A*，作 *H* 面的垂线交 *H* 面于 *a*，∠*ABa* 是平面 *P* 对 *H* 面的倾角 *α*，也是平面上的任何直线对 *H* 面的夹角最大的一个，即 *AB* 为斜度最大的一条。在图 2-42 中，*AC* 为平面 *P* 上任意直线，*θ* 角为该直线对 *H* 面的倾角。在直角△*ACa* 中，$\sin\theta = Aa/AC$，而在直角△*ABa* 中，$\sin\alpha = Aa/AB$，由于 *AC*>*AB*，所以 *α*>*θ*。由此证

明 α 是平面 P 上的直线中对 H 面倾角最大的一条。

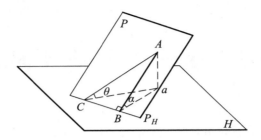

图 2-42　平面上的最大斜度线

值得注意的是，平面对某投影面的倾角，就是平面上对该投影面的最大斜度线的倾角。

【例 2-10】如图 2-43（a）所示，求作△ABC 平面的最大坡度线及其对 H 面的倾角 α。

【作图】如图 2-43（b）所示。

（1）在△ABC 平面上任作一水平线，如 AD。

（2）过平面上的任意一点，如 C，在该平面上作 CE⊥AD，则直线 CE 即为△ABC 平面的最大坡度线。

（3）利用直角三角形法求出最大坡度线 CE 对 H 面的倾角 α，即为△ABC 平面对 H 面的倾角 α。

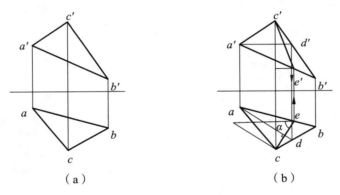

（a）　　　　　　　　（b）

图 2-43　最大斜度线及其倾角的求法

第三章　直线与平面、平面与平面的相对位置

直线与平面、平面与平面的相对位置关系有平行、相交和垂直三种，其中垂直是相交的一种特殊情况。

第一节　直线与平面、平面与平面平行

一、直线与平面平行

由立体几何知：如果平面外的一条直线和平面内的一条直线平行，那么该直线和该平面平行。如图 3-1（a）所示，直线 AB 与平面 P 上的直线 CD（或 EF）平行，则 AB // P 面。若平面为投影面垂直面，那么在与平面垂直的投影面上，若直线的投影与平面的积聚投影平行，则该直线与平面彼此平行，如图 3-1（b）。

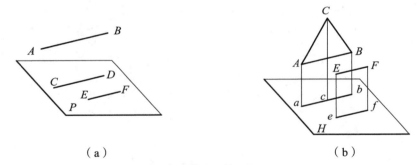

（a）　　　　　　　　　　　　　　　（b）

图 3-1　直线和平面平行的条件

【例 3-1】如图 3-2（a），点 D 为平面 ABC 外一点，求作水平线 DE 与平面 ABC 平行。

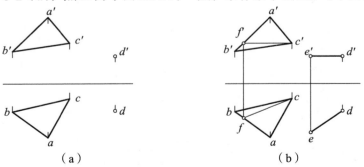

（a）　　　　　　　　　　　　　　　（b）

图 3-2　过点作平面的平行线

【分析】若 DE 为水平线且与平面 ABC 平行，则平面 ABC 内的水平线必与 DE 平行。所以

先在平面内作出一条水平线 CF，然后过点 D 作该水平线的平行线即为所求。

【作图】如图 3-2（b）。

（1）过 c' 做 $c'f'$ 平行于 OX 轴，利用直线 AB 上点的投影特征确定 f，连接 cf。cf 和 $c'f'$ 即为平面内的水平线 CF 的投影。

（2）过 d 作 $de /\!/ cf$，做 $d'e' /\!/ c'f'$，则 DE 即为所求。

二、平面与平面平行

由立体几何知：如果一个平面内有两条相交直线和另一平面平行，那么这两个平面互相平行。如图 3-3 所示，直线 AB、CD 为平面 P 内的直线，直线 EF、GH 为平面 Q 内的直线，若有 $AB /\!/ EF$，$CD /\!/ GH$，则平面 $P /\!/$ 平面 Q。若两平面均与某一投影面垂直，且积聚投影相互平行，则两平面相互平行。

【例 3-2】判别平面 ABC 与 DEH 是否平行，如图 3-4。

【分析】若平面 ABC 内可作出两相交直线与平面 DEH 分别平行，则两平面平行。

【作图】在平面 ABC 内，过 A 点作直线 AM 和 AN，其 V 面投影 $a'm' /\!/ d'h'$，$a'n' /\!/ e'h'$。由 $a'm'$ 和 $a'n'$ 作出 am 和 an，因 am 与 dh 不平行，an 与 eh 不平行，所以平面 ABC 与 DEH 不平行。

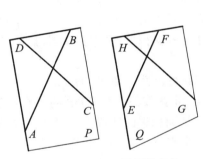

图 3-3 两平面平行的条件

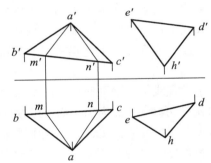

图 3-4 判断两平面是否平行

第二节 直线与平面、平面与平面相交

直线与平面或平面与平面之间，若不平行则必相交。直线与平面相交必有交点，交点为线面共有点，它既在直线上又在平面上，如图 3-5 所示。两平面相交必有交线，即相交两平面的共有线，如图 3-6 所示。求交线只需求出交线上的两个点，再连线即可。

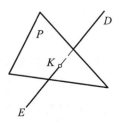

图 3-5 直线与平面相交

在画法几何中，平面被视为不透明的，因此在相交的投影图中需要表示出直线被平面遮挡以及平面相互遮挡的情况，即判断投影的可见性。判断可见性的区域为投影图中两个对象的重叠部分，其中可见部分用实线表示，不可见部分用虚线表示。

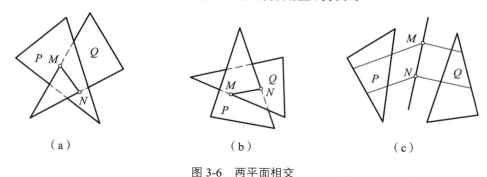

（a） （b） （c）

图 3-6 两平面相交

求交点（或交线）和判断可见性的方法，与直线和平面对于投影面的位置有关。

一、直线或平面有积聚投影的情况

当相交的直线与平面（或两平面）投影有积聚性时，根据交点（或交线）是两相交对象的共有点（或线）这一条件，便能直接从积聚投影中得出交点（或交线）的一个投影，而另一投影可由直线（或平面）上定点求得。其可见性可根据积聚投影与其他投影的相对位置加以判断。

【例 3-3】求直线与积聚平面相交的交点 K 并判断可见性，如图 3-7（a）。

【分析】由图可知，平面为铅垂面，其 H 面投影积聚为线段；直线 DE 的 H 面投影为线段。根据交点为共有点的特征，交点 K 的 H 面投影必在平面积聚的线段上，又在直线的投影上，可得直线与平面交点的 H 面投影为投影中两线段的交点 k，交点的 V 面投影可用直线上定点求得。

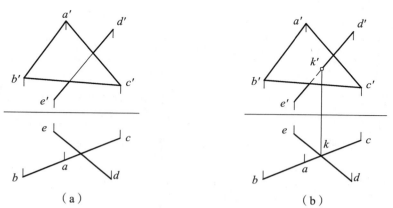

（a） （b）

图 3-7　直线与积聚平面相交

【作图】如图 3-7（b）。

（1）求交点：交点的 H 面投影点 k 可直接确定，由点 k 作 OX 轴的垂线与 $d'e'$ 交于 k'，即为交点的 V 面投影。

（2）判断可见性：H 面投影无遮挡关系，均可见。V 面投影存在遮挡关系，分析时可利用空间关系：平面为铅垂面，直线在交点前的部分 V 面投影可见，即 d'k' 为实线；交点后的部分 V 面投影不可见，即 k'e' 被遮挡部分为虚线。

【例 3-4】求积聚直线与平面相交的交点 K 并判断可见性，如图 3-8（a）。

【分析】由图可知，直线为正垂线，其 V 面投影积聚为点。根据交点为共有点的特征，交点 K 的 V 面投影必在直线积聚的点上，可得直线与平面交点的 V 面投影 k'，交点的 H 面投影可用直线上定点的方法求得。

【作图】如图 3-8（b）。

（1）求交点：交点的 V 面投影点 k' 可直接确定，过 b' 连接 k' 作平面内的辅助线 BM，利用直线上定点，求出 m，连接 bm，bm 与 ed 的交点即为直线与平面的交点的 H 面投影。

（2）判断可见性：V 面投影无遮挡关系，均可见。H 面投影存在遮挡关系，分析时可利用空间关系：直线为正垂线，平面为前倾平面。直线在交点后的部分 H 面投影可见，即 ek 为实线；交点前的部分 H 面投影不可见，即 dk 被遮挡部分为虚线。

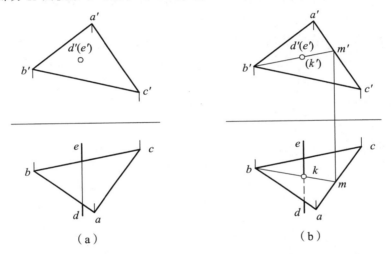

（a）　　　　　　　　　　　　　（b）

图 3-8　一般位置平面与积聚直线相交

【例 3-5】求两平面的交线并判断可见性，如图 3-9（a）。

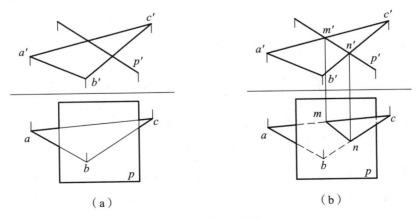

（a）　　　　　　　　　　　　　（b）

图 3-9　两平面相交

【分析】由图可知，平面 P 为正垂面，其 V 面投影积聚为线段；平面 ABC 为一般位置平面，其 V 面投影有类似性。根据交线为两平面的共有线的特征，交线的 V 面投影必在两平面的 V 面投影共有区域，即可得交线的 V 面投影 m'n'。利用交线 MN 是平面内的直线，可求出交线的 H 面投影。

【作图】如图 3-9（b）。

（1）求交线：交线 V 面投影已知，为 m'n'。由 m' 和 n' 分别作 OX 轴垂线求得 ac 线上的 m 点和 bc 线上的 n 点。实线连接 m 点和 n 点即为交线 MN 的 H 面投影。

（2）判断可见性：V 面投影无遮挡关系，均可见。H 面投影有遮挡关系，可见部分与不可见部分的分界线为交线 MN，从 V 面投影可知，交线 MN 的右侧，平面 ABC 比平面 P 高，因此平面 ABC 的 H 面投影重叠部分中交线 mn 右侧部分可见，左侧不可见。平面 P 的 H 面投影重叠部分中可见性与平面 ABC 相反，左侧可见，右侧不可见。

平面 ABC 的 H 面投影重叠部分中，交线 mn 右侧用实线连接，为可见；左侧用虚线连接，为不可见。平面 P 的 H 面投影重叠区域中，右侧用虚线连接，为不可见；左侧用实线连接，为可见。

当两平面同时垂直于某投影面时，两平面积聚投影的交点，即为两平面交线的积聚投影。如图 3-10，两平面为铅垂面，交线 MN 为铅垂线，可见性可由两平面的相对位置进行判断，如图所示。

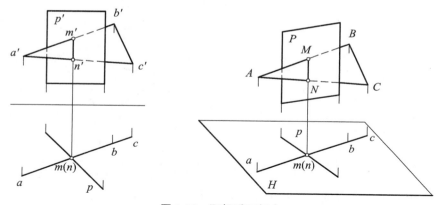

图 3-10　两铅垂面相交

二、直线或平面无积聚投影的情况

一般位置直线与一般位置平面（或两一般位置平面）相交时，因各投影都没有积聚性，所以它们的交点（或交线），不能从投影图中直接确定。这时常用的解决方法是构建一个有积聚性的辅助平面（一般为投影面垂直面或投影面平行面），将问题转换为"相交对象中有积聚投影的情况"，再来求解，这种方法称为辅助平面法。此时判断可见性需利用重影点来解决。

1. 求一般位置直线 AB 与一般位置平面 CED 的交点

基本原理：如图 3-11（a），包含直线 AB 作一辅助平面 R（R 为铅垂面），由于直线 AB 与平面 CDE 相交，则包含直线 AB 的辅助平面 R 必与平面 CDE 相交，其交线为 MN。因交线

MN 和直线 AB 同在 R 平面上，它们必定相交于一点 K，又因交线 MN 也是平面 CDE 上的直线，所以 K 点是平面 CDE 和直线 AB 的共有点，即交点。

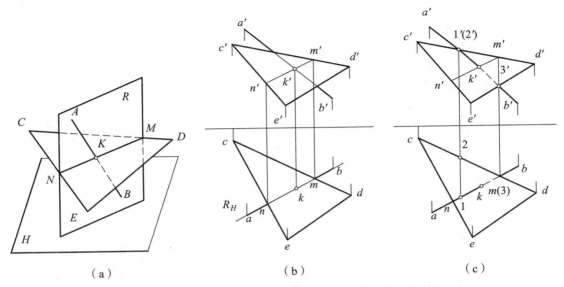

图 3-11　辅助平面法求一般位置直线与一般位置平面的交点

【作图】根据上述原理可归纳出用辅助平面法求直线与平面交点的作图步骤[图 3-11（b）]：

（1）包含直线 AB 作辅助铅垂面 R（R_H 与 ab 重合）。

（2）求出辅助平面 R 与已知平面 CDE 的交线 MN。交线的 H 面投影是 mn，V 面投影是 $m'n'$。

（3）求出交线 MN 与直线 AB 的交点，即为已知直线 AB 与已知平面 CDE 的交点 K。V 面投影中 $m'n'$ 与 $a'b'$ 的交点 k'，由 k' 作 OX 轴的垂线，在 ab 上求得交点 k，即为交点 K 的投影。

判断可见性：

（1）判别 V 面投影中的可见性时，在 V 面上取一对重影点，如图 3-11（c）中的点 $1'$、$2'$，比较空间点 Ⅰ、Ⅱ 的 y 坐标大小确定两直线的前后关系。由 H 面投影可知，点 Ⅰ 位于点 Ⅱ 前方，V 面投影中 $1'$ 可见，点 Ⅰ 在直线上，即 $1'k'$ 可见，因此直线 AB 在 V 面投影重叠区域中交点 k' 左侧可见，交点 k' 右侧不可见。

（2）判别 H 面投影中的可见性时，可在 H 面上取一对重影点，如图 3-11（c）中的点 m、3，比较 Ⅲ、M 的 z 坐标大小确定其上下关系。由 V 面投影可知，点 M 位于点 Ⅲ 上方，H 面投影中 m 可见，3 不可见，即 $k3$ 不可见，因此直线 AB 在 H 面投影重叠区域中交点 k 右侧不可见，交点 k 左侧可见。

（3）将可见部分画为实线，不可见部分画为虚线。

2. 两一般位置平面相交

两一般位置平面相交，可在一平面内取两条直线，利用辅助平面法，分别求出两直线与另一平面的交点，连接两交点，即为此两平面的交线。如图 3-12（a）所示，两平面的交线 MN 是平面 DEF 的两条边线 DF、EF 与平面 ABC 交点 M、N 的连线。

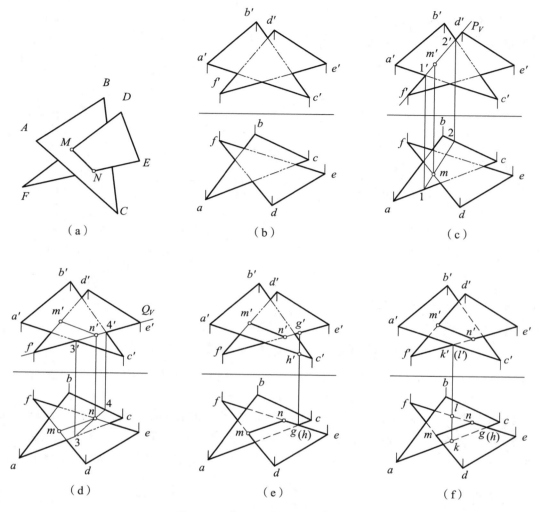

图 3-12　求两一般位置平面的交点

作图方法简述如下[图 3-12（b）~（f）]：

（1）利用辅助平面（此处选正垂面）分别求出 DF、EF 与平面 ABC 的交点 M（m、m'）和 N（n、n'）。

（2）连线 $m'n'$ 和 mn，即为两平面交线 MN 的两个投影。

（3）利用重影点判断可见性，完成作图。

判断可见性时需 V 面投影、H 面投影分别进行，各投影均以交线投影为可见与不可见的分界线，在分界线的一边只需选一对重影点即可。

当两平面投影没有相交部分时，求相交两平面的共有点，可以利用三面共点的原理来作。如图 3-13（a）所示，作辅助平面 R，则此平面与已知平面有交线 AB 和 CD，两交线相交于一点 M，则点 M 是已知两平面的共有点。同样的方法可求出两平面的另一个共有点 N。直线 MN 就是两个已知平面的交线。为作图方便，辅助平面一般选择水平面或正平面。投影图作法见图 3-13（b）。

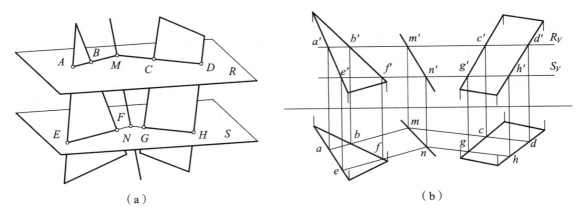

（a）　　　　　　　　　　　（b）

图 3-13　三面共点法求交线

第三节　直线与平面、平面与平面垂直

直线与平面垂直、平面与平面垂直，是相交的特殊情况。

一、直线与平面垂直

由立体几何可知：直线若垂直于某一平面，则该直线必垂直于平面内的所有直线。若直线垂直于平面内的一对相交直线，则直线与平面垂直。如图 3-14 所示，直线 AB 垂直于平面 P，B 为垂足。在平面内过 B 作水平线 CD，则 AB 必垂直于 CD。又根据直角投影原理，若 $AB \perp CD$，则 ab 必垂直于 cd。若再作水平线 MN，因 $mn \parallel cd$，则 ab 也必垂直于 mn。由此可得：直线若垂直于平面，则该直线的 H 面投影必垂直于该平面上所有水平线的 H 面投影。

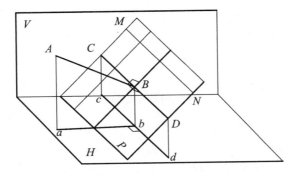

图 3-14　直线与平面垂直

同理可得，直线的 V 面投影和 W 面投影必分别垂直于该平面上的所有正平线的 V 面投影和侧平线的 W 面投影。

【例 3-6】过点 K 作一直线 KM 与平面 ABC 垂直，如图 3-15（a）。

【分析】若直线垂直于平面内两条相交直线，则直线必与平面垂直。为作图方便，取平面内水平线和正平线，可应用直角投影原理直接作出垂直关系。

【作图】在平面 *ABC* 内做水平线 *BD*（*bd*，*b'd'*）和正平线 *BE*（*be*，*b'e'*），如图 3-15（b）所示，过 *k'* 作 *k'm'*⊥*b'e'*，过 *k* 作 *km*⊥*bd*（*m'* 与 *m* 须满足点的投影规律），则 *KM*⊥*BD* 且 *KM*⊥*BE*，即直线 *KM* 垂直于平面 *ABC*。

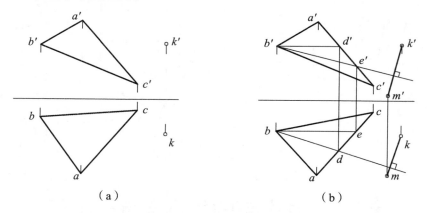

（a）　　　　　　　　　　（b）

图 3-15　作已知平面的垂线

【例 3-7】过点 *K* 作一直线 *KL* 与直线 *AB* 垂直并相交，如图 3-16（b）。

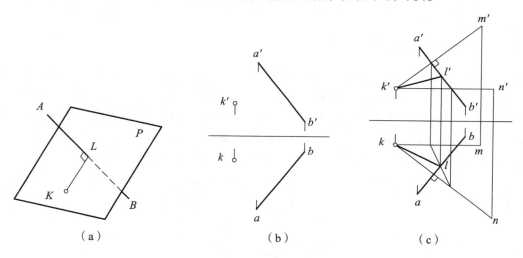

（a）　　　　　　　（b）　　　　　　　（c）

图 3-16　作已知直线的垂直相交直线

【分析】如图 3-16（a），直线 *KL* 与直线 *AB* 垂直并相交，则 *KL* 必在与直线 *AB* 垂直的平面上，且通过直线 *AB* 与该平面的交点。因此首先需作出过点 *K* 与直线 *AB* 垂直的平面，即过已知点作直线的垂直面 *P*。再求直线 *AB* 与平面 *P* 的交点 *L*，连接 *KL* 即为所求。

【作图】

（1）过 *K* 作辅助平面 *P* 垂直于直线 *AB*。*P* 平面由水平线 *KN* 和正平线 *KM* 确定，作 *k'm'*⊥ *a'b'*，*kn*⊥*ab*，如图 3-16（c）所示。

（2）利用一般位置直线与一般位置平面相交求交点的方法，求平面 *P* 与直线 *AB* 的交点 *L*（*l'*，*l*）。

（3）连接 *k'l'*、*kl* 即为所求。

二、两平面相互垂直

两平面互相垂直，是两平面相交的特殊情况。由立体几何可知，如果平面包含一条垂直于另一平面的直线，则该两平面垂直。如图 3-17 所示，$AB \perp P$ 面，则包含 AB 所作的平面 Q 和 R 均垂直于平面 P。

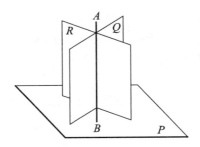

图 3-17　两平面相互垂直

【例 3-8】过点 M 作平面垂直于平面 ABC，如图 3-18（a）。

【分析】根据平面与平面垂直的条件，需先作出过 M 点且垂直于平面 ABC 的直线，然后再包含该直线作任意平面即可。

【作图】由分析可知，平面 ABC 中直线 AC 为水平线，直线 BC 为正平线，因此过 m' 作 $b'c'$ 的垂线 $m'n'$，过 m 作 ac 的垂线 mn，则直线 MN 为平面 ABC 的垂线。再作任意直线 ML，过 m' 作任意方向线段 $m'l'$，过 m 作任意方向线段 ml，线段 MN 与线段 ML 组成平面即为所求，如图 3-18（b）所示。

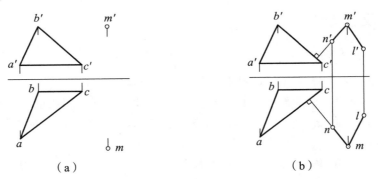

（a）　　　　　　　　　　　　（b）

图 3-18　过点作平面的垂直面

第四章　投影变换

当直线或平面相对于投影面处于特殊位置（平行或垂直）时，它们的投影反映线段的实长、平面的实形及其与投影面的倾角。当直线或平面对于投影面处于一般位置时，则它们的投影就不具备上述特征。

投影变换就是将直线或平面从一般位置变换为对投影面平行或垂直的位置，以简便地解决它们的度量和定位问题。

第一节　换面法

换面法就是保持空间几何元素不动，用新的投影面替换原两面投影体系中的某一个投影面，在新的两面投影体系中，使空间几何元素对于新投影面处于有利于解题的位置。

新建投影面的位置应符合下列两个基本条件：

（1）新投影面必须垂直于原来的一个投影面。

（2）新投影面必须与空间几何元素处于有利于解题的位置。

一、点的投影变换

（一）点的一次变换

如图 4-1（a）所示，点 A 在 V/H 投影体系中的正面投影为 a'，水平投影为 a。要改变点 A 的正面投影，可以设立一个垂直于 H 面的新投影面 V_1 来代替正立投影面 V，形成新的两面投影体系 V_1/H，两投影面交线为新的投影轴 X_1 轴。过点 A 作垂直于 V_1 面的投射线，得到 V_1 面上的点的新投影 a'_1。将 V_1 面绕新投影轴 X_1 轴旋转到与 H 面重合，则 a 和 a'_1 两点一定在 X_1 轴的同一垂线上，同时，因为 $a'a_x$ 和 a'_1a_{x1} 都反映点 A 到 H 面的距离 Aa，所以 $a'a_x=a'_1a_{x1}$。得到的投影图如图 4-1（b）所示。

在投影图中，若已知 A 点的两面投影 a 和 a' 及投影轴 X 轴，求作点 A 的新投影，作图方法如下：

先作出新投影轴 X_1 轴，然后由水平投影 a 向 X_1 轴作垂线，与 X_1 轴交于点 a_{x1}，并在该垂线上取点 a'_1，使 $a'_1a_{x1} = a'a_x$，即为点 A 的新投影。

若用 H_1 面代替 H 面，如图 4-2（a）所示，求点 A 在 H_1 面上的投影。如图 4-2（b）所示，图中 $a'a_1$ 垂直于 X_1 轴，$a_1a_{x1}=aa_x$，a_1 即为点 A 在 H_1 面上的投影。

由以上分析可知，在换面法中点的投影变换规律为：

（1）点的新投影和不变投影的连线垂直于新投影轴。

（2）点的新投影到新投影轴的距离等于点的被替换的投影到旧投影轴的距离。

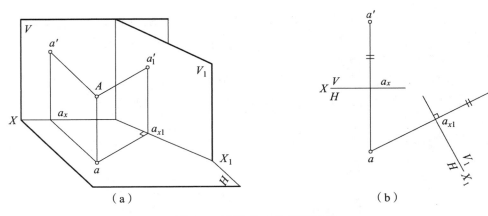

图 4-1　变换点 A 的 V 面投影

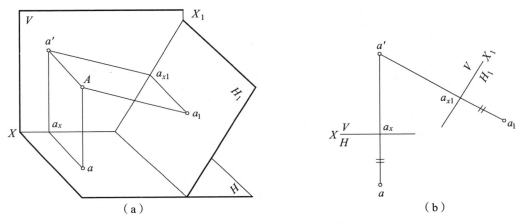

图 4-2　变换点 A 的 H 面投影

（二）点的二次变换

在实际应用中，有时换一次投影面达不到目的，需要连续变换两次或多次投影面（图 4-3）。

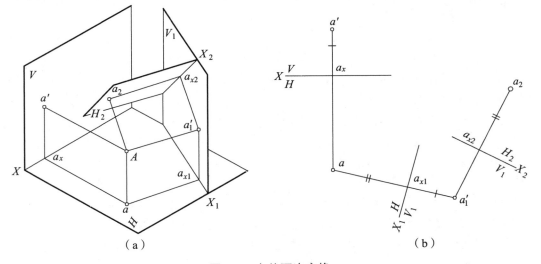

图 4-3　点的两次变换

如图 4-3 所示，在一次变换的基础上，再设立新的投影面 H_2 垂直于 V_1，以 H_2 面更换 H 面，V_1/H_2 又形成一个新的两面投影体系。这时，H 面成为旧投影面，X_1 轴成为旧投影轴，按新旧投影之间的变换规律，a'_1a_2 垂直于 X_2 轴，$a_2a_{x2}=aa_{x1}$。

第二次更换投影面，是在第一次更换投影面的基础上进行的。根据需要，按新旧投影之间的规律可以多次地变换下去，但必须注意应是 V 面与 H 面交替进行更换。

二、直线的投影变换

直线是由两点所确定的，因此直线的投影变换只要变换直线上任意两点的投影即可求得直线的新投影。在利用换面法解决实际问题时，直线的变换一般有三种情况：将一般位置直线变换成投影面平行线；将投影面平行线变换成投影面垂直线；将一般位置直线变换成投影面垂直线。

（一）将一般位置直线变换成投影面平行线

如图 4-4（a）所示，在 V/H 体系中，AB 是一般位置直线，若把它变换为投影面平行线，可设立一个新投影面 V_1 代替 V，使 V_1 面平行于直线 AB 且垂直于 H 面。直线 AB 在 V_1/H 新投影体系中成为平行于 V_1 面的直线，所以原投影 ab 平行于新投影轴 X_1 轴，新投影 $a'_1b'_1$ 反映直线段 AB 的实际长度，新投影 $a'_1b'_1$ 与新投影轴 X_1 轴的夹角反映直线 AB 对 H 面的倾角 α。

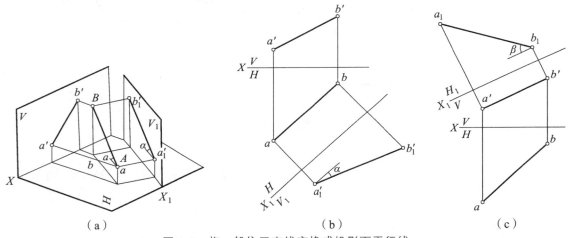

图 4-4　将一般位置直线变换成投影面平行线

已知一般位置直线 AB 的两面投影 ab 和 $a'b'$ 及投影轴 X 轴，如何求得直线段 AB 的实长及直线对 H 面的倾角 α，作图方法如图 4-4（b）所示：

首先作新投影轴 X_1 轴平行于 ab，然后根据点的投影变换规律，作出 A、B 两点的新投影 a'_1、b'_1，连接 a'_1 和 b'_1，则直线 AB 的新投影 $a'_1b'_1$ 即可反映直线段 AB 的实际长度，$a'_1b'_1$ 与 X_1 轴的夹角反映直线 AB 对 H 面的倾角 α。

同理，如果设立一个新投影面 H_1 代替 H，使 H_1 面平行于直线 AB 且垂直于 V 面。直线 AB 在 H_1 面上的新投影 a_1b_1 反映直线段 AB 的实际长度，与新投影轴 X_1 轴的夹角反映直线 AB 对 V 面的倾角 β。在投影图中的作图方法如图 4-4（c）所示：

先作新投影轴 X_1 轴平行于 $a'b'$，然后根据点的投影变换规律，作出 A、B 两点的新投影 a_1、b_1，连接 a_1 和 b_1，则 a_1b_1 即可反映直线段 AB 的实长，a_1b_1 与 X_1 轴的夹角反映直线 AB 对

V 面的倾角 β。

（二）将投影面平行线变换成投影面垂直线

如图 4-5（a）所示，在 V/H 投影体系中，直线 AB 为一条正平线，要把它变成新投影面的垂直线，就应设立新的投影面 H_1 垂直于直线 AB 和投影面 V，这时直线 AB 在 V/H_1 新投影体系中成为垂直于 H_1 面的直线。在投影图中的作图方法如图 4-5（b）所示：

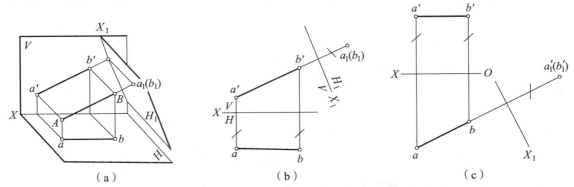

图 4-5　将投影面平行线变换成投影面垂直线

先作新投影轴 X_1 轴垂直于 $a'b'$，然后根据点的投影变换规律，作出 A、B 两点的新投影 a_1、b_1，这时 a_1 和 b_1 重合，即直线 AB 在 H_1 面上的投影有积聚性。

同理，如果直线 AB 是水平线，应设立垂直于直线 AB 和投影面 H 的新投影面 V_1 代替投影面 V，在投影图中先作新投影轴 X_1 轴垂直于 ab，然后根据点的投影变换规律，作出 AB 的积聚性新投影 $a'_1 b'_1$，如图 4-5（c）所示。

（三）将一般位置直线变换成投影面垂直线

一般位置直线倾斜于原投影体系中的各投影面，若新投影面垂直于一般位置直线，则一定也倾斜于原投影体系中的各投影面，这不符合建立新投影面的条件。因此，通过一次更换投影面不能将一般位置直线直接变换成投影面垂直线，必须先把一般位置直线变换成投影面的平行线，然后再把投影面平行线变换成投影面垂直线。

如图 4-6（a）所示，要把一般位置直线 AB 变换成投影面垂直线，可先设立 V_1 面平行于直线 AB 且垂直于 H 面，使直线 AB 成为 V_1/H 投影体系中的投影面平行线，然后再设立 H_2 面垂直于直线 AB 且垂直于 V_1 面，使直线 AB 成为 V_1/H_2 投影体系中的投影面垂直线，作图方法如图 4-6（b）所示。

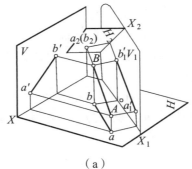

（a）

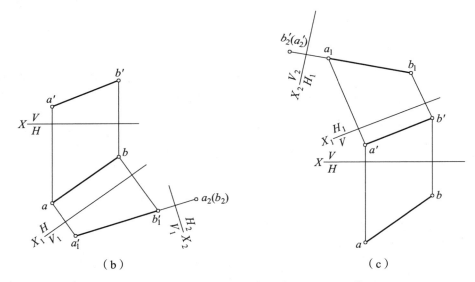

（b）　　　　　　　　　　　　　　（c）

图 4-6　将一般位置直线变换成投影面垂直线

同理，若第一次用 H_1 面替换 H 面，第二次用 V_2 面替换 V 面，也可以将一般位置直线 AB 变成投影面垂直线，作图方法如图 4-6（c）所示。

三、平面的投影变换

平面的投影变换是通过变换平面内的点和直线来实现的。在实际应用中，平面的投影变换一般也有三种情况：将一般位置平面变换成投影面垂直面；将投影面垂直面变换成投影面平行面；将一般位置平面变换成投影面平行面。

（一）将一般位置平面变换成投影面垂直面

要把一般位置平面变换成投影面垂直面，只要把平面内的任意一条直线变换成新投影面的垂直线，则该平面即成为新投影面的垂直面。将一般位置直线变换成投影面垂直线要经过两次变换，若把投影面平行线变换成投影面垂直线则只要一次变换就可以了，因此，可以在平面内任取一条投影面平行线将其变换成投影面垂直线，一般位置平面即可变换成投影面垂直面。

如图 4-7（a）所示，欲将一般位置平面△ABC 变换成投影面垂直面，可以先在△ABC 内任取一条水平线 AD，再设立新投影面 V_1 垂直于 AD，则 V_1 既垂直于 H 面，又垂直于△ABC，作图方法如图 4-7（b）所示：

先作 $a'd'$ 平行于 X 轴，并求出 ad；再作 X_1 轴垂直于 ad；然后按点的投影变换规律，求出△ABC 各顶点在新投影面 V_1 上的投影 a'_1、b'_1、c'_1。$a'_1b'_1c'_1$ 必积聚在一条直线上，它与 X_1 轴的夹角反映△ABC 与 H 面的倾角 α。

同理，如果在一般位置平面△ABC 内任取一条正平线，然后作新投影面与其垂直，则△ABC 成为垂直于 H_1 面的平面，其新投影 $a_1b_1c_1$ 积聚为一条直线，它与 X_1 轴的夹角反映△ABC 与 V 面的倾角 β，作图方法如图 4-7（c）所示。

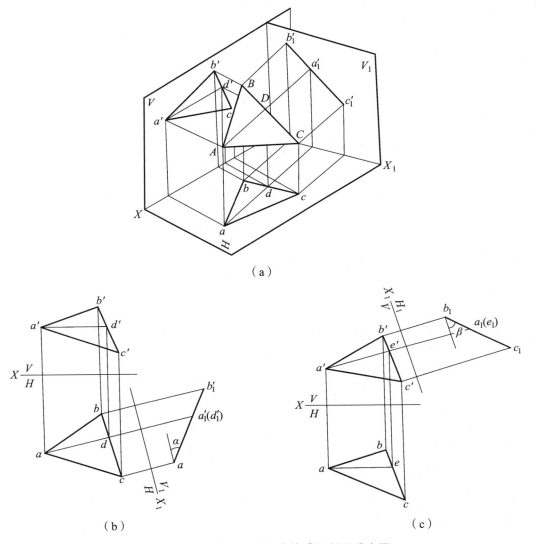

（a）

（b）　　　　　　　　　　　　　　（c）

图 4-7　将一般位置平面变换成投影面垂直面

（二）将投影面垂直面变换成投影面平行面

如图 4-8 所示，△ABC 为一铅垂面，若设立一新投影面 V_1 平行于△ABC，也一定垂直于 H 面，这时在 V_1 面上的新投影 $a'_1b'_1c'_1$ 反映△ABC 的实形。作图方法如图 4-8 所示：

先作 X_1 轴平行于 abc，再求出△ABC 在 V_1 面上的新投影 $a'_1b'_1c'_1$。

若平面为正垂面，读者可依据变换规律自行作出。

（三）将一般位置平面变换成投影面平行面

要将一般位置平面变换成投影面平行面，只变换一次投影面是不可能解决的。因为若新投影面平行于一般位置平面，则这个新投影面也一定是一般位置平面，不垂直于任何一个原体系中的投影面，所以必须更换两次投影面才能将一般位置平面变换成投影面平行面。先把一般位置平面变换成投影面垂直面，再把投影面垂直面变换成投影面平行面。

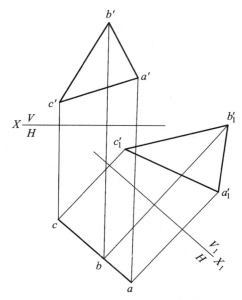

图 4-8　将投影面垂直面变换成投影面平行面

图 4-9（a）表示先设立 H_1 面，再设立 V_2 面的作图方法；图 4-9（b）表示先设立 V_1 面，再设立 H_2 面的作图方法。

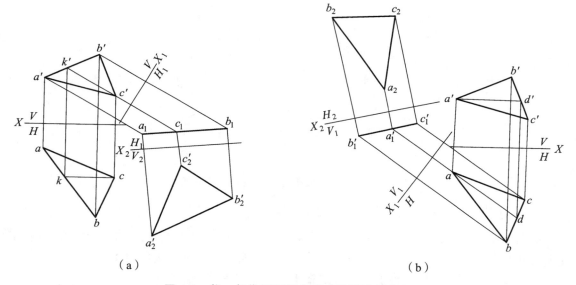

（a）　　　　　　　　　　　　　　　（b）

图 4-9　将一般位置平面变换成投影面垂直面

四、应用举例

应用投影变换解题时，首先要根据已知条件进行空间分析，了解空间几何元素之间的位置关系，以及它们与投影面之间的相对位置，根据求解要求，分析如何新建投影面才能使空间几何元素相对于投影面处于有利于解题的位置，明确解题思路，按前述作图方法进行作图。

【例 4-1】如图 4-10（a）所示，求交叉两直线 *AB* 及 *CD* 的公垂线。

【分析】如图 4-10 所示，MN 是直线 AB 与直线 CD 的公垂线，则 MN 与两直线均垂直，由于题中直线 AB 与 CD 均为一般位置直线，不经过投影变换，作图较繁。如果把其中一条直线（如 CD）变换为投影面垂直线，如图 4-10（b）所示，则它们的公垂线 MN 即为投影面平行线，且与另一条直线在该投影面上的投影反映直角。由于两直线均为一般位置直线，所以要经过两次投影变换才可把一般位置直线变换为投影面垂直线。

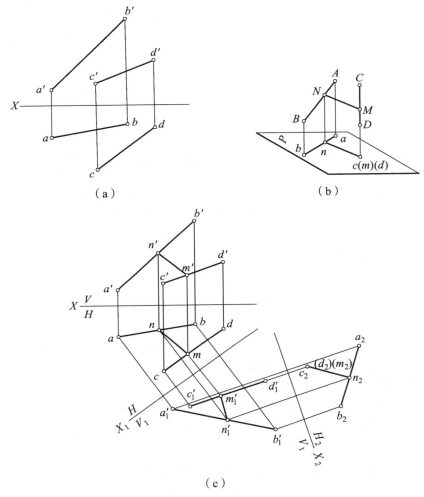

图 4-10　求交叉两直线的公垂线（方法一）

【作图】如图 4-10（c）所示：

（1）设立 V_1 面平行于 CD：作 X_1 轴平行于 cd，求得直线 AB、CD 在 V_1 面上的投影 $a'_1b'_1$ 及 $c'_1d'_1$。

（2）设立 H_2 面垂直于 CD：作 X_2 轴垂直于 $c'_1d'_1$，求得直线 AB、CD 在 H_2 面上的投影 a_2b_2 及 c_2d_2，这时直线 CD 的新投影 c_2d_2 积聚为一点。

（3）作公垂线 MN：过 CD 在 H_2 面上的积聚性投影作直线 m_2n_2 垂直于 a_2b_2，m_2n_2 即为公垂线 MN 在 H_2 面上的投影，且反映 MN 的实长。

（4）返回 MN 在 V、H 面上的投影：在 V_1/H_2 投影体系中，因 MN 平行于 H_2 面，所以 $m'_1n'_1$

平行于 X_2 轴，由 $m'_1n'_1$ 再返回求出 MN 在 V、H 面上的投影 $m'n'$ 及 mn。

此题还有另一种解法，如图 4-11 所示，即将两交叉直线 AB、CD 经两次投影变换，使其同时平行于一个新投影面 P，这时两条直线的公垂线 MN 必然垂直于 P 面，它的实长可以在与 P 面垂直的投影面上反映出来。

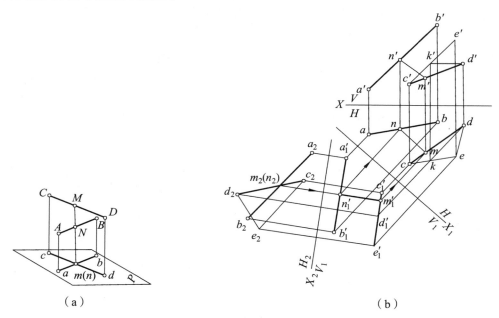

（a）　　　　　　　　　　　　　　　　　（b）

图 4-11　求交叉两直线的公垂线（方法二）

【作图】如图 4-11（b）所示：

（1）包含直线 CD 作平面平行于直线 AB：过 c 作 ce 平行于 ab，过 c' 作 $c'e'$ 平行于 $a'b'$。

（2）把△CDE 变换成投影面的垂直面：作 X_1 轴垂直于 dk（DK 是△CDE 内的水平线），并求出△CDE 和 AB 在 V_1 面上的投影 $c'_1d'_1e'_1$ 和 $a'_1b'_1$。

（3）把△CDE 变换成投影面的平行面：作 X_2 轴平行于 $c'_1d'_1e'_1$（及 $a'_1b'_1$），并求出其在 H_2 面上的投影 $c_2d_2e_2$ 和 a_2b_2。这时 c_2d_2 与 a_2b_2 相交于一点 m_2（n_2），即为公垂线 MN 的积聚投影。

（4）返回作图求出 MN 的各投影。$m'_1n'_1$ 反映公垂线的实长。

【例 4-2】如图 4-12 所示，已知两平行直线 AB、CD 间的距离为 15 mm，求作 cd。

【分析】直线 AB、CD 平行，直线 AB 为一般位置直线，直线 CD 也是一般位置直线，它们在投影面上的投影间的距离不反映两直线间的实际距离。若把两平行直线变换为投影面垂直线时，则直线在所垂直的投影面上的投影积聚为点，两积聚投影点之间的距离即为两直线间的实际距离 15 mm。此题由于缺乏 CD 的水平投影，所以只能先换 H 面，经两次投影变换将直线 AB 变换为投影面垂直线。

【作图】如图 4-12（b）所示：

（1）设立 H_1 面平行于 AB：作 X_1 轴平行于 $a'b'$，求得直线 AB 在 H_1 面上的投影 a_1b_1。

（2）设立 V_2 面垂直于 AB：作 X_2 轴垂直于 a_1b_1，求得直线 AB 在 V_2 面上的投影 $a'_2b'_2$，这时直线 AB 的新投影 $a'_2b'_2$ 积聚为一点。

（3）求出 CD 在 V_2 面上的投影 $c'_2d'_2$：以 $a'_2b'_2$ 为圆心，以 15 mm 为半径画圆，$c'_2d'_2$ 必在此圆周上。$c'_2d'_2$ 距离 X_2 轴的距离等于 $c'd'$ 到 X_1 轴的距离长度，作 X_2 轴的平行线，则 $c'_2d'_2$ 必在此直线上。直线与圆周的交点即为 CD 在 V_2 面上的投影 $c'_2d'_2$。

（4）返回作图求出 CD 在 H 面上的投影 cd：如图 4-12（c）所示，由 CD 的 V_2 面上的投影 $c'_2d'_2$，根据投影变换规律求出 CD 的 H_1 面上的投影 c_1d_1 以及 CD 在 V 面上的投影 $c'd'$，最终求出 CD 在 H 面上的投影 cd。

此题有两解，图中只作出一解。

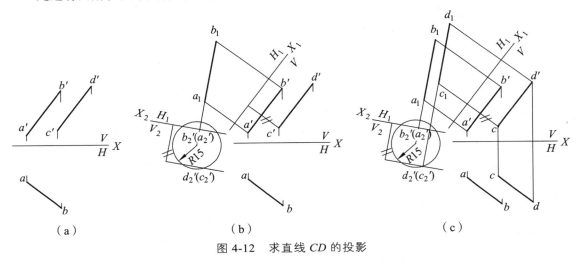

（a）　　　　　　　　（b）　　　　　　　　（c）

图 4-12　求直线 CD 的投影

【例 4-3】如图 4-13（a）所示，已知直线 AB 及线外一点 M，试在直线 AB 上找一点 C，使直线 MC 与直线 AB 的夹角为 $60°$。

【分析】直线 AB 与点 M 决定一个平面，而 MC 在该平面内，如该平面为投影面平行面，则直线 AB 与 MC 的夹角的实际大小可以直接作出。该平面为一般位置平面，要经过两次投影变换才能变换为投影面平行面。

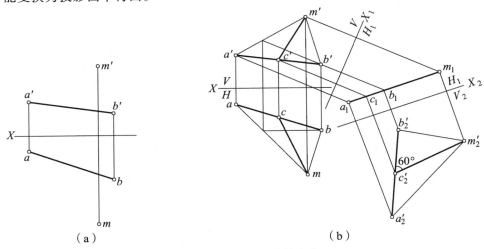

（a）　　　　　　　　　　　　　　（b）

图 4-13　求两条直线的夹角

【作图】如图 4-13（b）所示：

（1）求△ABM 的实形：将直线 AB 与点 M 连成一个三角形，经两次投影变换求得△$a'_2b'_2m'_2$，此图反映△ABM 的实形。

（2）在实形中求得符合条件的 C 点：过点 m'_2 作直线与直线 $a'_2b'_2$ 的夹角成 60°，求得点 c'_2。

（3）返回求得点 C 的 V 面和 H 面投影 c'、c。

【例 4-4】如图 4-14（a）所示，用换面法求直线 MN 与△ABC 的交点，并判断可见性。

【分析】题中直线和平面均为一般位置，可以将其中一个变换为垂直于投影面的图形，然后可以利用积聚性求出交点。如要将直线变换为投影面垂直线，需要两次变换，而将平面变换为投影面垂直面只要一次变换，所以我们变换一次，将平面△ABC 变换为投影面垂直面。

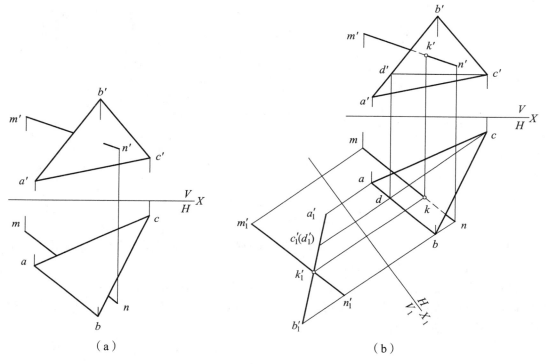

图 4-14　求直线与平面的交点

【作图】如图 4-14（b）所示：

（1）将△ABC 变换为投影面垂直面，并求出直线 MN 与△ABC 的交点在 V_1 面上的投影：作 V_1 面垂直于△ABC，作出△ABC 在 V_1 面上的新投影 $a'_1b'_1c'_1$ 积聚为一条直线，与直线 MN 在 V_1 面上的新投影 $m_1'n_1'$ 交于一点 k_1'，此点即为直线 MN 与△ABC 的交点在 V_1 面上的投影。

（2）返回作图，求出交点在原投影体系中的投影：根据投影变换规律返回求出 k、k'。

（3）判断直线 MN 的可见性。

第二节　旋转法

旋转法是保持投影面不变，将空间几何元素绕某一轴线旋转到对投影面处于有利于解题的位置。旋转法按旋转轴线与投影面的相对位置，可分为绕垂直轴旋转法和绕平行轴旋转法。若旋转轴垂直于某投影面称为绕垂直轴旋转法；若旋转轴平行于某投影面称为绕平行轴旋转法。因为绕垂直轴旋转应用较多，所以这里只介绍绕垂直轴旋转法。

一、点的旋转

如图 4-15（a）所示，点 A 绕垂直于 H 面的轴 L 旋转，点 A 的运动轨迹是垂直于 L 轴的水平圆，它的水平投影是反映实形的圆，正面投影是一段与 X 轴平行的直线段。如果点 A 旋转 θ 角到 A_1，则其水平投影 a 也按相同的方向旋转 θ 角到 a_1，而正面投影 a' 移动到 a'_1，作图方法如图 4-15（b）所示。

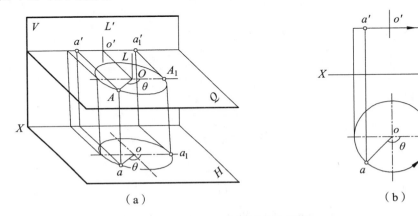

（a）　　　　　　　　　　（b）

图 4-15　点绕铅垂线旋转

如图 4-16（a）所示，点 A 绕垂直于 V 面的轴 L 旋转，点 A 的运动轨迹是垂直于 L 轴的正平圆，它的正面投影是反映实形的圆，水平投影是一段与 X 轴平行的直线段。如果点 A 旋转 θ 角到 A_1，则其正面投影 a' 也按相同的方向旋转 θ 角到 a'_1，而水平投影 a 移动到 a_1，作图方法如图 4-16（b）所示。

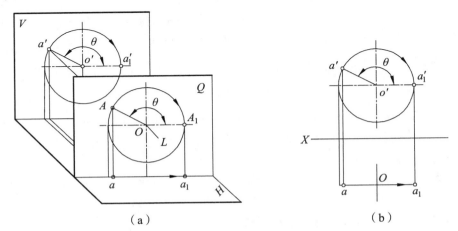

（a）　　　　　　　　　　（b）

图 4-16　点绕正垂线旋转

由此可知，当点绕垂直于某一投影面的轴旋转时，点在该投影面上的投影沿圆周运动，在另一投影面上的投影沿平行于投影轴的直线移动。

二、直线的旋转

直线是由两点所确定的，只要将直线上任意两点绕同一轴线、沿同一方向、旋转同一角度即可求得直线旋转后的新投影。

如图 4-17 所示，直线 AB 绕铅垂轴 O 逆时针旋转 θ 角到 A_1B_1。根据点的旋转规律作出 A_1 和 B_1 的新投影，然后同面投影相连，即得直线 AB 的新投影 a_1b_1 和 $a'_1b'_1$。

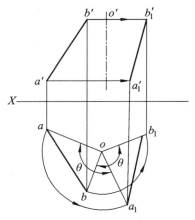

图 4-17 直线的旋转

在绕铅垂轴旋转的过程中 A、B 两点的高度不变，直线 AB 对 H 面的倾角 α 也不变，其 H 面投影的长度也不变，即 $ab=a_1b_1$。同理，一条线段绕正垂轴旋转时，它的 V 面投影长度不变，直线对 V 面的倾角 β 也不变。

由此总结出直线的旋转规律：

直线绕垂直于某投影面的轴旋转时，其在该投影面上的投影长度不变，且其对该投影面的倾角也不变。

为了将直线旋转到有利于解题的位置，选择旋转轴至关重要。直线的旋转有三种基本情况：将一般位置直线旋转成投影面平行线；将投影面平行线旋转成投影面垂直线；将一般位置直线旋转成投影面垂直线。

（一）将一般位置直线旋转成投影面平行线

如图 4-18（a）所示，欲将一般位置直线 AB 旋转成正平线，要选取垂直于 H 面的铅垂轴作为旋转轴，为了简便作图，我们选择过 B 点的铅垂旋转轴，这样旋转时 B 点不动，只有 A 点转动。作图方法如图 4-18（b）所示：

先以 b 为圆心，ba 为半径，将 a 旋转到 a_1，使 a_1b 平行于 X 轴；将 a' 平行于 X 轴移动，与过 a_1 的 X 轴的垂线交于 a'_1，连接 a'_1b'，则 a_1b 和 a'_1b' 就是直线 AB 旋转后的投影。a'_1b' 反映直线 AB 的实长，a'_1b' 与 X 轴的夹角反映直线 AB 与 H 面的倾角 α。

同理，欲将一般位置直线 AB 旋转成水平线，要选取垂直于 V 面的正垂轴作为旋转轴，为简化作图，旋转轴可以不画出。作图方法如图 4-18（c）所示。

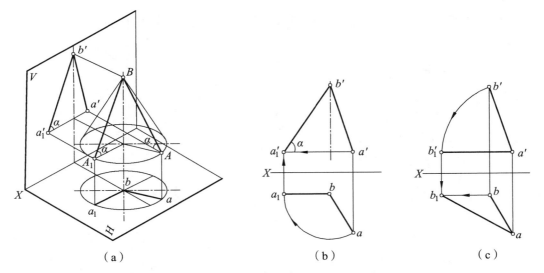

（a）　　　　　　　（b）　　　　　　　（c）

图 4-18　将一般位置直线旋转成投影面平行线

（二）将投影面平行线旋转成投影面垂直线

如图 4-19（a）所示，将正平线 AB 旋转成铅垂线，此时必须选正垂轴为旋转轴。为方便作图，选通过 A 点的正垂轴。作图方法如图 4-19（b）所示：

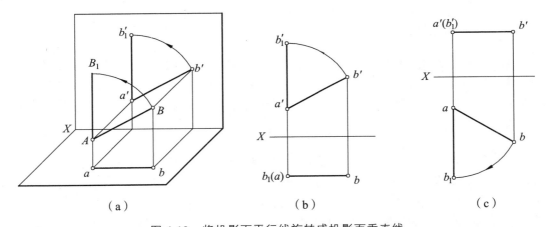

（a）　　　　　　　（b）　　　　　　　（c）

图 4-19　将投影面平行线旋转成投影面垂直线

先以 a' 为圆心，$a'b'$ 为半径，将 b' 旋转到 b'_1，使 $a'b'_1$ 垂直于 X 轴；b 点平行于 X 轴移动到 b_1，与 a 重合，这时直线 AB_1（ab_1，$a'b'_1$）即为铅垂线。

同理，欲将水平线 AB 旋转成正垂线，要选取铅垂轴作为旋转轴，作图方法如图 4-19（c）所示。

（三）将一般位置直线旋转成投影面垂直线

综合上述两种旋转的情况，可以连续旋转两次，第一次将一般位置直线旋转成投影面平行线，第二次将投影面平行线旋转成投影面垂直线。

如图 4-20（a）所示，AB 是一般位置直线。第一次将 AB 绕通过 A 点的铅垂轴旋转成正平

线 AB_1；第二次将 AB_1 绕通过 B_1 点的正垂轴旋转成铅垂线 A_2B_1，作图方法如图 4-20（b）所示。

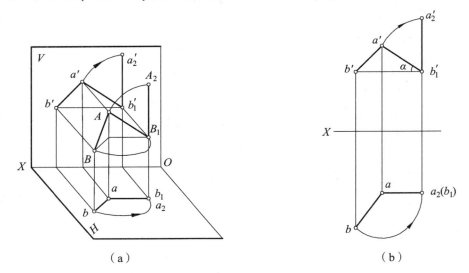

（a）   （b）

图 4-20　将一般位置直线旋转成投影面垂直线

同理，可第一次将 AB 绕正垂轴旋转成水平线，第二次将水平线绕铅垂轴旋转成正垂线，作图方法略。

三、平面的旋转

平面的旋转，也就是旋转决定平面的点或直线，按同轴同向同角度旋转，然后将同面新投影相连，即可得到该平面的新投影。平面的旋转有三种基本情况：将一般位置平面旋转成投影面垂直面；将投影面垂直面旋转成投影面平行面；将一般位置平面旋转成投影面平行面。

（一）将一般位置平面旋转成投影面垂直面

要把一般位置平面旋转成投影面垂直面，只要把平面内的任意一条直线旋转成投影面的垂直线，则该平面即成为投影面的垂直面。将一般位置直线旋转成投影面垂直线要经过两次旋转，若把投影面平行线旋转成投影面垂直线则只要一次旋转就可以了，因此，可以在平面内任取一条投影面平行线将其旋转成投影面垂直线，一般位置平面即可旋转成投影面垂直面。

如图 4-21 所示，把一般位置平面 $\triangle ABC$ 旋转成正垂面的作图方法。在 $\triangle ABC$ 上选择一条水平线 AD，过 A 点设一铅垂轴，将 AD 一次旋转成正垂线，B、C 两点按同方向同角度旋转至 B_1（b_1，b_1'）、C_1（c_1，c_1'），这时 $\triangle ABC$ 即为正垂面。

在绕铅垂轴旋转的过程中，A、B、C 三点的相对位置和高度没变，$\triangle ABC$ 对 H 面的倾角不变，其水平投影的形状和大小不变。因此 $a_1'b_1'c_1'$ 与 X 轴的夹角反映 $\triangle ABC$ 与 H 面的倾角 α。$\triangle ab_1c_1$ 与 $\triangle abc$ 全等。

欲将 $\triangle ABC$ 旋转成铅垂面，则要在平面内选择一正平线，将其绕正垂轴旋转成铅垂线，其他平面元素与其同轴同方向同角度旋转，平面即被旋转为铅垂面。作图过程读者可自行完成。

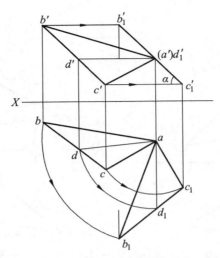

图 4-21　将一般位置平面旋转成正垂面

（二）将投影面垂直面旋转成投影面平行面

如图 4-22 表示将正垂面△ABC 旋转成水平面的作图方法。选过 C 的正垂轴为轴，将 a'、b' 旋转到 a_1'、b_1'，使 $a_1'b_1'c'$ 平行于 X 轴，按点的旋转规律作出 a_1、b_1，连线得到△ABC 的新投影△A_1B_1C，此面即为水平面，其水平投影△a_1b_1c 反映实形。

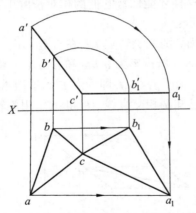

图 4-22　将正垂面旋转成水平面

同理，铅垂面可绕铅垂轴旋转成正平面。

（三）将一般位置平面旋转成投影面平行面

将一般位置平面旋转成投影面平行面，分两次旋转，第一次将一般位置平面旋转成投影面垂直面，第二次将投影面垂直面旋转成投影面平行面。读者可根据上述作图方法自行作出，这里从略。

四、应用举例

【例 4-5】如图 4-23 所示，求点 E 到平面△ABC 的距离。

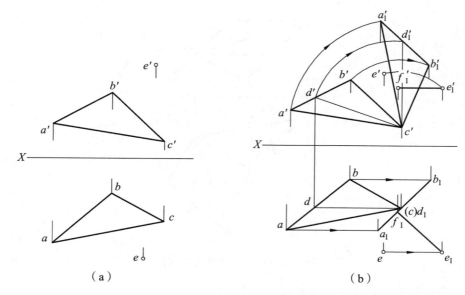

（a）　　　　　　　　　　　　　（b）

图 4-23　求点到平面的距离

【分析】如果平面△ABC是投影面垂直面，则点到平面的距离可以在投影面上直接反映出来。现在平面为一般位置平面，因此要把它旋转成投影面垂直面。注意旋转时点 E 必须与△ABC绕同轴同方向旋转同一角度，这样才能保持它们的相对位置不变。

【作图】如图 4-23（b）所示：

（1）将△ABC旋转成铅垂面，随之旋转点 E：在△ABC内作一正平线 CD，选取过 C 点的正垂轴，将△ABC旋转成铅垂面，新投影为 a_1b_1c 和 $a_1'b_1'c'$；将点 E 旋转到 E_1（e_1，e_1'）；

（2）由 e_1 向 a_1b_1c 作垂线，交于 f_1。e_1f_1 即为点 E 到平面△ABC 的距离。

【例 4-6】如图 4-24 所示，已知两相交直线 AB 和 AC，用旋转法求它们的夹角的真实大小。

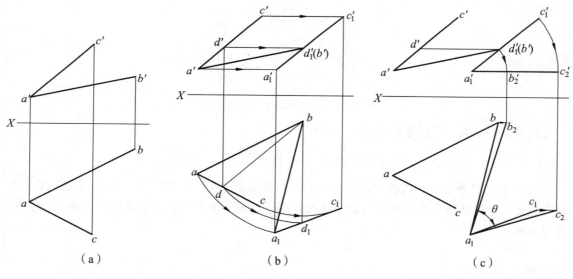

（a）　　　　　　　　　　（b）　　　　　　　　　　（c）

图 4-24　求夹角的真实大小

【分析】两相交直线确定一个平面，若将该平面变换为投影面平行面，则能反映它们夹角的真实大小。由于平面 BAC 是一般位置平面，必须经过两次旋转才能变换为投影面平行面。

　　【作图】如图 4-24（b）、（c）所示：

　　（1）旋转平面为投影面垂直面：在相交直线 AB 和 BC 组成的平面内选一条水平线 BD，过 B 点设一铅垂轴，将 BD 一次旋转成正垂线，A、C 两点按同方向同角度旋转至 A_1（a_1，a'_1）、C_1（c_1，c'_1），这时 BA_1C_1 即为正垂面。

　　（2）将投影面垂直面旋转成投影面平行面，反映实形：选过 A_1 点的正垂轴为轴，将 b'、c'_1 旋转到 b'_2、c'_2，使 $a'_1b'_2c'_2$ 平行于 X 轴，按点的旋转规律作出 b_2、c_2，连接 a_1b_2、a_1c_2，面 $B_2A_1C_2$ 即为水平面，$\angle b_2a_1c_2$ 反映两相交直线 AB 和 AC 夹角的真实大小。

第五章　平面体

由平面围成的立体称为平面体，如棱柱、棱锥等。

第一节　平面体的投影

一、平面体的投影分析

平面体的每个表面都是平面多边形，画平面体的投影实际上就是画出其各个表面的投影。

沿某一投影方向对立体进行投影时，总是可见表面与不可见表面的投影相重合。立体表面上可见的边界线的投影用粗实线表示，不可见的边界线的投影用中虚线表示，虚线与实线投影重合时，只画出实线。注意：只有当两表面都不可见时，两表面的边界交线的投影才不可见。

二、棱柱体的投影

棱柱体由两个互相平行的底面和几个棱面组成，相邻两棱面的交线互相平行。如图 5-1（a）所示为正五棱柱在三面投影体系中的位置：两个底面均是水平面且为正五边形，五个棱面均为矩形，除后棱面是正平面外，其余均为铅垂面，五条棱线均为铅垂线。

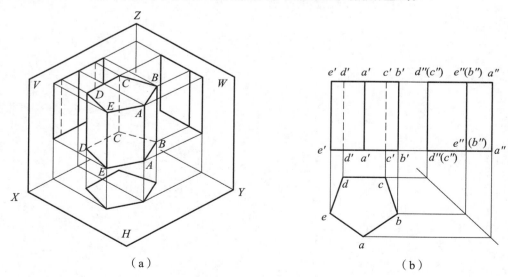

（a）　　　　　　　　　　　　　　（b）

图 5-1　正五棱柱的投影

作出正五棱柱的三面投影如图 5-1（b）所示（在投影图中，投影轴只反映物体与投影面之间的距离，不影响立体的表达，故图中投影轴可省去不画）。其 H 面投影为正五边形，是上下底面的重合投影，反映底面实形；它的五条底边是五个棱面的积聚投影，五个顶点是五条棱线的积聚投影。对 H 面投影而言，上底面可见，下底面不可见。其 V 面投影由矩形线框组成，它的上下两线段分别是上底面、下底面的积聚投影；五个棱面除了后棱面的投影反映实形外，另外四个面的投影均为类似图形；五条棱线的投影均反映实长。对 V 面投影而言，前方两个棱面可见，后方三个棱面不可见，不可见的棱面的交线 $d'd'$、$c'c'$ 应画成虚线。其 W 面投影也由矩形线框组成，它的上下两边分别是上底面、下底面的积聚投影；后棱面投影积聚为直线，左侧两棱面与右侧两棱面的投影重合，且左侧两棱面可见，右侧两棱面不可见，左侧的棱线的投影可见应画成实线，右侧的棱线的投影不可见应画成虚线，但虚实重合只画出实线。

三、棱锥体的投影

棱锥体由一个底面和几个棱面组成，棱面上各条棱线相交于一点——锥顶。如图 5-2（a）所示三棱锥：底面 $\triangle ABC$ 是水平面，三个棱面 $\triangle SAB$、$\triangle SBC$、$\triangle SAC$ 均为一般位置平面；棱线 SA 是一般位置直线，SB 是侧平线，SC 是正平线。

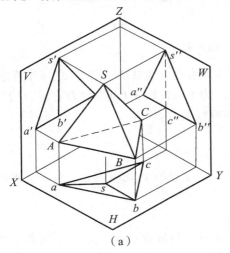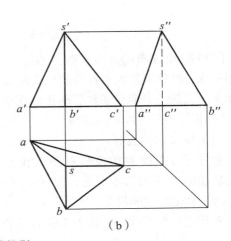

（a）　　　　　　　　　　　　　　（b）

图 5-2　三棱锥的投影

该三棱锥的投影如图 5-2（b）所示。在 H 面投影中，$\triangle abc$ 反映底面 $\triangle ABC$ 的实形，底面投影不可见；三个棱面的投影均为类似图形，且都是可见的。其 V 面投影和 W 面投影均由三角形组成，底面的投影均积聚为直线，三个棱面的投影均为类似图形。对于 V 面投影而言，前两个棱面 $\triangle SAB$ 和 $\triangle SBC$ 可见，它们的交线亦可见，$s'b'$ 画为实线，而后棱面 $\triangle SAC$ 不可见。对于 W 面投影而言，左棱面 $\triangle SAB$ 可见，而右棱面 $\triangle SBC$ 和 $\triangle SAC$ 不可见，它们的交线亦不可见，$s''c''$ 画为虚线。

第二节　平面体表面上的点和线

平面体表面上确定点、线的方法与平面内确定点、线的方法相同。画平面体表面上的点和线的投影时，应遵循点、线、面、体之间的从属关系。

已知平面体表面上点或线的一个投影，求其其他投影时，先根据已知投影的位置及可见性判断点或线在平面体的哪一个表面上，然后运用平面上定点、定线的方法求其其他投影。当点、线所在的表面投影有积聚性时，要充分利用积聚性来作图。

【例 5-1】已知如图 5-3（a）所示五棱柱表面上 A 点的正面投影 a' 和 CD 线的正面投影 $c'd'$，求作它们的其他两投影。

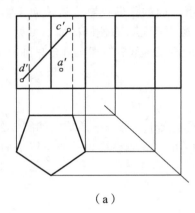
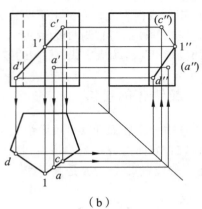

（a）   （b）

图 5-3　正五棱柱表面上取点和线

【分析】由 A 点的正面投影 a' 的位置及可见性可知 A 点在五棱柱的右前棱面上，右前棱面为铅垂面，可利用其水平投影的积聚性解题；由 CD 线的正面投影 $c'd'$ 可知 CD 在前方的两个棱面上，实际上是两段折线，转折点在两棱面相交的棱线上。

【作图】如图 5-3（b）所示：

（1）作 A 点的投影。

先定出 A 点的 H 面投影 a，然后由点的两个投影定出 A 点的 W 面投影 a''。由于 A 点所在右前棱面的 W 面投影不可见，所以 a'' 不可见。

（2）作 CD 线的投影。

先作出两段折线 $C\text{I}$ 和 $D\text{I}$ 的 H 面投影 $c1d$（ I 是折线与最前棱线的交点），再作出两段折线的 W 面投影 $c''1''d''$。$c''1''$ 在不可见的棱面上，应画成虚线；$1''d''$ 在可见棱面上，画成实线。

【例 5-2】如图 5-4 所示三棱锥表面上 K 点的水平投影 k 和直线 MN 的正面投影 $m'n'$，求作它们的其他两投影。

【分析】由 K 点水平投影 k 可知 K 点在左侧棱面 $\triangle SAB$ 上，由于该棱面各投影均没有积聚性，所以需要利用辅助线来作图。辅助线可取面内过 K 点的任意直线，但为了作图方便，常取过锥顶的直线或平行于底边的直线。

由直线 MN 的正面投影 $m'n'$ 可知 MN 是右前棱面 $\triangle SBC$ 上的一条水平线，以此直线作为辅助线作图。

【作图】如图 5-4（b）所示：

（1）作 K 点的投影。

过锥顶和 K 点作辅助线 SL。先作出 sl，再作出 $s'l'$、$s''l''$，于是在 $s'l'$ 定出 k'，在 $s''l''$ 上定出 k''，由于棱面 $\triangle SAB$ 的 V 面投影和 W 面投影均可见，故 k' 和 k'' 也可见。

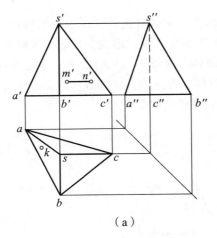 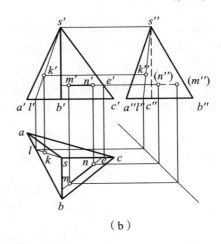

（a） （b）

图 5-4 三棱锥表面上取点和线

（2）作直线 MN 的投影。

以 MN 作为辅助线，先延长 m'n' 与 s'c' 交于 e'，进而定出 E 点的水平投影 e，由于 MN∥BC，故过 e 作 bc 的平行线，在其上定出 mn，然后再作出 m″n″。由于△SBC 的 H 面投影可见，所以 mn 可见，应画成实线；△SBC 的 W 面投影不可见，所以 m″n″ 不可见，应画成虚线。

第三节 平面与平面体相交

平面与平面体相交，就是用平面去截切平面体，如图 5-5 所示，截切的平面称为截平面，截平面与平面体的交线称为截交线，由截交线围成的平面多边形称为截面或断面。平面与平面体相交，主要是作出截交线的投影。

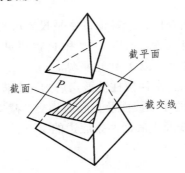

图 5-5 平面体的截切

截交线是一个封闭的平面多边形，此多边形各顶点是截平面与平面体的棱线或底边的交点，各条边是截平面与平面体的棱面或底面的交线。

求作截交线的方法一般有两种：

（1）交点法——先作出截平面与平面体的各棱线或底边的交点，然后把位于平面体同一表面上的两交点连成直线。

（2）交线法——直接作出截平面与平面体的各棱面或底面的交线。

在投影图中截交线的投影的可见性取决于平面体各表面的可见性，位于可见表面上的交线的投影才是可见的，应画成实线，否则交线的投影不可见，画成虚线。若平面体被截断后，截面成为截切平面体的外表面，则只有当截面和平面体表面都不可见时，表面上的交线的投影才是不可见的，应画成虚线，其他情况交线的投影都是可见的，应画成实线。

【例 5-3】如图 5-6 所示，求正垂面 P 与三棱锥 S-ABC 的截交线。

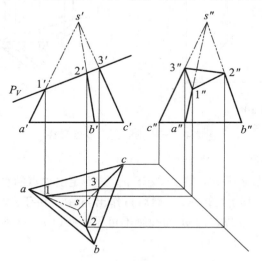

图 5-6　三棱锥的截交线

【分析】截平面 P 与三棱锥的三条棱线 SA、SB、SC 相交，可采用交点法，分别求出三条棱线与截平面的交点 Ⅰ、Ⅱ、Ⅲ，将其依次连接起来即为截交线。

【作图】截平面 P 是正垂面，它的正面投影积聚，交点的正面投影 1′、2′、3′可以直接得出。由点的投影规律可求出交点的其他投影 1、2、3 和 1″、2″、3″。然后依次连接各点的同面投影，即得到截交线的各投影。

判断可见性。因为截交线所在的三个棱面的水平投影可见，所以截交线的水平投影也可见。棱面 SAB 和 SAC 的侧面投影可见，所以 1″2″ 和 1″3″ 可见；棱面 SBC 的侧面投影不可见，但截切后的截面 ⅠⅡⅢ是可见的，所以 2″3″也可见。

【例 5-4】如图 5-7（a）所示，求四棱柱被截切后的三面投影图。

【分析】截平面 P 与四棱柱的 4 个棱面及上底面相交，截交线是一个五边形，它的五个顶点是截平面与四棱柱的 3 条棱线及上底面两条底边的交点，可采用交点法求得交点，然后连线并判别其可见性。

【作图】如图 5-7（b）所示：

（1）作出四棱柱未截切时的侧面投影。

（2）截平面 P 是正垂面，它的正面投影积聚，交点的正面投影 a′、b′、c′、d′、e′可以直接得出。

（3）求各交点的水平投影：四棱柱的棱线水平投影积聚，A、B、E 交点的水平投影 a、b、e 可直接求得，由点的投影规律，可求得 C、D 的水平投影 c、d。

（4）求各交点的侧面投影：知道点的正面投影和水平投影，求出点的侧面投影 a″、b″、c″、d″、e″。

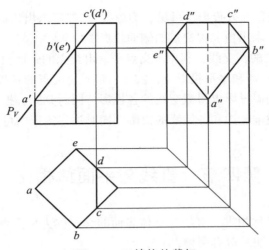

图 5-7　四棱柱的截切

（5）连线并判别可见性：依次连接各交点的同面投影，同时判别其可见性。

（6）整理截切后四棱柱各底边和棱线的投影，同时注意其可见性。

【例 5-5】如图 5-8（a）所示，补画有切口四棱锥的水平投影和侧面投影。

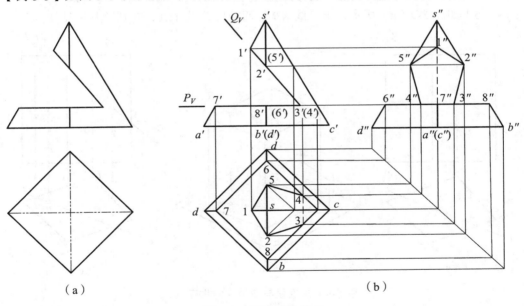

（a）　　　　　　　　　　　　　（b）

图 5-8　四棱锥的截切

　　【分析】四棱锥的切口，可以看作由水平面 P 和正垂面 Q 截切而成的，因此，除了要求出 P、Q 面与四棱锥的交线之外，还要求出 P、Q 两截平面的交线。

　　【作图】如图 5-8（b）所示：

　　（1）作出四棱锥未截切时的侧面投影。

　　（2）P、Q 两截平面的正面投影积聚，截交线、交点的正面投影可直接得到。

　　（3）求 P 平面与棱锥的截交线：由于截平面 P 为水平面，其与各棱面的交线分别与底边平行，因此先由 $7'$ 得 7，再利用平行性直接作出各交线的水平投影，并求出 34（注意：34

为 P、Q 两截平面的交线，此处投影不可见，为虚线）；然后求出该截面的侧面投影，此截面的侧面投影积聚。同时，求出Ⅲ、Ⅳ交点的侧面投影 3″、4″。

（4）求 Q 平面与棱锥的截交线：利用求交点法，由交点的正面投影 1′、2′、5′，依次求得交点的侧面投影 1″、2″、5″ 和水平投影 1、2、5，Ⅲ、Ⅳ交点的各投影已在上步骤中求得，依照顺序连接各交点的同面投影求得截交线的各投影，同时判断各投影的可见性。

（5）整理截切后四棱锥底边和各棱线的投影，同时注意投影的可见性。

第四节　直线与平面体相交

直线与立体相交，又称相贯。直线与立体表面的交点称为贯穿点，它是直线和立体表面的共有点。求贯穿点的方法一般有两种：

（1）直接利用积聚性作图——当贯穿点所在立体表面或直线投影有积聚时，可利用积聚性直接求出贯穿点的一个投影，进而求得贯穿点的其他投影。

（2）辅助平面法——包含直线作辅助平面，求出辅助平面与立体表面的截交线，贯穿点一定在此截交线上，直线与截交线的交点即为直线与立体的贯穿点。

【例 5-6】如图 5-9（a）所示，求直线 AB 与四棱柱的贯穿点，并判断其可见性。

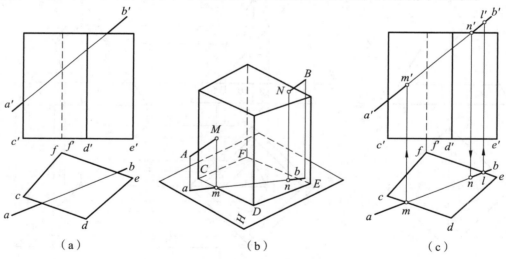

图 5-9　求直线与四棱柱的贯穿点

【分析】如图 5-9（b）所示，贯穿点 M 所在的四棱柱的棱面水平投影积聚，贯穿点 N 所在的上底面正面投影积聚，利用积聚性可直接求出贯穿点。

【作图】如图 5-9（c）所示：

（1）直接利用四棱柱棱面水平投影的积聚性求出 m 和 l（直线与棱面投影的交点），进而求得 m' 和 l'，$M(m, m')$ 在 CD 棱面内，所以 $M(m, m')$ 是贯穿点；而 $L(l, l')$ 是直线上的点，但却不在 EF 棱面内，所以 $L(l, l')$ 不是贯穿点。

（2）利用上底面正面投影的积聚性，直接求得 n'，它的水平投影 n 在上底面的水平投影内，所以 $N(n, n')$ 是贯穿点。

（3）根据贯穿点所在表面投影的可见性，不难看出 m'、n 都是可见的。

（4）整理体外直线投影：m'、n 可见，体外直线投影均可见。

注意：直线与立体相贯后，直线穿入立体内的部分不再画出。

【例 5-7】如图 5-10 所示，求直线 AB 与正三棱锥的贯穿点，并判断其可见性。

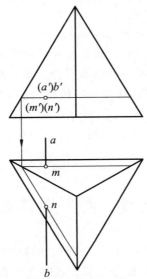

图 5-10　求直线与正三棱锥的贯穿点

【分析】贯穿点所在直线的正面投影积聚，贯穿点的正面投影可直接得出，利用面内取点求得贯穿点的其他投影。

【作图】如图 5-10 所示：

（1）直线 AB 的正面投影积聚，贯穿点的正面投影可直接得出，m'、n' 不可见。

（2）过贯穿点作面内辅助线，这里作了底边的平行线，求出辅助线的水平投影，与直线水平投影的交点，即为贯穿点的水平投影。贯穿点所在表面水平投影可见，所以贯穿点的水平投影 m、n 均可见。体外直线投影可见。

【例 5-8】如图 5-11（a）所示，求直线 AB 与三棱锥的贯穿点，并判断其可见性。

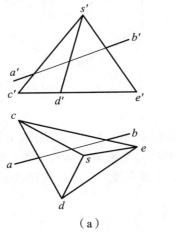

（a）

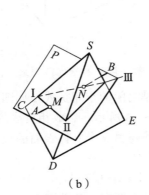

（b）

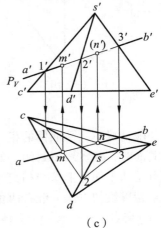

（c）

图 5-11　求直线与三棱锥的贯穿点

【分析】如图 5-11（b）所示，直线 *AB* 与各棱面都是一般位置，可利用辅助平面法，包含直线 *AB* 作辅助平面 *P*，求出平面 *P* 与三棱锥的截交线 Ⅰ-Ⅱ-Ⅲ，*AB* 与截交线的交点即为所求的贯穿点。

【作图】如图 5-11（c）所示：

（1）包含直线 *AB* 作正垂面 *P*，*P*$_V$ 与 *a'b'* 重合。

（2）求出平面 *P* 与三棱锥的截交线 Ⅰ-Ⅱ-Ⅲ，其水平投影与 *AB* 水平投影 *ab* 交于 *m*、*n*，这是贯穿点的水平投影，进而求出贯穿点的正面投影 *m'*、*n'*。

（3）判断可见性：贯穿点 *M* 所在棱面的水平投影和正面投影均可见，所以贯穿点 *M* 的水平投影 *m*、正面投影 *m'* 均可见，贯穿点 *N* 所在棱面的水平投影可见，所以 *n* 可见，*N* 所在棱面的正面投影不可见，所以 *n'* 不可见。

（4）整理体外直线投影：*AM* 两投影均可见，*bn* 可见，*b'n'* 被体挡住部分 *n'3'* 不可见，画虚线。

第五节　两平面体相交

两立体相交又称为相贯，相交两立体的表面交线称为相贯线。相贯线是两立体表面的共有线。一个立体完全穿过另一个立体称为全贯，这时立体表面有两条相贯线，如图 5-12（a）所示；两个立体只有部分参与相贯，称为互贯，这时立体表面只有一条相贯线，如图 5-12（b）所示；如果一个立体穿进另一个立体，称为半全贯，这时立体表面也只有一条相贯线，如图 5-12（c）所示。两立体相交主要是作出相贯线的投影。

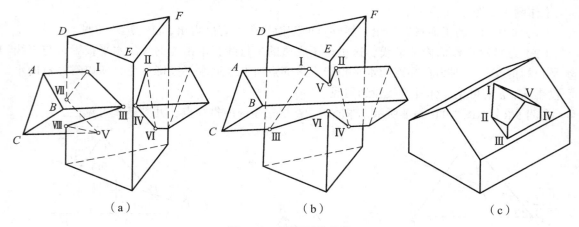

（a）　　　　　　　　　（b）　　　　　　　　　（c）

图 5-12　两平面体相交

一般情况下，平面体的相贯线是封闭的空间折线，如图 5-12 所示。当两相贯立体有一个表面共面时，相贯线不封闭，如图 5-13 所示。组成相贯线的折线是平面体表面的交线，折线的顶点是两平面体上参与相交的棱线与另一个立体表面的交点（即直线与立体的贯穿点）。

求相贯线的方法一般有两种：

（1）交点法——求一个立体表面上的各棱线与另一个立体表面的交点，然后把位于甲立体同一表面同时又位于乙立体同一表面的两交点连接起来。

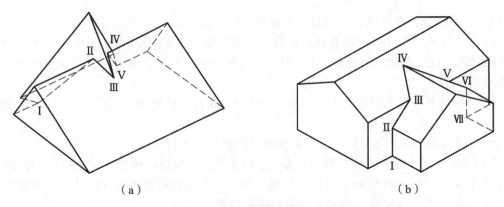

图 5-13　两相交平面体有共面时

（2）交线法——求一个立体的各表面与另一个立体各表面的交线。

相贯线的可见性要看参与相贯的立体表面的空间位置，只有当两立体表面都可见时，交线的投影才可见。

【例 5-8】如图 5-14（a）所示，求三棱柱与三棱锥的相贯线。

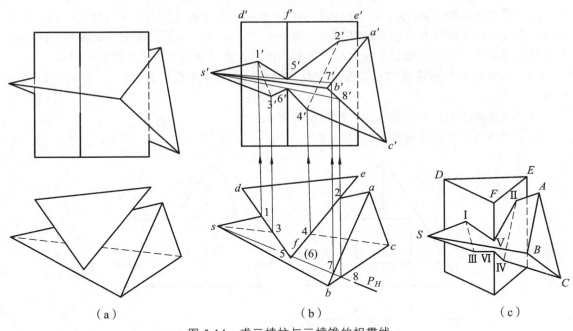

图 5-14　求三棱柱与三棱锥的相贯线

【分析】从水平投影可以看出，三棱锥前一条棱线和三棱柱后两条棱线没有参与相贯，所以两立体为互贯，只有一条相贯线。相贯线折线的顶点是参与相贯的棱线与另一立体棱面的交点。利用求贯穿点的方法求出交点，连接成相贯线。

【作图】如图 5-14（b）所示：

（1）三棱柱各棱面的水平投影积聚，所以可利用积聚性直接得到 SA、SC 与三棱柱棱面交点的水平投影 1、2、3、4，进而作出其正面投影 1′、2′、3′、4′。

（2）求棱柱前棱线与三棱锥的贯穿点：棱线的水平投影积聚，可直接得到贯穿点的水平投影 5、6，利用面内取点法，求出其正面投影 5′、6′。

（3）连线并判别可见性：依照连点原则，连接各交点。正面投影为 1′—5′—2′—4′—6′—3′—1′，同时判断线段投影的可见性。1′—5′—2′、4′—6′—3′ 可见，画实线；2′—4′、3′—1′ 不可见，画虚线。

（4）整理体外棱线的投影：如上节所述方法整理棱柱与棱锥贯穿点以外两平面体各棱线的投影。

【例 5-9】如图 5-15（a）所示，求三棱锥与四棱柱的相贯线。

【分析】从正面投影和侧面投影可以看出，四棱柱整个穿过三棱锥，所以两平面体为全贯，有两条相贯线。四棱柱棱面的正面投影积聚，相贯线的正面投影重合于四棱柱各棱面的正面投影，可从此入手求得相贯线的水平投影和侧面投影。

【作图】如图 5-15（b）所示：

（1）包含四棱柱的上棱面作辅助平面 P_V，平面 P_V 与三棱锥的交线是与底边平行的三角形，作出交线的水平投影，其中线段 1—9—3 和 2—4 便是四棱柱的上棱面与三棱锥交线的水平投影。1、2、3、4 分别是四棱柱的上棱线与三棱锥的贯穿点，9 是三棱锥的前棱线与四棱柱上棱面的贯穿点。

（2）同理作辅助平面 Q_V，可求出四棱柱的下棱面与三棱锥交线的水平投影 5—10—7 和 6—8，四棱柱的下棱线与三棱锥的贯穿点分别是 5、7、6、8，10 是三棱锥的前棱线与四棱柱下棱面的贯穿点。注意四棱柱下棱面水平投影不可见，所以交线的水平投影亦不可见。

（3）四棱柱左右两棱面与三棱锥的交线是侧平线，其水平投影为 1—5、3—7、2—6、4—8。

（4）由相贯线的正面投影和水平投影求其侧面投影。

（5）整理体外平面体各棱线的投影。

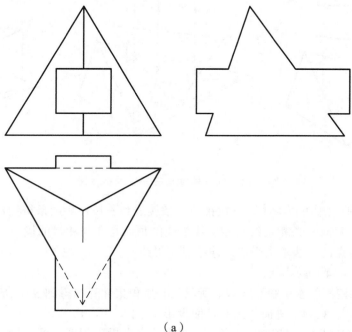

（a）

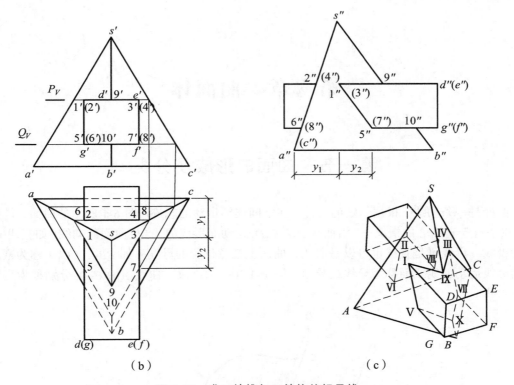

（b）　　　　　　　　　　　（c）

图 5-15　求三棱锥与四棱柱的相贯线

第六章　曲面体

第一节　曲面的形成及分类

　　曲面是一条动线，根据给定的条件，在空间连续运动的轨迹。图 6-1 所示的曲面，是直线 AA_1 在平行于直线 L 的情况下，沿曲线 $A_1B_1C_1D_1$ 运动而形成的。产生曲面的动线（如直线 AA_1）称为母线，母线可是直线也可以是曲线；曲面上任意位置的母线（如 BB_1、CC_1）称为素线；控制母线运动的线或面称为导线或导面。图 6-1 中，直线 L、曲线 $A_1B_1C_1D_1$ 分别称为直导线和曲导线。

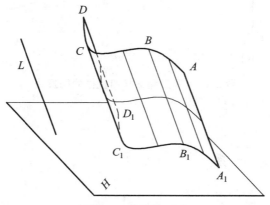

图 6-1　曲面的形成

　　曲面的分类：

　　（1）根据形成曲面的母线形状，曲面可分为：

　　直线面——由直母线运动而形成的曲面；

　　曲线面——由曲母线运动而形成的曲面。

　　（2）根据形成曲面的母线运动方式，曲面可以分为：

　　回转面——由直母线或曲母线绕一固定轴线回转而形成的曲面；

　　非回转面——由直母线或曲母线依据固定的导线或导面移动而形成的曲面。

第二节　回转面及其表面上的点

　　一动线（直线或曲线）绕一定线（直线）回转一周后形成的曲面，称为回转面。

　　如图 6-2（a）表示动线 ABC 绕定线 OO_1 回转一周后，形成的回转面，形成回转面的定线

OO_1 称为轴线，动线 ABC 称为母线，母线处于曲面上任一位置时的线条称为素线。

从回转面的形成可知：母线上任意一点 K 的轨迹是一个圆，称为纬圆。纬圆的半径是点 K 到轴线 OO_1 的距离，纬圆所在的平面垂直于轴线 OO_1。纬圆中比相邻两侧的纬圆都大的，称为赤道圆；比相邻两侧纬圆都小的，称为喉圆。回转面上在某一投影方向上观察曲面时可见与不可见部分的分界线，称为转向轮廓线，如图 6-2（b）中回转面对 V 面的转向轮廓线为最左和最右的素线。

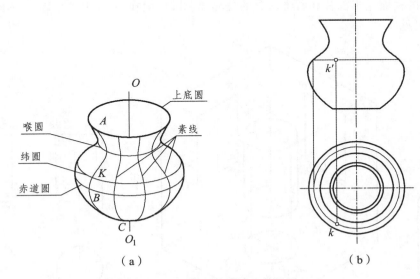

（a）　　　　　　　　　　　　　（b）

图 6-2　回转面的形成及其投影

回转面的形状取决于母线的形状及母线与轴线的相对位置。

画回转面的投影时，首先在轴线平行的投影面上用细点画线画出轴线的投影；在轴线所垂直的投影面上，过轴线所积聚为点的投影作两条互相垂直的细点画线，以确定回转面上纬圆投影的圆心。然后在轴线平行的投影面上，回转面的投影为回转面对该投影面的转向轮廓线的投影以及两端纬圆投影；在轴线垂直的投影面上画出两端纬圆投影以及各特殊位置纬圆的投影。回转面投影中其余的纬圆和素线的投影不画。

图 6-2（b）为上述曲线回转面的两面投影图。回转面轴线垂直于 H 面，其 V 面投影为回转面上平行于 V 面的两条转向轮廓素线（最左和最右轮廓素线）的投影，以及最高和最低纬圆投影；H 面投影由最高和最低纬圆（上底圆和下底圆）和喉圆、赤道圆的投影组成，其中喉圆为投影内轮廓，赤道圆为投影外轮廓。

确定纬圆上的点 K 的投影 k、k' 时必须将该处的纬圆画出。纬圆的 V 面投影为与轴线垂直的线段，长度等于该纬圆直径的实长，如图 6-2（b）所示。

一、圆柱面

1．圆柱面的形成及其投影

直母线 AA_1 绕与其平行的轴线 OO_1 回转形成的曲面，称为圆柱面，如图 6-3（a）所示。

图 6-3（b）所示为一轴线垂直于 H 面的圆柱面及其在三个投影面上的投影。

图 6-3（c）是该圆柱面的三面投影图。圆柱面上所有素线都平行于轴线，即均为铅垂线，每条素线的水平投影都积聚成为一个点，这些点围成一个圆，所以圆柱面的水平投影是一个圆，也是纬圆的投影。V 面投影是最高纬圆和最低纬圆以及最左轮廓素线 AA_1 和最右轮廓素线 BB_1 的 V 面投影（即 V 面转向轮廓线的投影），它们是圆柱面前半部分和后半部分的分界线。圆柱面在 V 面上的投影，前半部分可见，后半部分不可见。圆柱面的 W 面投影是最高纬圆和最低纬圆以及最前轮廓素线 CC_1 和最后轮廓素线 DD_1 的 W 面投影（即 W 面转向轮廓线的投影），它们是圆柱面左半部分和右半部分的分界线。圆柱面在 W 面上的投影，左半部分可见，右半部分不可见。

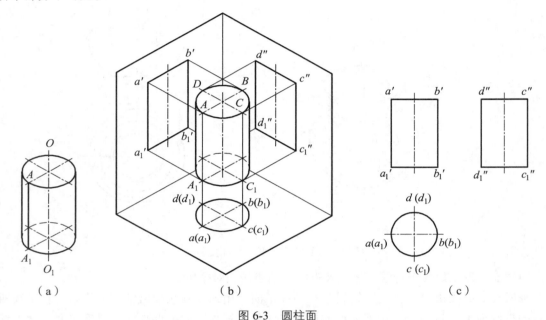

图 6-3　圆柱面

在各面投影上，除轮廓线外，其余素线、纬圆均不必画出，但要求在投影图中用点画线画出轴线的投影和底圆的对称线。

2. 圆柱面上的点

圆柱面上的点分为特殊点和一般点。特殊点指特殊素线（转向轮廓线）上的点，特殊点可利用确定直线上定点的方法作出其投影；在圆柱面上确定一般点的投影时，可以利用圆柱面的积聚性求出第二个投影，再利用点的投影规律确定第三个投影位置。

【例 6-1】已知点 A、B、C 为圆柱面上的点，根据图 6-4（a）所给的投影，求它们的其余两投影。

【分析】根据所给投影的位置和可见性，可以判定点 A 在圆柱面的最左素线上，点 B 在圆柱面的左前部分，点 C 在圆柱面的最后素线上。因此，点 A、C 为特殊点，利用确定直线上定点的方法作出其余投影；点 B 为一般点，利用圆柱面的积聚性和点的投影规律进行作图。

【作图】如图 6-4（b）所示。

由 a'、c' 直接确定 a、c 投影，利用直线上点的投影关系，作出 a''、c''。

由 b' 先利用积聚性求出 b，再利用点的三面投影规律，分别作出 b''。

判断可见性：点 A 在圆柱面最左素线上，故 a'' 可见；点 C 在圆柱面最后素线上，故 c'' 可见；点 B 在左前部分，故 b'' 可见。

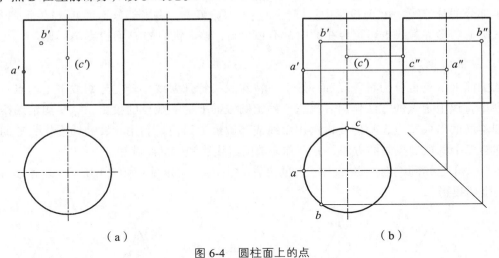

（a）　　　　　　　　　　　　　　　　（b）

图 6-4　圆柱面上的点

二、圆锥面

1. 圆锥面的形成及其投影

直母线绕与其相交的轴线回转形成的曲面，称为圆锥面，如图 6-5（a）所示。圆锥面所有素线与轴线交于一点 S，称为锥顶。

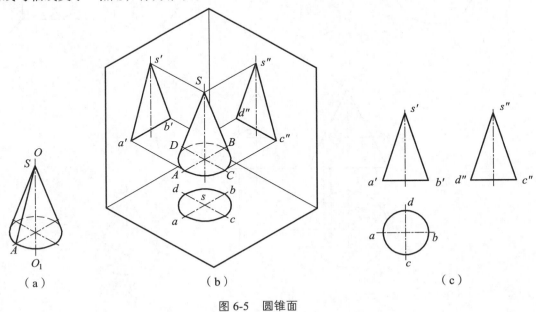

（a）　　　　　　　　　　　（b）　　　　　　　　　　　（c）

图 6-5　圆锥面

图 6-5（b）为轴线垂直于 H 面的圆锥面及该圆锥面在三个投影面上的投影。图 6-5（c）是该圆锥面的三面投影。圆锥面的正面投影是底圆以及最左轮廓素线 SA 和最右轮廓素线 SB 的 V 面投影（即 V 面转向轮廓线的投影）。素线 SA、SB 是圆锥面前半部分和后半部分的分界

线，V 面投影中，圆锥面前半部分可见，后半部分不可见。W 面投影是底圆以及最前、最后轮廓素线 SC、SD 的 W 面投影（即 W 面转向轮廓线的投影），素线 SC、SD 是圆锥面左半部分和右半部分的分界线，W 面投影中，圆锥面左半部分可见，右半部分不可见。H 面投影反映圆锥底圆的实形，素线投影重合在圆内，不必画出，整个锥面的 H 面投影全可见。

2. 圆锥面上的点

圆锥面上的点也分为特殊点和一般点。特殊点指特殊素线（转向轮廓线）上的点，特殊点可利用直线上定点的方法作出其投影。确定圆锥面上的一般点的投影，需要用辅助线法。根据圆锥面的形成特点，辅助线以选用素线或纬圆最为简便。利用素线和纬圆作为辅助线来确定回转面上的点的投影的方法，分别称为辅助素线法和辅助纬圆法。

【例 6-2】已知圆锥面上点 A、B、C 的投影 a′、b′、c′，如图 6-6（a）所示，求作点 A、B、C 的其余两投影。

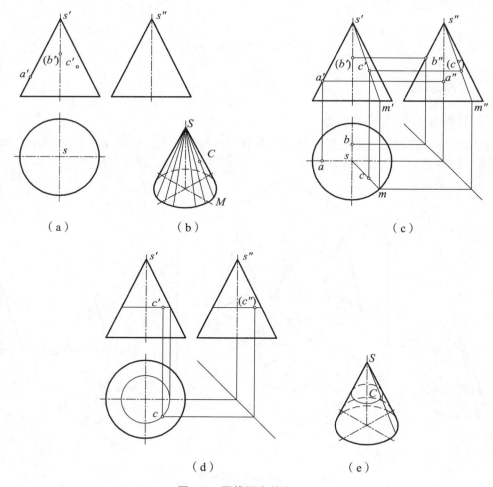

图 6-6　圆锥面上的点

【分析】由 A、B、C 三点的已知投影 a′、b′、c′ 可以判定，点 A、B 分别在圆锥面的最左轮廓素线和最后轮廓素线上，属于特殊点；点 C 在前半锥面的右半部分上，属于一般点。

【作图】对于特殊点，作图时需确定素线位置。最左轮廓素线的 H 面投影与 s 以左的点画线重合，W 面投影与轴线投影重合；最后轮廓素线的 H 面投影与 s 以后的点画线重合，W 面投影为距离 V 面投影较近的轮廓线。此时可用直线上定点的方法作图确定点 A 和点 B 的其余两投影，如图 6-6（c）。

对于一般点有两种方法作图：辅助素线法和辅助纬圆法。

（1）用辅助素线法作图：圆锥面上过锥顶的直线均为圆锥面的素线，因此过锥顶 S 与点 C 连线，交底圆于点 M，则 SM 为圆锥面的一条素线，点 C 在 SM 线上，这时就可以应用直线上点的投影规律求出点 C 的其他投影，如图 6-6（b）所示。

作图过程如图 6-6（c），在 V 面投影图中，连接锥顶 s' 与 c'，延长交底圆投影于 m'，即作出素线 SM 的 V 面投影 $s'm'$，利用点 M 位于底圆上的特点，求出素线的其余两投影 sm 与 $s''m''$，再利用直线上的点投影规律，求出点 C 的另两投影 c 与 c'' 即可。

（2）用辅助纬圆法作图：假设母线为通过 C 的素线，点 C 跟随母线回转形成一个纬圆，如图 6-6（e）所示。该纬圆的 V 面和 W 面投影为与轴线投影垂直的水平线，长度为外轮廓线以内部分，即为纬圆直径；H 面投影反映实形，为圆，锥顶投影 s 为圆心。

作图过程如图 6-6（d）所示，在 V 面、W 面投影图中，过 c' 作水平线与轮廓线相交，即为纬圆的 V 面和 W 面投影，其长度为纬圆的直径。在 H 面投影中以 s 为圆心，利用纬圆直径画圆，即得纬圆的 H 面投影，它反映纬圆的实形。点 C 的 H 面投影在纬圆的前半部分，可确定投影 c 位置，再由投影 c 确定投影 c''。

判定可见性：点 A 在最左素线上，H 面投影和 W 面投影均可见；点 B 在最后素线上，H 面投影和 W 面投影均可见；点 C 在右前部分圆锥面上，H 面投影可见，W 面投影不可见。

三、圆球面

1. 圆球面的形成及其投影

圆母线绕圆内的一直径回转形成的曲面，称为圆球面，如图 6-7（a）所示。

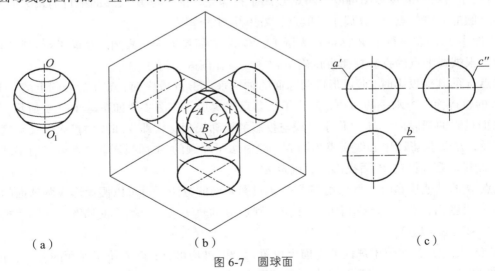

（a）　　　　　　　　（b）　　　　　　　　（c）

图 6-7　圆球面

图 6-7（b）所示为圆球面及其在三投影面上的投影。图 6-7（c）所示为该圆球面的三面

投影图。圆球面的三面投影均为直径等于圆球面的直径的圆，各投影的轮廓线是圆球面上平行于相应投影面的最大圆的投影。该最大圆在其余两投影面上的投影均为直线，且和投影中圆的中心线重合，如平行于 V 面的最大圆，其 V 面投影为反映实形的圆 a'，其 H 面投影为直线且与水平中心线重合，W 面投影为直线且与竖直中心线重合，其 H 面投影和 W 面投影都不必画出。

平行于三投影面的最大圆，分别把圆球分成上、下半球，前、后半球，左、右半球，所以各投影的轮廓线是圆球面在该投影面上投影的可见与不可见的分界圆（转向轮廓线）。

2. 圆球面上的点

在圆球面上确定点的投影，只能应用辅助纬圆法。为作图简便，可以假设圆球面的回转轴线垂直于某一投影面，纬圆平行于该投影面，纬圆在该投影面上的投影反映实形，从而利用线上定点的方法确定点的投影。

【例 6-3】根据图 6-8（a）所给出的圆球面上点 A、B、C 的投影 a'、b'、c'，求作点 A、B、C 的其余两投影。

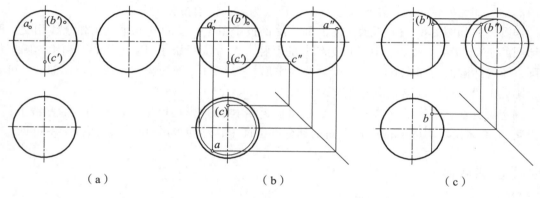

（a）　　　　　　　　（b）　　　　　　　　（c）

图 6-8　圆球面上的点

【分析】由给出的投影图可以判断点 C 属于特殊点，位于与 W 投影面平行的最大的圆上，在下半个圆的后侧，点 A、B 属于一般点，需用纬圆法作图。

【作图】点 C 在平行于 W 面的最大圆上，该圆 W 面投影为轮廓圆，H 面投影与竖向中心线重合，根据线上点的投影规律直接确定 c'' 和 c，如图 6-8（b）。

求点 A 的其他投影时，假设形成圆球面的轴线垂直于 H 投影面，点 A 为母圆上的一个点，则点 A 的轨迹为一个水平的纬圆，其水平投影反映实形。作图步骤如图 6-8（b）所示，在 V 面、W 面投影的圆以内，过 a' 作水平线与投影的轮廓线相交，即为纬圆的投影，其长度为纬圆的直径，H 面投影以中心线交点为圆心，绘制水平纬圆的 H 面投影。a 点位于前半球上，点的 W 面投影在纬圆的 W 面投影上，确定 a''。

求点 B 的其他投影时，可采用和求点 A 投影相同的方法，也可以假设形成圆球面的轴线垂直于 W 投影面，点 B 为母圆上的一个点，则点 B 的轨迹为一个侧平的纬圆，其侧面投影反映实形，如图 6-8（c）。

判定可见性：点 A 位于球面的左前上位置，a 和 a'' 均可见；点 B 位于球面的右后上位置，b 可见，b'' 不可见；点 C 位于侧平最大圆的后下侧，c 不可见，c'' 可见。

第三节　平面与曲面体表面相交

由曲面或曲面和平面所围成的立体，称为曲面体。常见曲面体是由回转曲面或回转曲面和平面所围成的，如圆柱面和上下两个底面围成的圆柱、圆锥面和底面围成的圆锥、圆球，这些曲面体又称为回转体。

常用的圆柱体、圆锥体和圆球投影与相应回转面的投影完全相同，回转体表面上确定点的方法也与回转面上确定点的方法相同。

平面与曲面体表面相交，可以认为是曲面体被平面截切。曲面体表面的交线，称为截交线，该平面称为截平面，如图 6-9 所示。截交线在一般情况下是一条封闭的平面曲线，或是由平面曲线和直线组合而成；在特殊情况下也可能是一个平面多边形。截交线上的点是截平面与曲面体表面的共有点。截交线的形状取决于曲面体的形状和截平面与曲面体的相对位置。

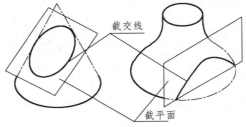

图 6-9　截交线的形成

求曲面体被截切后的截交线：首先进行分析，明确截交线的形状及其投影特点；然后采用适当的方法作图。

当截交线的投影是直线时，找出两个端点连成线段或根据一个端点和直线的方向画线；当交线的投影为圆或圆弧时，找出圆心和半径，画出圆；当截交线的投影为非圆曲线时，求出一系列共有点，然后光滑连线。

作非圆曲线时需求特殊点，截切时的特殊点指回转体上转向轮廓线与截平面的交点，椭圆长、短轴的端点以及极限点（最高、最低、最前、最后、最左、最右）等，它们有时会相互重合。

一、平面与圆柱体相交

当平面与圆柱体的轴线垂直、倾斜、平行时，所得截交线分别是圆、椭圆、矩形三种形式，如表 6-1 所示。

表 6-1　圆柱体的截交线

截平面位置	与轴线垂直	与轴线倾斜	与轴线平行
立体图			

截平面位置	与轴线垂直	与轴线倾斜	与轴线平行
投影图	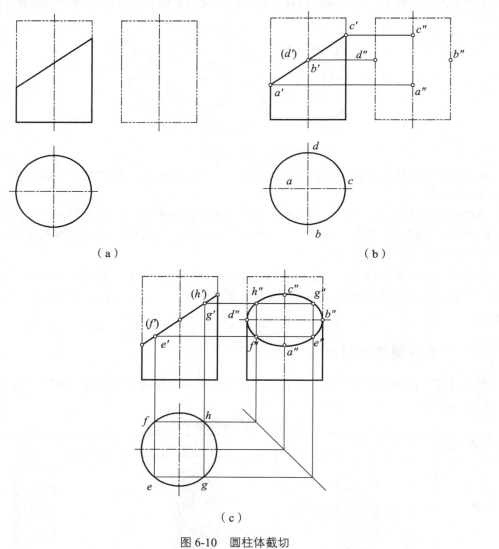		
截交线形状	圆	椭圆	矩形

【例 6-4】已知圆柱体被截平面截切后的正面和平面投影，求侧面投影，如图 6-10。

（a）　　　　　　　　　　　　　（b）

（c）

图 6-10　圆柱体截切

　　【分析】由图 6-10（a）可知，该圆柱体轴线垂直于 H 投影面，圆柱体上部被截平面截切，截平面为正垂面。截平面与圆柱轴线倾斜，根据表 6-1 可知截交线为椭圆，并且该椭圆为正垂的椭圆。截交线的 V 面投影具有积聚性，投影为一段直线；H 面投影为圆，重合在圆柱面所积聚的圆上；W 面投影与空间椭圆有类似性，为椭圆。

　　【作图】截交线 W 面投影为椭圆，是非圆曲线，需采用先求点后连线的绘图方法。

　　（1）求出截交线上的特殊点。该特殊点为转向轮廓线与截平面交点，如图中转向轮廓线上的交点 A、B、C、D，这四点也是极限位置点，也是椭圆长、短轴的端点。根据 V 面投影，利用"高平齐"，求得 W 面投影 a''、b''、c''、d''，如图 6-10（b）。

　　（2）求出一般点。如图 6-10（c），为使画出的投影准确，需作出截交线上若干一般点。在截交线的 V 面投影中任取一点，该点为椭圆上 E、F 的重影点，利用积聚性求得 H 面投影 e、f，再利用线上点的投影规律求 W 面投影 e'' 和 f''。

　　同样的方法求作一般点 G 和 H。

　　（3）判断可见性并连线。截交线的 W 面投影各点均可见，则截交线投影可见。最后利用光滑的曲线依次连接各点，得到 W 面投影的椭圆。

　　【例 6-5】完成圆柱体截切后的投影图，如图 6-11（a）。

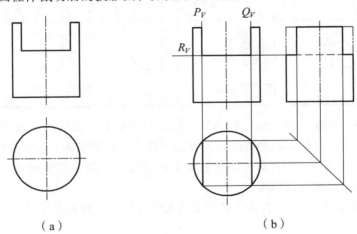

（a）　　　　　　　　　　　　　　　（b）

图 6-11　圆柱体开方槽

　　【分析】由图 6-11（a）可知圆柱体轴线垂直于 H 投影面，圆柱上部用一个垂直于轴线的水平面（R）和两个平行于轴线的侧平面（P 和 Q）开通槽，通槽前后、左右均对称。圆柱体与水平面 R 的交线为两段水平圆弧，V 面投影积聚为线段，H 面投影重合在圆上，W 面投影积聚为两段线段；与侧平面 P 和 Q 的交线为两个矩形，V 面和 H 面投影积聚为线段，W 面投影反映矩形实形；矩形的下侧边缘为水平面 R 和侧平面 P、Q 的交线，其侧面投影不可见。

　　【作图】如图 6-11（b）所示。

　　先画出完整回转体的第三面投影。

　　根据分析，通槽的 V 面投影是完整的。作 H 面投影：P 和 Q 平面截切的侧平矩形的 H 面投影积聚，利用"长对正"求出矩形的 H 面投影，投影为圆弧内部分，R 平面截切的两段圆弧为两矩形积聚线之间的部分。作 W 面投影：利用"高平齐、宽相等"求出矩形的 W 面投影，矩形底部线段被左侧剩余形体挡住不可见，为虚线，由 H 面投影可知 R 面截切圆弧在矩形前后两侧，根据"高平齐"求出圆弧 W 面投影。需要注意的是：圆柱面对 W 面的转向轮廓线，在通槽范围内的一段已被切掉，W 投影中该处无线。

二、平面与圆锥体相交

平面和圆锥体相交时，由于平面与圆锥轴线的相对位置不同，其锥面上的交线有圆、椭圆、抛物线、双曲线和素线五种形状，如表 6-2 所示。

表 6-2　圆锥体的截交线

截平面位置	垂直于轴线	倾斜于轴线且 $\theta > a$	倾斜于轴线且 $\theta = a$	平行于轴线	通过锥顶
立体图					
投影图					
截交线形状	圆	椭圆	抛物线和直线	双曲线和曲线	两素线和直线

一般情况下，椭圆、抛物线、双曲线的投影仍为椭圆、抛物线、双曲线。求平面与圆锥体的截交线的方法，可采用辅助素线法或辅助纬圆法，在圆锥面上确定特殊点和若干一般点，再依次光滑连接各点的同面投影，即得锥面上的交线。平面若与底圆相交，交线为直线段，确定直线段的端点，再连线即可。

【例 6-6】求 6-12（a）所示圆锥被正垂面截切后的水平和侧面投影。

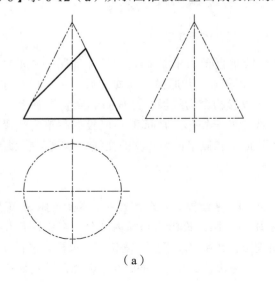

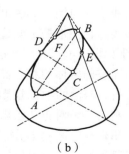

（a）　　　　　　　　　（b）

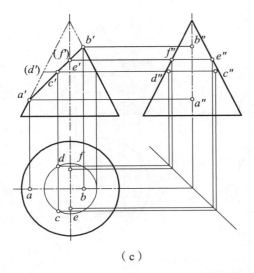 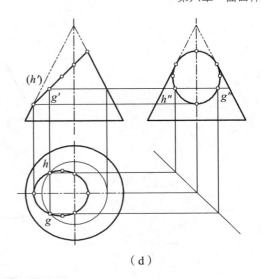

（c）　　　　　　　　　　　　（d）

图 6-12　圆锥体截切（椭圆）

【分析】由图 6-12（a）可知截平面与圆锥轴线斜交，经分析截交线为椭圆，如图 6-12（b）所示。截交线的 V 面投影有积聚性，H 面和 W 面投影有类似性，为椭圆。截交线的 H 面和 W 面投影可以根据已知的 V 面投影，采用在曲面上定点的方法求出。

【作图】绘图时要求出椭圆中的特殊点和一般点。

（1）确定截交线上的特殊点。该椭圆的特殊点为圆锥面的四条特殊素线与截平面的交点 A、B、E、F；椭圆长短轴端点，椭圆的长轴端点与点 A、B 重合，椭圆的短轴端点为截交线的 V 面投影的中点，点 C、D，共六个特殊点。利用圆锥面上定点的方法求出六个点的 H 面和 W 面投影，如图 6-12（c）所示。

（2）确定截交线上的一般点。为提高椭圆准确度，在长短轴端点之间取一般点。本题在 V 面投影中取点，即点 C、D 与点 B 间存在点 E、F，不用再取点；点 C、D 与点 A 间任意位置取一般点 G、H，点 G、H 最好与点 E、F 对称。利用圆锥面上定点的方法求出一般点的 H 面和 W 面投影，如图 6-12（d）所示。

（3）判断可见性：截交线 H 面和 W 面投影均可见。

（4）连线并整理图形：按 AGCEBFDHA 的顺序连接 H 面及 W 面投影中的各点，整理图形，将可见轮廓线改为粗实线，如图 6-12（d）所示。

【例 6-7】求圆锥截切后的投影，如图 6-13（b）所示。

【分析】由图 6-13（a）可知圆锥体轴线垂直于 H 面，截平面为正平面，与圆锥轴线平行，圆锥面上的截交线为双曲线，圆锥体底面与截平面交线为直线。截交线的 H 面投影有积聚性，V 面投影反映实形，为双曲线和直线。

【作图】绘制双曲线时需求出特殊点和一般点。双曲线的特殊点指最上点 B 和最左、右点 A、C，同时点 A、C 也是底圆交线的端点；为提高双曲线的准确性，选取一般点 D、E。

（1）确定截交线上的特殊点。在 H 面投影中确定点 a、b、c 位置，利用特殊线上定点的方法求出 V 面投影中的 a'、b'、c'，如图 6-13（c）所示。

（2）确定截交线上的一般点。在 H 面投影中画纬圆，与截交线积聚的直线交于点 d、e，利用圆锥面上定点的方法求出 V 面投影中的 d'、e'，如图 6-13（c）所示。

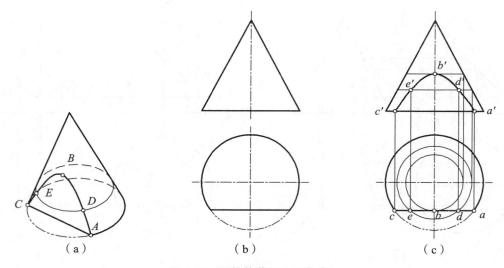

图 6-13　圆锥体截切（双曲线）

（3）判断可见性：截交线位于前半个圆锥面，V 面投影可见。

（4）连线并整理图形：按 *ADBECA* 的顺序连接 V 面投影中的各点，整理图形，将可见轮廓线改为粗实线。

【例 6-8】求圆锥截切后的投影，如图 6-14（a）所示。

【分析】由图 6-14（a）可知圆锥体被水平面和正垂面截切。其中：水平面与轴线垂直，交线为圆弧；正垂面与圆锥素线平行，交线为抛物线；水平面与正垂面交线为正垂线。截交线的 V 面投影有积聚性；H 面投影中圆弧和正垂线反映实形，抛物线投影为类似形；W 面投影中圆弧和正垂线投影重合，抛物线投影为类似形。

【作图】绘制抛物线时需求出特殊点和一般点。抛物线的特殊点为最高点 D（圆锥最右素线与截平面交点）和最低点 B、F，同时点 B、F 也是两个截平面交线的端点，圆锥最前和最后素线与正垂面的交点 C、E，也是抛物线上的特殊点；点 C、E 可以控制抛物线弯曲情况，因此本例中未另求一般点。点 A、B、F 为圆弧上的点。

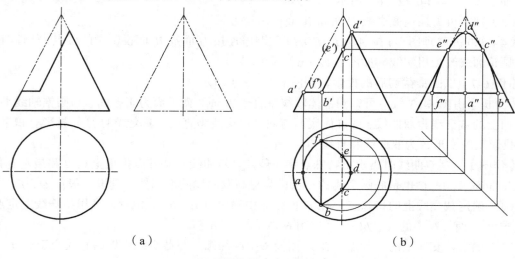

图 6-14　圆锥体截切（抛物线和圆）

（1）在 V 面投影中确定各特殊点位置，利用圆锥面上定点的方法求出 H 面及 W 面投影中的各点的投影，如图 6-14（b）所示。

（2）判断可见性：截交线投影均可见。

（3）连线并整理图形。抛物线投影：H 面和 W 面投影中，利用光滑曲线连接点 $BCDEF$；圆弧投影：H 面投影中以中心线交点为圆心，以交点到点 F 为半径画圆，在点 B 处结束，该圆弧应经过 a，W 面投影中连接 f'' 和 b'' 即可；交线投影：H 面投影中连接 b 和 f，W 面投影与圆弧投影重合。最终整理图形，将可见轮廓线改为粗实线。

三、平面和圆球相交

平面与圆球相交，无论平面与圆球的相对位置如何，其截交线都是圆。但是由于截平面与投影面的相对位置不同，所得截交线的投影不同。

当截平面与投影面平行时，截交线在该投影面上的投影反映实形，投影为圆，其余投影积聚为直线段。图 6-15 为截平面 P、Q 分别平行于 H、W 投影面时，球面截交线（圆弧）的三面投影图，绘图方法为纬圆法。

当截平面与投影面倾斜时，截交线在该投影面上的投影为椭圆。图 6-16 为球面被正垂面截切后的三面投影图。点 A、E 和点 C、G 是截交线上相互垂直的直径的端点，其中点 A、E 在平行于 V 面的大圆上。这两对点的 H 面和 W 面投影分别是投影椭圆的长、短轴的端点。点 B、H 和点 D、F 分别是平行于 H 面和 W 面的最大圆上的点。所有这些点的投影都可由轮廓线的投影对应关系及纬圆法求出，然后判断可见线，依次连接各点，得到截交线的投影。最后把可见轮廓线画为粗实线即可。

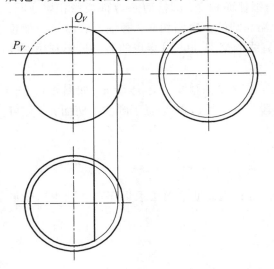

图 6-15　圆球截交线（一）

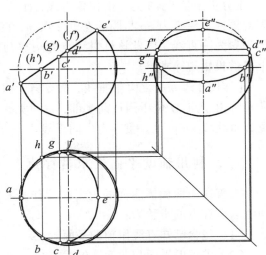

图 6-16　圆球截交线（二）

第四节　直线与曲面体表面相交

直线与曲面体表面的交点，称为贯穿点。贯穿点是直线与曲面体表面的共有点。求贯穿点的原理和方法，与求直线与平面体的贯穿点的原理和方法类似。

一、利用积聚性法求贯穿点

当曲面体的投影有积聚性时，可利用体的积聚性投影直接求贯穿点；当直线的投影有积聚性时，可利用直线的积聚性投影求贯穿点。

【例 6-9】已知直线 AB 与圆柱相交，求贯穿点的投影，如图 6-17（a）。

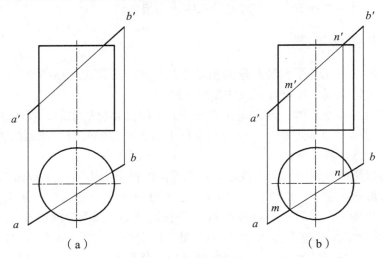

（a）　　　　　　　　　　　（b）

图 6-17　直线与圆柱相交

【分析】直线 AB 为一般位置直线，直线 A 端与圆柱面相交，圆柱面的 H 面投影积聚成圆，因此该处贯穿点为 ab 与圆的左侧交点 m；直线 B 端与圆柱上底面相交，圆柱上底面的 V 面投影积聚为一直线，因此该处贯穿点为 $a'b'$ 与积聚直线的交点 n'。贯穿点的另一投影利用直线上点的投影规律求出。

【作图】过 m 作 OX 轴垂线，交 $a'b'$ 于 m'。过 n' 作 OX 轴垂线，交 ab 于 n，如图 6-17（b）所示。由于点 M 位于圆柱前半部，m' 可见，直线段 $a'm'$ 可见；点 N 位于圆柱上底面，n 点可见，直线段 nb 可见。贯穿点之间无线。

二、利用辅助平面法求贯穿点

当直线与曲面体表面的投影都没有积聚性时，可利用辅助平面法求贯穿点。利用辅助平面法求贯穿点的步骤为：

（1）包含已知直线作辅助平面。

（2）求辅助平面与曲面体的截交线。

（3）求已知直线与截交线的交点，即为贯穿点。

一般来说，选择辅助平面时，应使截交线的投影最简单，如投影为圆或直线。

【例 6-10】已知直线 AB 与圆锥相交，求贯穿点的投影，如图 6-18（a）。

【分析】直线与圆锥面均无积聚性。直线 AB 为水平线，包含直线 AB 作水平辅助面，辅助面与圆锥面的截交线为水平纬圆，其 V 面投影积聚，H 面投影反映实形。H 面投影中圆与 ab 的交点 m、n 即为贯穿点的水平投影，再利用直线上点的投影规律，求出 m'、n'。

【作图】连接 a′、b′ 交圆锥 V 面转向轮廓线于 c′、d′。在 H 面投影中以 s 为圆心，c′d′ 长度为直径，画圆。圆与 ab 交于 m、n。过 m、n 作 OX 轴的垂线，与直线的 V 面投影 a′b′ 交于 m′、n′，如图 6-18（b）所示。点 N 在后半个圆锥面上，n′ 不可见，从 n′ 到右边轮廓线之间的线段不可见，用虚线表示；点 M 位于前半个锥面上，m′ 可见，a′m′ 可见；H 面投影 m、n 均可见，线段 am、nb 均可见。贯穿点之间无线。

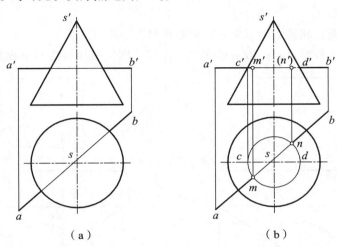

图 6-18　直线与圆锥相交

第五节　平面体与曲面体表面相交

平面体与曲面体相交产生的相贯线，一般由若干段平面曲线组成，每段平面曲线是平面体的一个棱面与曲面体表面的截交线；每段平面曲线的端点，是平面体棱线与曲面体表面的贯穿点。

求平面体与曲面体的相贯线，实际上就是求平面与曲面体的截交线和直线与曲面体的贯穿点。

相贯线的作图步骤如下：

（1）求特殊点，即平面体棱线与曲面体表面的贯穿点，以及曲面体转向轮廓素线与平面体棱面的贯穿点。

（2）求一般点，在特殊点之间添加适当的一般点，用以控制曲线的弯曲程度。

（3）判断可见性。

（4）依次连接各点，曲线部分连接为光滑曲线。

【例 6-11】求图 6-19（a）所示四棱锥和圆柱体的相贯线。

【分析】由图可知，形体对称。四棱锥和圆柱体的相贯线，是由棱锥的四个棱面截切圆柱面所得的四段椭圆弧组合而成的封闭曲线。椭圆弧间的交点是四棱锥的四条棱线与圆柱面产生的四个贯穿点，也是椭圆弧的最高点。椭圆弧的最低点为圆柱体四条特殊素线与四棱锥的贯穿点。由于圆柱体轴线垂直于 H 面，其 H 面投影积聚为圆，而相贯线在圆柱面上，因此相贯线的 H 面投影重合在圆上，在这里只需求出相贯线的 V 面投影。

【作图】如图6-19（b）所示。

（1）求四棱锥四条棱线与圆柱面的贯穿点，在 H 面投影中，四条棱线的投影与圆柱面投影的交点 b、d、f、h 为贯穿点的 H 面投影，其 V 面投影利用线上定点求得，为 b′、d′、f′、h′。

（2）求转向轮廓线贯穿点，在 H 面投影为 a、c、e、g，利用直线与平面相交求贯穿点的方法，求得 V 面投影 a′、c′、e′、g′。

同理，求得一般点 Ⅰ、Ⅱ的投影。

（3）可见性判断：相贯线前后对称，V 面投影连线均可见。

（4）将所求得的特殊点、一般点依次平滑连接，即完成相贯线的 V 面投影。

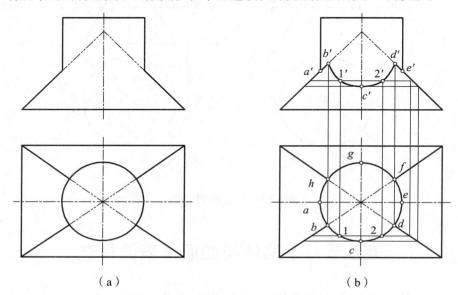

（a）　　　　　　　　　　　　（b）

图 6-19　四棱锥和圆柱体的相贯线

【例6-12】求图6-20（a）所示三棱柱和圆柱体的相贯线。

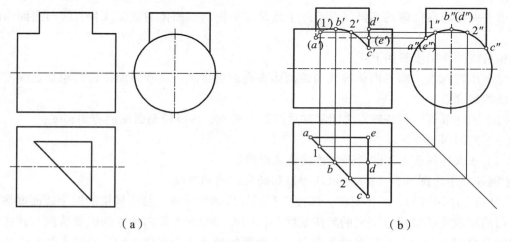

（a）　　　　　　　　　　　　（b）

图 6-20　三棱柱和圆柱体的相贯线

【分析】相贯线由三棱柱的三个棱面截切圆柱面所得的交线组合而成。三棱柱棱面中正平面与圆柱轴线平行，交线为一直线段；侧平面与圆柱轴线垂直，交线为圆弧；铅垂面与轴线倾斜，交线为椭圆弧。三段交线的 W 面投影积聚在圆弧上，H 面投影重合在三棱柱棱面积聚的三角形上，V 面投影为需要作出的投影。

【作图】如图 6-20（b）所示。

（1）求贯穿点，利用圆柱体表面的点，由相贯线已知的 H 面和 W 面投影，求出三棱柱三条棱线与圆柱体的贯穿点和圆柱最上侧素线与棱柱的贯穿点 A、B、C、D、E 的 V 面投影，其中 a'、e' 不可见。用到的方法为直线与曲面体相交求贯穿点的方法。

（2）求椭圆弧上一般点 Ⅰ、Ⅱ 的投影，一般点位置在两个特殊点之间。先确定投影 $1''$、$2''$ 和 1、2 的位置，利用点的投影规律确定 V 面投影 $1'$、$2'$，其中 $1'$ 不可见。

（3）分析 V 面投影中截交线的可见性。交线中直线段不可见；圆弧投影积聚，可见；椭圆弧 b' 至 c' 部分可见，b' 至 a' 部分不可见。

（4）光滑连接曲线，将所求得的特殊点、一般点依次平滑连接，即完成相贯线的正面投影。

（5）整理图形。将三棱柱的三条棱线延长至贯穿点，V 面投影贯穿点 c' 处棱线可见，其余不可见；将圆柱最上素线延长至贯穿点，V 面投影贯穿点 b' 左侧轮廓线可见，d' 右侧轮廓线可见。

【例 6-13】求图 6-21（a）所示四棱柱和圆锥的相贯线。

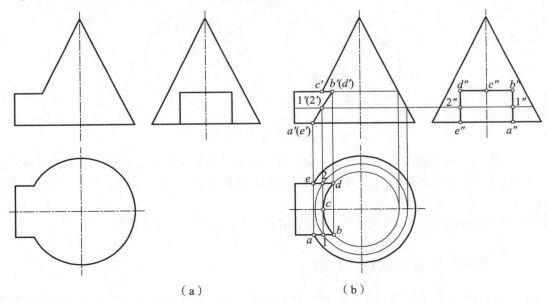

（a）　　　　　　　　（b）

图 6-21　四棱柱和圆锥的相贯线

【分析】由 6-21（a）可知，四棱柱和圆锥的相贯线为三段交线。四棱柱的上底面与圆锥的轴线垂直，交线为一段水平圆弧，H 面投影反映实形，其他投影积聚为线段；前后棱面与圆锥轴线平行，交线为两段双曲线，V 面投影反映实形，其他投影积聚为线段；底面与圆锥的底面重合，无交线。截交线的 W 面投影与四棱柱的投影重合，需要作出相贯线的 H 面投影和 V 面投影。

【作图】如图 6-21（b）所示。

（1）求特殊点，根据分析截交线的特殊点为 A、B、C、D、E 五个点，其侧面投影已知，利用圆锥面上定点的方法可分别求出各点的 H 面和 W 面投影，其中 d' 不可见。

（2）求一般点的投影，圆弧不需要一般点，双曲线需要在特殊点之间增加一般点。先确定投影 $1''$、$2''$ 的位置，利用纬圆法确定 H 面和 V 面投影 1、2 和 $1'$、$2'$，其中 $2'$ 不可见。

（3）分析截交线的可见性。截交线前后对称，V 面投影中交线可见，H 面投影可见。

（4）连接曲线。双曲线段投影，V 面投影两侧双曲线重合，依次连接 $a'1'b'$ 即可，H 面投影中双曲线段积聚为直线段，连接 ab 和 de 即可。圆弧投影，V 面投影积聚为线段，连接 $c'b'$（d'），H 面投影为圆弧，以中心线交点为圆心，交点到 b 段为半径画圆弧，圆弧通过 c，到 d 点结束。

第六节　两曲面体表面相交

一般情况下，两曲面体的相贯线是封闭的空间曲线；特殊情况下，也可能是平面曲线或直线。相贯线是两曲面体共有点的集合，如图 6-22 所示，所以求相贯线的方法同样是利用求曲面体表面的点的方法。

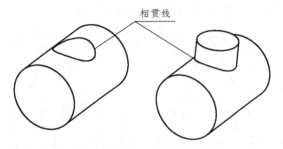

图 6-22　两曲面体的相贯线

求两曲面体相贯线投影的方法和步骤如下：根据给出的投影进行分析，了解相交两回转体的形状及其轴线的相对位置；判定相贯线的形状特征及投影特征；然后采用适当的作图方法作图。

当相贯线的投影为非圆曲线时，需先求出共有点的投影，再光滑连接各点。

一、利用回转面上取点法作图

若相交的两曲体中，某一个曲面体的投影积聚，则相贯线的同面投影为该曲面体积聚投影或积聚投影的一部分。这时可以把相贯线看成另一回转面上的曲线，利用面上定点法作出相贯线的其余投影。

【例 6-14】求图 6-23（a）所示两圆柱的相贯线。

【分析】由 6-23（a）可知，大圆柱轴线垂直于侧立投影面，小圆柱轴线垂直于水平投影面，两圆柱轴线垂直相交。由于相贯线是两圆柱面上共有线，所以其 H 面投影在小圆柱的积聚投影圆上，W 面投影在大圆柱积聚投影圆上（小圆柱轮廓线之间的一段圆弧），此处可以考虑相贯线是大圆柱上的一条空间曲线，其 H 面和 W 面投影已知，只需求出该线的 V 面投影即可。因相贯线前后对称，所以相贯线前后部分的 V 面投影重合。

【作图】如图 6-23（b）所示。

（1）求曲线的特殊点。经分析特殊点为 H 面投影中的四个特殊点 a、b、c、d（小圆柱四条特殊素线与大圆柱贯穿点），其中 a、c 点位于大圆柱的最高素线上，四点的 W 面投影可直接确定，此时可利用点的投影规律，求出 V 面投影 a′、b′、c′、d′。

（2）求曲线的一般点的投影，由于 V 面投影前后对称，所以先在 W 面投影中任取一般点投影 1″、2″，由此确定 H 面投影 1、2，利用点的投影规律，求出 V 面投影 1′、2′。

（3）分析截交线的可见性。截交线前后对称，V 面投影中交线可见。

（4）光滑连接曲线，即完成相贯线的 V 面投影。

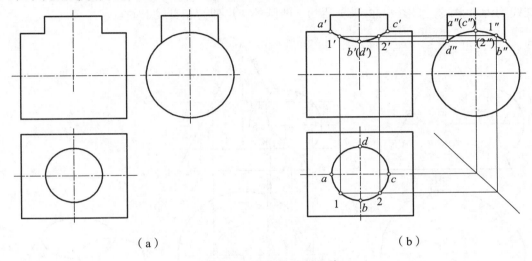

（a）　　　　　　　　　　　　（b）

图 6-23　两圆柱的相贯线

二、利用辅助平面法作图

求两回转体相贯的另一种方法是辅助平面法。辅助平面法的作图原理如下：

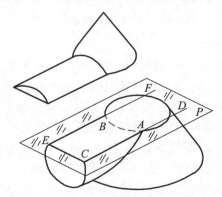

图 6-24　辅助平面法作图原理

图 6-24 为圆柱面与圆锥面相交。求共有点时，假想用辅助平面 P 截切圆柱和圆锥，平面 P 与圆柱面的截交线为两条素线 AC 和 BE，与圆锥面的截交线为纬圆 ADFB，两条素线与纬圆分别交于点 A、B，这两个点是圆柱面和圆锥面的共有点，即为相贯线上的点。

在投影图中，利用辅助平面法求共有点的作图步骤如下：

（1）作辅助平面，在两回转体范围内选取合适的辅助平面，辅助平面应使交线的投影比较方便绘制。

（2）分别作出辅助平面与两回转体的截交线的投影。

（3）确定两回转体截交线的交点。

【例6-15】图6-25（a）所示圆锥与圆球的相贯线。

【分析】圆球和圆锥面的投影均无积聚性，其相贯线的投影需用辅助平面法求共有点。根据圆球和圆锥面的特征及其相对位置，选择水平面作为辅助平面，辅助平面与圆球和圆锥面的交线均为水平圆，如图6-25（c）所示，两圆的交点即为相贯线上的点。

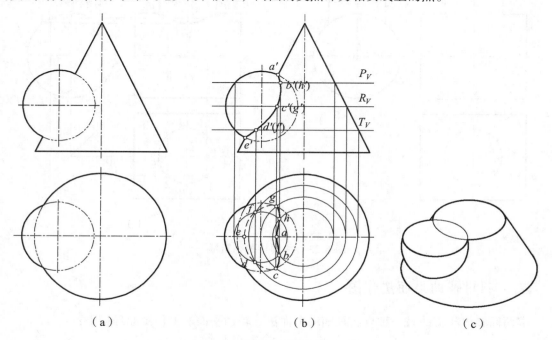

图6-25　圆柱与圆锥的相贯线

【作图】如图6-25（b）所示。

（1）求特殊点投影。由于球心和圆锥体轴线所决定的平面平行于 V 面，所以圆球和圆锥的 V 面投影轮廓线的交点 a'、e'，即为相贯线上的点的 V 面投影。其中点 A 为相贯线上的最高点，点 E 为相贯线上的最低点。其 H 面投影根据线上定点的方法求得。

过球心作水平辅助面 R，辅助面与球面的截交线为圆球上平行于 H 面的最大圆，与圆锥面的截交线为水平圆。两圆的 H 面投影交点 c、g。点 c、g 是相贯线在 H 面投影中可见与不可见的分界点。其 V 面投影在球面的 V 面投影的水平中心线上。

（2）求一般点的投影，在特殊点之间作辅助水平面 P、T，重复求点 C、G 投影的过程，求出一般点的投影。

（3）分析相贯线的可见性。相贯线前后对称，其 V 面投影可见，H 面投影中点 c、g 以左的交线不可见，其余可见。

（4）整理图形，光滑连接曲线，完成相贯线的 V 面和 H 面投影。

三、两曲面体相贯线的特殊情况

（1）两曲面体相交时，其相贯线一般情况下是空间曲线，但在特殊情况下，相贯线是平面曲线或直线，下面介绍几种常见的特殊情况。

①同轴回转体相贯时，相贯线为垂直于该轴线的圆，如图 6-26 所示。

②两共顶点的圆锥面相贯或两轴线平行的圆柱面相贯，它们的相贯线均为直素线，如图 6-27 所示。

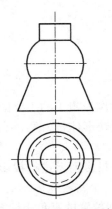 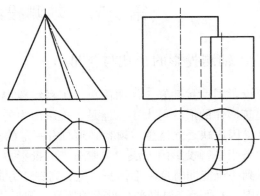

图 6-26　相贯线为圆的情况　　　　　　　图 6-27　相贯线为直线的情况

（2）相贯曲面体半径变化时，相贯线的变化。

两圆柱轴线垂直相交时，直径变化对相贯线的影响：当两圆柱直径不同时，相贯线为空间曲线，且曲线向大直径圆柱凸起，如图 6-28（a）、（b）所示。当两圆柱直径相等，即公切于一个球面时，相贯线是两个相同的椭圆。当两轴线平行于 V 面时，相贯线的 V 面投影为两条相交且等长的直线段，H 面投影与直立圆柱的投影重合，如图 6-28（c）所示。

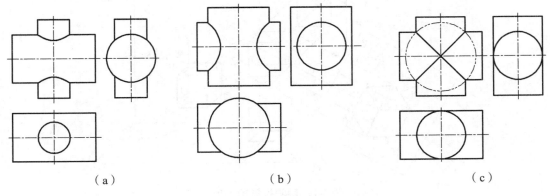

（a）　　　　　　　　　（b）　　　　　　　　　（c）

图 6-28　两圆柱相贯

第七章　轴测投影

第一节　轴测投影的基本知识

一、轴测投影的形成与作用

正投影图度量性好，绘图简单，工程实践中一般采用正投影图作为施工的主要图样，来表示建筑形体的形状与大小。但是正投影图中的每一个投影只能反映形体长、宽、高中的两个向度，因而缺乏立体感，读者必须具有一定的投影知识才能看懂。

如果用平行投影的方法，选取适当的投影方向，将形体向一个投影面上进行投影，这时可以得到一个能同时反映形体长、宽、高三个方向的情况，即得到一个富有立体感的投影图。

如图 7-1 所示，根据平行投影的原理，把形体连同确定它的空间位置的直角坐标系（OX、OY、OZ）一起，沿着不平行于这三条坐标轴组成的任一坐标面的方向，投射到新投影面 P 上，所得的具有立体感的新投影称为轴测投影。用轴测投影方法绘制的图形，称为轴测投影图（简称轴测图）。当投射方向垂直于轴测投影面 P 时，所得到的新投影称为正轴测投影。当投射方向倾斜于轴测投影面 P 时，所得到的新投影称为斜轴测投影。

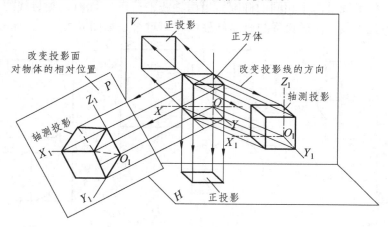

图 7-1　轴测投影的形成

轴测投影立体感较强，但对有些形体的形状表达不完全，也不便于标注尺寸，手工绘制较麻烦，因此，在工程图中一般仅用作辅助图样，所画的立体图往往以轴测投影的形式出现。

二、轴测轴、轴间角和轴向变形系数（或轴向伸缩系数）

在轴测投影中，新投影面 P 称为轴测投影面。表示形体长、宽、高三个方向的直角坐标

轴 OX、OY、OZ，在轴测投影面上的投影 O_1X_1、O_1Y_1、O_1Z_1 称为轴测投影轴（简称轴测轴）；两相邻轴测轴之间的夹角 $X_1O_1Z_1$、$X_1O_1Y_1$、$Y_1O_1Z_1$ 称为轴间角；轴测轴上的线段与坐标轴上对应线段的长度之比，称为轴向变形系数（或轴向伸缩系数）。如图 7-2 中，X、Y、Z 轴的轴向变形系数分别表示为：$p=O_1A_1/OA$、$q=O_1B_1/OB$、$r=O_1C_1/OC$。

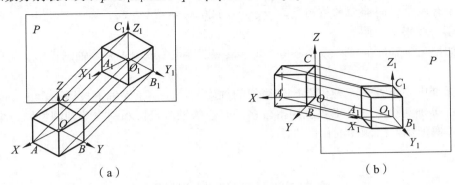

（a）　　　　　　　　　　　　（b）

图 7-2　轴向变形系数

画物体的轴测图时，先要确定轴测轴，然后再根据该轴测轴作为基准来画轴测图。轴测图中的三根轴测轴应配置成便于作图的位置，OZ 轴表示立体的高度方向，应始终处于铅垂的位置，以便符合人们观察物体的习惯。

轴测轴可以设置在物体之外，但一般常设在物体本身内，与主要棱线、对称中心线或轴线重合。绘图时，轴测轴随轴测图画出，也可省略不画。

轴测图中，规定用粗实线画出物体的可见轮廓，不可见轮廓线省略不画。

三、轴测投影的性质

轴测投影仍是平行投影，所以它具有平行投影的一切属性。

（1）物体上互相平行的直线在轴测投影中仍然平行，所以凡与坐标轴平行的直线，其轴测投影必然平行于相应的轴测轴。

（2）物体上与坐标轴平行的线段，其轴测投影具有与该相应轴测轴相同的轴向伸缩系数，其轴测投影的长度等于该线段与相应轴向伸缩系数的乘积。与坐标轴倾斜的线段（非轴向线段），其轴测投影就不能在图上直接度量其长度，求这种线段的轴测投影，应该根据线段两端点的坐标，分别求得其轴测投影，再连接成直线。

（3）沿轴测量性。轴测投影的最大特点就是：必须沿着轴测轴的方向进行长度的度量，这也是轴测图中的"轴测"两个字的含义。

四、轴测投影的分类

根据国家标准《技术制图　投影法》（GB/T 14692—2008）中的介绍，轴测投影按投射方向是否与投影面垂直分为两大类，即：

如果投射方向与轴测投影面垂直（即使用正投影法），则所得到的轴测图称为正轴测投影图，简称正轴测图。

如果投射方向与轴测投影面倾斜（即使用斜投影法），则所得到的轴测图称为斜轴测投影图，简称斜轴测图。

每大类再根据轴向伸缩系数是否相同，又分为三种：

（1）若 $p=q=r$，即三个轴向伸缩系数相同，称正（或斜）等轴测投影，简称正（或斜）等测。

（2）若有两个轴向伸缩系数相等，即 $p=q\neq r$ 或 $p\neq q=r$ 或 $r=p\neq q$，称正（或斜）二等轴测投影，简称正（或斜）二测。

（3）如果三个轴向伸缩系数都不等，即 $p\neq q\neq r$，称正（或斜）三等轴测投影，简称正（或斜）三测。

国家标准中还推荐了三种作图比较简便的轴测图，即：正等轴测投影图、正二等轴测投影图、斜二等轴测投影图。工程上用得较多的是正等轴测投影和斜二等轴测投影，本章将重点介绍正等测图和斜二测图的作图方法。

第二节　正等轴测投影

在不改变正投影的情况下，改变物体与投影面的相对位置，把物体绕铅垂轴（Z）旋转 45°，再绕侧垂轴（X）旋转 35°16′，然后向 V 面作正投影，得到正等轴测图。此时，物体的三条坐标轴与轴测投影面的三个夹角均相等。

一、正等轴测投影的轴间角和轴向变形系数

如图 7-3 所示，正等轴测投影的三个轴间角相等，即 $X_1O_1Z_1=\angle Y_1O_1Z_1=\angle X_1O_1Y_1=120°$，轴向变形系数相等，即 $p=q=r=0.82$。为了作图简便，通常将轴向变形系数取 $p=q=r=1$ 以代替 0.82，这种伸缩系数称为简化伸缩系数。这样，沿轴向的尺寸就可以直接量取物体的实长，作图比较方便，但画出的轴测图比原来投影放大了 $1/0.82\approx1.22$ 倍，不过这并不影响物体的形状。

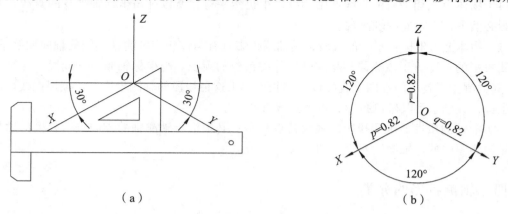

（a）　　　　　　　　　　　　（b）

图 7-3　正等测图的轴间角及轴向伸缩系数

二、平面立体的正等轴测图的画法

画平面立体正等轴测图的基本方法有坐标法、切割法和叠加法。在实际作图中，还应根

据物体的形状特征灵活运用。

坐标法就是根据物体表面上各点的空间坐标，面出它们的轴测投影，然后连接相应点，即得该物体的轴测图；切割法是将切割式的组合体，视为完整、简单的基本形体，画出它的轴测图，然后将多余的部分切割掉，最后得到组合体的轴测图；叠加法是将叠加式的组合体，用形体分析的方法，分解成几个基本形体，再依次按其相对位置逐个画出轴测图，最后得到组合体轴测图。在实际应用中，绝大多数情况是将以上三种方法综合在一起应用，可称之为"综合法"。

【例 7-1】已知三棱锥的三面投影，如图 7-4（a）所示，求作正等轴测图。

【解】作图步骤如下（坐标法）。

（1）在正投影图上确定参考直角坐标系，坐标原点取为底面的顶点 C，如图 7-4（b）所示。

（2）画轴测轴，通过量取各点坐标，画出各点的轴测投影，如图 7-4（c）所示。

（3）连线，完成三棱锥的正等轴测图，检查描深可见轮廓线，如图 7-4（d）所示。

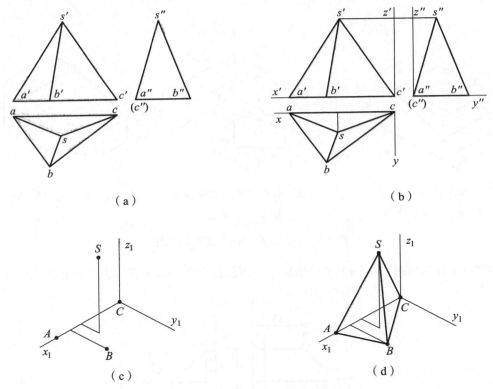

图 7-4　用坐标法画三棱锥的正等轴测图

【例 7-2】根据如图 7-5（a）所示切割体的三面正投影图，画出它的正等轴测图。

【解】作图步骤如下（切割法）。

（1）在正投影图上确定参考直角坐标系，选择坐标原点，如图 7-5（a）所示。

（2）画轴测轴，画出长方体的轴测投影，如图 7-5（b）所示。

（3）依次进行切割，如图 7-5（c）、（d）所示，最后结果如图 7-5（e）所示。

注意：图 7-5（d）中，用尺寸 e、f 作铅垂面截去长方体左前角时要从下底面量取。

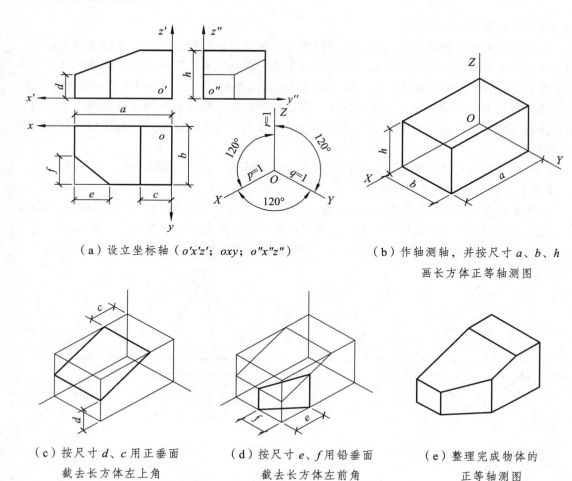

（a）设立坐标轴（o'x'z'；oxy；o"x"z"） （b）作轴测轴，并按尺寸 a、b、h
画长方体正等轴测图

（c）按尺寸 d、c 用正垂面
截去长方体左上角

（d）按尺寸 e、f 用铅垂面
截去长方体左前角

（e）整理完成物体的
正等轴测图

图 7-5　已知正投影图作正等轴测图

【例 7-3】根据如图 7-6（a）所示垫块的三面正投影图，画出它的正等轴测图。

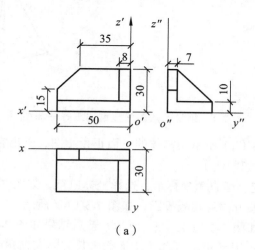

（a）

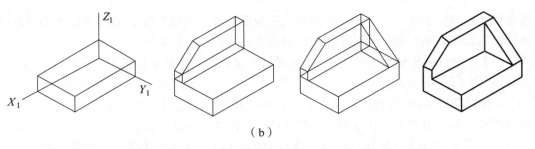

（b）

图 7-6　垫块的三视图及轴测画法

【解】作图步骤如下（叠加法）。

（1）分析：垫块可分为底板、后板和右板三部分。

（2）确定参考坐标系：在投影图上确定一点 O（o，o'，o''）作为坐标原点。

（3）画出轴测轴。

（4）以轴测轴为基准先画出底板的轴测图[图 7-6（b）]，然后在底板上定出后板，接着画出右板的轴测图，擦去多余的线，整理加深，完成垫块的轴测图。

对于复杂的立体，一般边作图边擦去多余的线，轴测投影中不可见的线不画。

三、回转体的正等测图的基本画法

1．平行于坐标面的圆的正等测图画法

在平行投影中，当圆所在的平面平行于投影面时，它的投影反映实形，依然是圆。而如图 7-7 所示的各圆，虽然它们都平行于坐标面，但三个坐标面或其平行面都不平行于相应的轴测投影面，因此它们的正等测轴测投影就变成了椭圆，如图 7-7 所示。

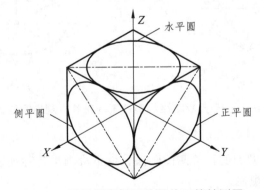

图 7-7　平行于坐标面的圆的正等轴测图

我们把在坐标面 XOZ 内或平行于坐标面 XOZ 的圆称为正平圆，把在坐标面 ZOY 内或平行于坐标面 ZOY 的圆称为侧平圆，把在坐标面 XOY 内或平行于坐标面 XOY 的圆称为水平圆。它们的正等测图的形状、大小和画法完全相同，只是长短轴的方向不同。从图 7-7 中可以看出，各椭圆的长轴与垂直于该坐标面的轴测轴垂直，即与其所在的菱形的长对角线重合，长度约为 $1.22d$（d 为圆的直径）；而短轴与垂直于该坐标面的轴测轴平行，即与其所在的菱形的短对角线重合，长度约 $0.7d$。

由于画椭圆比较麻烦，在大多数情况下不必将椭圆画得很精确，所以在工程应用中，大

多数是用 4 段圆弧组成一个近似的椭圆来代替投影椭圆。现以平行于 XOY 坐标平面的圆的正等测投影椭圆的画法为例，说明正等测椭圆的作图方法，过程如下。

（1）过圆心 O 画坐标轴 OX、OY，再作平行于坐标轴的圆的外切正方形，切点 Ⅰ、Ⅱ、Ⅲ、Ⅳ，如图 7-8（a）所示。

（2）作轴测轴 O_1X_1 与 O_1Y_1，从点 O_1 沿轴向按半径量切点 1_1、2_1、3_1、4_1，通过这些点作轴测轴的平行线，得菱形，并作菱形的对角线，如图 7-8（b）所示。

（3）菱形短对角线端点为 O_2、O_3，连接 O_23_1、O_21_1，它们分别垂直于菱形的相应边，并交菱形长对角线于 O_4、O_5，得 4 个圆心 O_2、O_3、O_4、O_5，如图 7-8（c）所示。

（4）分别以点 O_2、O_3 为圆心，O_23_1 为半径，作弧 3_11_1、4_12_1；分别以 O_4、O_5 为圆心，O_41_1 为半径，作弧 1_14_1、2_13_1。检查描深，如图 7-8（d）所示。

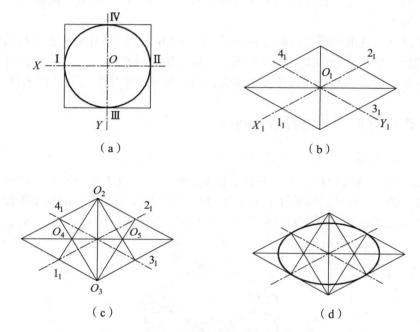

（a）　　　　　　　　　　　　　（b）

（c）　　　　　　　　　　　　　（d）

图 7-8　平行于 XOY 坐标面的圆的正等轴测椭圆的画法

2. 回转体的正等轴测图的画法

掌握了与坐标面平行的圆的正等测图画法，就不难画出各种轴线垂直于坐标面的圆柱、圆锥及其组合体的正等轴测图。

画圆柱、圆台的正等轴测图，只要先画出各底面的正等轴测图椭圆，然后画出两椭圆的公切线即可。

【例 7-4】已知圆柱的 V、H 投影画出圆柱的正等轴测图，如图 7-9（a）所示。

【解】（1）确定参考坐标系：选顶圆的圆心为坐标原点，XOY 坐标面与上顶圆重合。

（2）画出顶圆的轴测投影——椭圆，将椭圆沿 Z 轴向下平移高度 H，即得底圆的轴测投影，如图 7-9（b）所示。

（3）作两椭圆的公切线，擦去不可见的部分，描深后即完成作图，如图 7-9（c）所示。

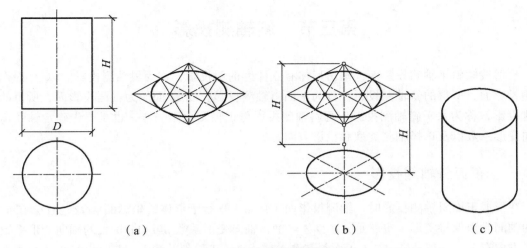

图 7-9　圆柱的正等轴测图画法

3. 圆角正等轴测图的画法

1/4 的圆柱面，称为圆柱角（圆角）。圆角是零件上出现概率最多的工艺结构之一。圆角轮廓的正等测图是 1/4 椭圆弧。实际画圆角的正等测图时，没有必要画出整个椭圆，而是采用简化画法。以带有圆角的平板为例，如图 7-10（a）所示，其正等测图的画图步骤如下：

在轴测投影的两条相交边上，量取圆角半径 R 得到切点 1、2，过切点作相应边的垂线，交于 O_1 点，即为所求圆角的圆心；以 O_1 为圆心，以 $O_1 1$ 为半径画弧 12，即得该圆角的轴测投影；将所画圆弧沿 Z 轴向下平移 H，即得底面圆角的轴测投影；同理，可作出另一侧圆角的轴测图。最后作小圆弧的公切线（轴测投影中四分之一圆柱面的轮廓线）。

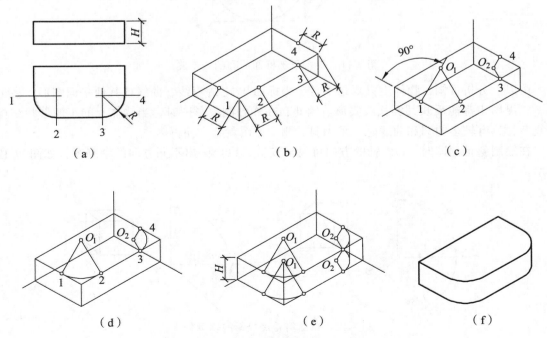

图 7-10　圆角正等轴测图的近似画法

第三节　斜轴测投影

投射线倾斜于轴测投影面，画出形体有立体感的斜投影，称为斜轴测投影。以 V 面作为轴测投影面，所得的斜轴测投影，称为正面斜轴测投影。以 H 面作为轴测投影面，所得的斜轴测投影，称为水平斜轴测投影。画斜轴测投影与正轴测投影一样，也是要先确定轴间角、轴向变形系数以及选择轴测类型和投影方向。

一、正面斜轴测投影

在形成正面斜轴测投影时，轴测投影面（V 面）平行于形体的坐标面 XOZ，XOZ 在 V 面上的轴测投影保持实形，也就是 $\angle X_1O_1Z_1 = 90°$，轴向变形系数 $p = r = 1$；Y 轴的轴向变形系数与投影方向有关，一般取 $q = 1/2$（正面斜二测）或 $q = 1$（正面斜等测），且轴测轴 O_1Y_1 与水平线的倾角为 $45°$，如图 7-11 所示。

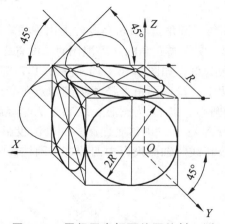

图 7-11　平行于坐标面的圆的斜二测

由以上分析可知，物体上只要是平行于坐标面 XOZ 的直线、曲线或其他平面图形，在正面斜二测图中都能反映其实长或实形。因此，在作轴测投影图时，当物体上的正面形状结构较复杂，具有较多的圆和曲线时，采用斜二测图作图就会方便得多。

在绘制斜轴测图时，OY 轴的方向可灵活安置，以便画出不同方向的轴测图，如图 7-12 所示。

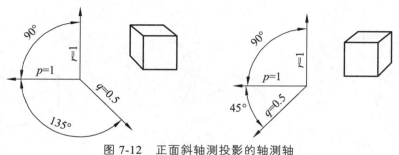

图 7-12　正面斜轴测投影的轴测轴

【例 7-5】试根据挡土墙的投影图，画正面斜二轴测图，如图 7-13（a）所示。

【解】（1）根据挡土墙形状的特点，选定 O_1Y_1 方向。如果采用与 O_1X_1 方向成 45° 的轴，即投影方向是从右向左，这时三角形的扶壁将被竖墙遮挡而表示不清。轴间角应改用 135°，即投影方向是从左向右。

（2）先画出竖墙和底板的正面斜二轴测图，如图 7-13（b）所示。

（3）扶壁到竖墙边的距离是 y_1。从竖墙边往后量 $y_1/2$ 画出扶壁的三角形底面的实形，如图 7-13（c）所示。

（4）完成扶壁，如图 7-13（d）所示。

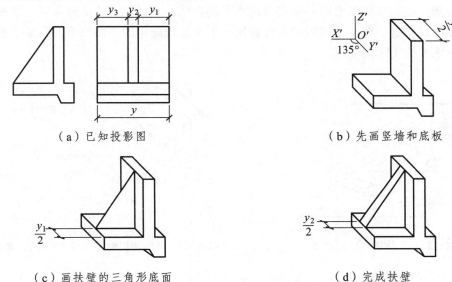

（a）已知投影图　　　　　　　　（b）先画竖墙和底板

（c）画扶壁的三角形底面　　　　　（d）完成扶壁

图 7-13　挡土墙的正面斜二轴测图

【例 7-6】如图 7-14（a）所示，画出带圆孔的圆台的斜二测图。

【分析】带孔圆台的两个底面均平行于侧立投影面，由上述可知，其斜二测图均为椭圆，作图较为烦琐。为方便作图，可将图中所示物体绕铅垂轴沿逆时针方向旋转 90°，将其小端转至前方与正立投影面平行，这样再进行绘图，其表达的物体形状并未改变，只是方向不同，但作图过程得到了大大简化。

【作图】确定参考直角坐标系，取小端底面的圆心为坐标原点；画出轴测轴；依次画出表示前后底面的圆；分别作出前后两圆的公切线后，描深，擦去多余的图线并完成全图，如图 7-14（b）、（c）所示。

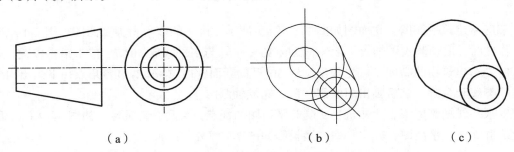

（a）　　　　　　　　　（b）　　　　　　　　　（c）

图 7-14　带圆孔的圆台的斜二测图的画法

二、水平斜轴测投影

形体不动，仍保持进行正投影时的位置，而用倾斜于 H 面的投射线向 H 面进行投影，如图 7-15（a）所示，所得的斜轴测图，称为水平斜轴测图。显然，OX 与 OY 之间的夹角仍是 90°，变形系数都是 1，如图 7-15（b）所示，即在水平斜轴测图上能反映与 H 面平行的平面图形的实形。轴间角 $\angle XOZ$ 取为 120°，Z 轴的变形系数取 1（水平斜等测）或 1/2（水平斜二测）。习惯上把 OZ 画成竖直方向，则 OX 和 OY 分别与水平线成 30°和 60°，如图 7-15（c）所示。这种轴测图，适宜用来绘画一幢房屋的水平剖面或一个区域的总平面布置。这种图可以反映出房屋内部布置，或一个区域中各种建筑、道路、设施等的平面位置及相互关系，以及建筑物和设施等的实际高度。

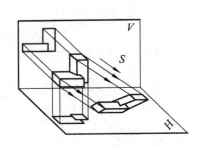

（a）水平斜轴测图的形成

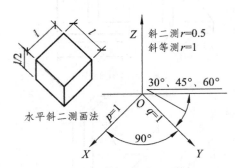

（b）水平斜轴测图的基本参数和斜二测画法

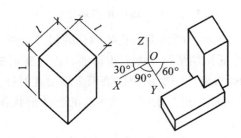

（c）水平斜轴测画法

图 7-15　水平斜轴测的形成和基本参数

某房屋建筑平面图、立面图如图 7-16（a）所示，画出的水平斜等轴测图如图 7-16（b）。

作图时，取轴测投影轴 X，与水平线成 30°，Y 轴与水平线成 60°，Z 位于铅垂位置，用铅垂方向表达建筑物的高度。可先画出旋转 30°后的断面，由 Z_1 和 Z_2 过各角点往下画出内外墙角、墙脚线和台阶，然后画出门窗洞，最后完成轴测图。

以水平斜轴测图来表达建筑物，既有平面图的优点，又具有直观性。如图 7-17（a）所示的建筑群立面、平面图，其水平斜二测投影如图 7-17（d）所示。

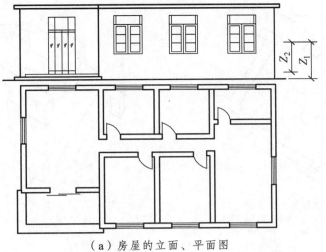

（a）房屋的立面、平面图

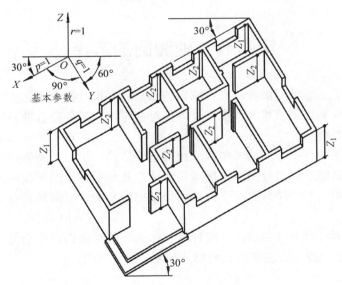

（b）基本参数和作图

图 7-16 带水平断面的房屋水平斜等轴测图

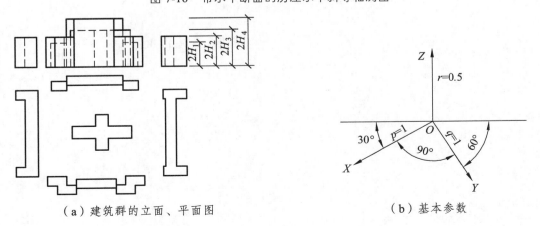

（a）建筑群的立面、平面图　　　　　　　　（b）基本参数

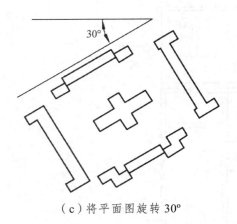

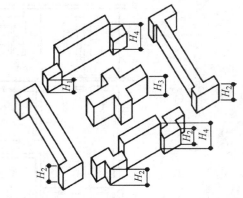

（c）将平面图旋转 30º

（d）按各房屋的高度沿轴测轴 *OZ* 方向量取一半的高度，画出上表面，完成水平斜轴测图

图 7-17　建筑群的水平斜二测图（鸟瞰图）

第四节　轴测图的选择

本章重点介绍了正等轴测图和斜二轴测图的画法，在设计确定表达方案时，通常可从图形的立体感、度量性和作图的难易程度三个方面综合考虑，另外结合两种轴测图的各自特点选择比较好的表达方案。

由于正等轴测图中各个方向的椭圆画法相对比较简单，所以当物体各个方向都有圆时，一般都采用正等轴测图。斜二轴测图的优点是物体上凡是平行于轴测投影面的平面其轴测投影都反映实形，因此，当物体只有一个方向的形状比较复杂，特别是只有一个方向有圆时，常采用斜二轴测图。

另外，对于轴测投影方向的选择，应针对物体的形状特征选择恰当的投影方向，使物体的主要平面或棱线不与投影方向平行，使物体较复杂的面可见。

第八章　标高投影

第一节　基本概念

　　房屋建筑、道路、水利等工程都要与地面发生关系，在设计和施工过程中，常常需要绘制反映地形地貌的地形图，以便解决相关的工程问题。由于地面的形状通常比较复杂，如果仍用前面学习的三面正投影表示，作图比较困难，且不能表达清楚，因此，在工程实践中常采用一种新的表达方法——标高投影法来解决。

　　在多面正投影中，一旦形体的水平投影确定，其立面投影主要是表示形体各部分的高度。因此，在形体的水平投影上标注出它各个部分的高度，同样也可以确定形体的空间形状。这种用水平投影和标注高度来表示形体形状的投影，称为标高投影。

　　标高投影是以水平投影面 H 为投影面，称为基面，并约定其高度为零。

　　标高就是空间点到基准面 H 的距离。一般规定：H 面上方的点标高为正值，下方的点标高为负值，标高的单位常用米（m）。

　　在实际工作中，地形图通常以我国青岛附近的黄海平均海平面作为基准面，所得的高程称为绝对高程，否则称为相对高程。

　　标高投影包括水平投影、高程数值、绘图比例尺三要素。

　　标高投影图是一种单面正投影图，即水平投影，它必须标明比例或画出比例尺，否则就无法从单面正投影图中准确地确定物体的空间形状、具体尺寸和位置。其长度单位，如果图中没有注明，则以米（m）计。除了地形面以外，也常用标高投影法来表示其他一些复杂曲面。

第二节　点和直线的标高投影

一、点的标高投影

　　将点向 H 面作正投影，然后在其右下标位置注出该点到 H 面的实际距离（即标高数字），即得到该点的标高投影。如图 8-1 所示，图（a）表示 A、B、C 三点与水平面的空间位置，图（b）即为三点的标高投影。点 A 在 H 上方 5 m，点 B 在 H 面下方 3 m，点 C 在 H 面上，在 A、B、C 三点的水平投影 a、b、c 的右下角标明其高度数值 5、-3、0，就可得到 A、B、C 三点的标高投影图。高度数值 5、-3、0 称为高程或标高，其单位以米（m）计，在图上一般不需注明。

　　为了表示几何元素间的距离或线段的长度，标高投影图中都要附以比例尺。在图 8-1 中，如果用所附的比例尺度量，即可知道 A、B、C 任意两点间的实际水平距离。

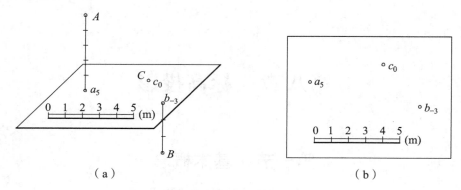

图 8-1　点的标高投影

二、直线的标高投影

（一）直线的标高投影表示法

直线标高投影的表示法有两种：

（1）用直线的水平投影并标注直线上两个端点的高程来表示，如图 8-2 所示，图（a）中倾斜直线 AB、水平线 CD 的标高投影，分别可表示成图（b）中的 a_3b_5 和 c_3d_3。

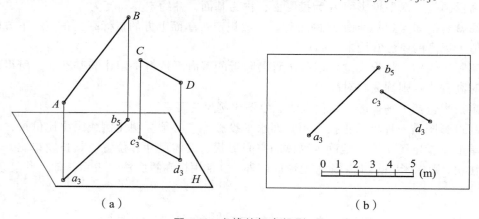

图 8-2　直线的标高投影

（2）用直线上一点的标高投影加注直线的坡度和方向来表示。实心全箭头表示下坡方向，i 为该直线的坡度，如图 8-3 所示。

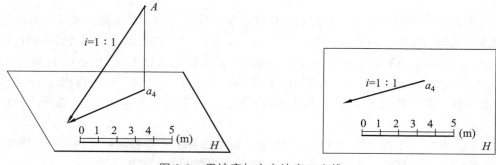

图 8-3　用坡度加方向法表示直线

（二）直线的坡度和平距

直线的坡度，是指直线上两点的高差与两点间水平距离之比，用符号 i 表示，即：

$$坡度(i) = \frac{高度（H）}{水平距离（L）} = \tan\alpha$$

由上式可知，当两点间水平距离为 1 个单位时，两点间的高差即为坡度。

如图 8-4 所示，直线 AB 的高差 $H=3$ m，用比例尺量得其水平距离 $L=4.5$ m，则该直线的坡度 $i = \dfrac{H}{L} = \dfrac{3}{4.5} = \dfrac{1}{1.5}$，一般写作 $1:1.5$。

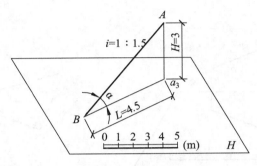

图 8-4　直线的坡度

直线的平距，是指两点间的水平距离与它们的高差之比，用符号 l 表示，即

$$平距(l) = \frac{水平距离（L）}{高度（H）} = \cot\alpha = \frac{1}{i}$$

由上式可知，当两点间的高差为 1 时，两点间的水平距离即为平距，平距和坡度互为倒数，即 $i = \dfrac{1}{l}$。坡度越大，平距越小；反之，坡度越小，平距越大。

【例 8-1】求图 8-5 所示直线 AB 的坡度与平距，并求出直线上点 C 的高程。

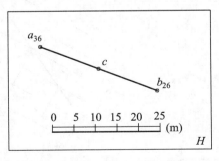

图 8-5　求 C 点标高

【解】$H_{AB} = 36 - 26 = 10.0$ m

$L_{AB} = 30$ m（用比例尺量得）

则：$i = \dfrac{H_{AB}}{L_{AB}} = \dfrac{10}{30} = \dfrac{1}{3}$，$l = \dfrac{1}{i} = 3$

又量得 $L_{AC} = 15.0$ m，因为直线上任意两点间坡度相同，即：

$$\frac{H_{AC}}{L_{AC}} = i = \frac{1}{3}$$

可得：$H_{AC} = L_{AC} \times i = 15.0 \times \frac{1}{3} = 5.0 \text{ m}$

故 C 点的高程为 $36 - 5.0 = 31.0$ m，标为 c_{31}。

（三）直线的实长和整数标高点

在标高投影中求直线的实长，可以采用正投影中的直角三角形法。如图 8-6 所示，图（b）中的斜边即为 AB 实长。

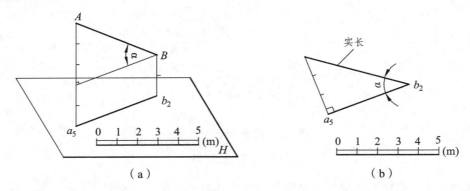

图 8-6　求线段 AB 的实长

一条直线的标高投影，其两端点常常是非整数标高点，而在实际工作中，很多场合需要知道直线上各整数标高点的位置。解决这类问题，可利用辅助平面法作图。

如图 8-7 所示，欲求直线上各整数标高点，可按下列步骤利用辅助平面法作图：

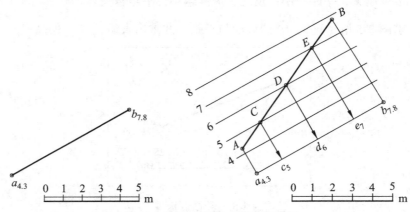

图 8-7　用辅助平面求整数标高点

（1）假想过直线 $a_{4.3}b_{7.8}$ 作一铅垂面，在该铅垂面上，平行于 $a_{4.3}b_{7.8}$ 分别作出低于和高于直线上最低点 $a_{4.3}$ 和最高点 $b_{7.8}$ 之间的若干条互相平行且间距相等的整数标高的水平线组，其标高为 4、5、6、7、8。

（2）由直线标高投影的两端点 $a_{4.3}$、$b_{7.8}$ 作平行线组的两垂线，在两垂线上按标高 4.3 和 7.8 确定 A、B 两点的位置。

（3）连接 A、B 点，直线 AB 与平行线组的交点为 C、D、E，即为整数标高点。

（4）从各交点向标高投影 $a_{4.3}b_{7.8}$ 直线上作垂线，得到的垂足即为直线上的各整数标高点 c_5、d_6、e_7。

第三节　平面的标高投影

一、平面的标高投影相关概念

（一）等高线

在标高投影中，预定高度的水平面与所表达表面（可以是平面、曲面或地形面）的截交线称为等高线，如图 8-8 所示。在工程实际应用中，常在整数标高位置作等高线，它们的高差一般也取整数，如 1 m、5 m 等，并且把平面与基准面的交线，作为高程为零的等高线。图（b）为图（a）平面 P 上的等高线的标高投影。

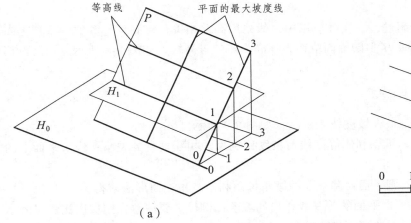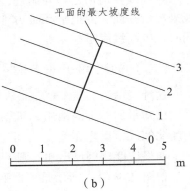

图 8-8　　平面上的等高线

（二）平面的平距

从图 8-8 的标高投影图中可以看出，平面上的等高线是一组互相平行的直线，当相邻等高线的高差相等时，其水平间距也相等。

如图 8-8（a）所示，平面的最大坡度线和平面上的水平线垂直，根据直角投影定理，它们的水平投影应互相垂直，如图 8-8（b）所示。最大坡度线的坡度就是该平面的坡度。由此可以得出，最大坡度线的平距亦为平面的平距，它反映了平面上高差为一个单位时，相邻等高线间的水平距离。

（三）平面的坡度比例尺

将最大坡度线的标高投影，按整数标高点进行刻度和标注，并画成一粗一细的双线，称为平面的坡度比例尺，如图 8-9 所示，P 平面的坡度比例尺用字母 P_i 表示。

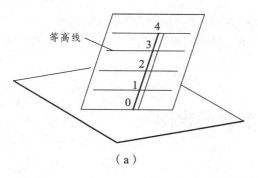

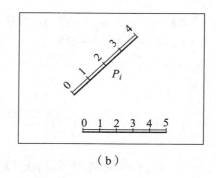

图 8-9　坡度比例尺

二、平面的表示法

在多面正投影中所介绍的用几何元素和迹线表示平面的方法在标高投影中仍然适用。在标高投影中，平面常采用以下几种方法表示。

（一）等高线表示法

等高线在前面已经介绍过，在实际应用中一般采用高差相等、标高为整数的一系列等高线来表示平面，并把基准面 H 上的等高线作为标高为零的等高线，如图 8-8 所示，当高差相同时，等高线间距也相等。

（二）坡度比例尺表示法

这种表示法实质上就是最大坡度线表示法，如图 8-9 所示。

已知平面的等高线组，可以利用等高线与坡度比例尺的相互垂直的关系，作出平面上的坡度比例尺，反之亦然。

如果坡度比例尺已知，则平面对基准面的倾角可以利用直角三角形法求得。

如图 8-9（b）所示是根据平面的等高线作出的坡度比例尺。要注意在用坡度比例尺表示平面时，标高投影的比例尺或比例一定要给出。

（三）以平面内的一条等高线和平面坡度线表示平面

如图 8-10 所示，表示一个平面。

已知平面上的一条等高线和坡度值及其坡度线的方向，该平面的方向和位置就确定了。图 8-10（c）是作平面上的等高线的方法，可利用坡度求得等高线的平距为 2，然后作已知等高线的垂线，在垂线上按图中所给比例尺截取平距，再过各分点作已知等高线的平行线，即可作出平面上一系列等高线的标高投影。

（四）以平面内的一般位置直线和平面坡度倾向表示平面

如图 8-11 所示为一标高为 8 m 的水平场地及一坡度为 1∶3 的斜坡引道，斜坡引道两侧的倾斜平面 ABC 和 DEF 的坡度均为 1∶2，这种倾斜平面可由平面内一条倾斜直线的标高投影加上该平面的坡度来表示，如图 8-11（b）所示。此情况下，其坡度的方向尚未严格确定，图中 a_5b_8 旁边的箭头只是表明该平面的大致下坡方向，并非代表平面的坡度线方向，坡度线的准确方向需作出平面上的等高线后才能确定，所以可用带箭头的细虚线或波浪线表示。

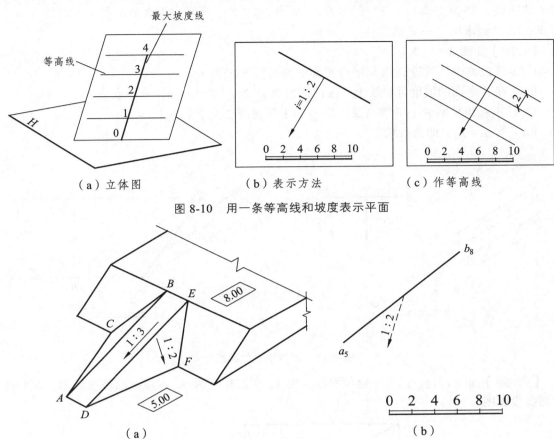

（a）立体图　　　　　（b）表示方法　　　　　（c）作等高线

图 8-10　用一条等高线和坡度表示平面

（a）　　　　　　　　　　　　（b）

图 8-11　用一般位置直线和坡度倾向的方法表示平面

如图 8-12 所示，表示了上述平面上等高线的作法。

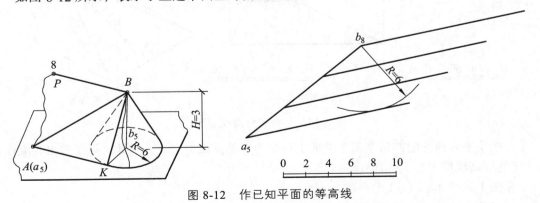

图 8-12　作已知平面的等高线

三、求两平面的交线

【例 8-2】如图 8-13 所示，已知两平面，求它们的交线。

【分析】两平面的交线是两平面内同高等高线交点所连直线。从题所给条件可知，两等高线 5 的交点 a_5 即为交线上一点，根据 $l=2$（因为 $i=1:2$），可求出平面 P 的另一等高线（如等高线 2），从而求出另一交点。

【作图】如图 8-13（b）。

（1）延长 P 平面的等高线 5 与 Q 平面的等高线 5 交于 a_5。

（2）在 P 平面的坡度延长线上，按比例量取 $L=2\times(5-2)=6$，求得点 m。

（2）过 m 作平面 P 上的等高线 2 与 Q 面上等高线 2 交于点 b_2。

（4）连 a_5、b_2，即为所求交线。

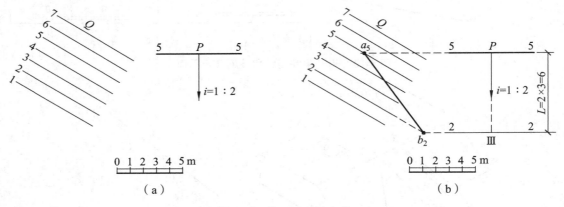

图 8-13　求两平面的交线

【例 8-3】如图 8-14，已知平台顶面标高为 3，底面标高为 0，各坡面的坡度如图，求平台的标高投影图。

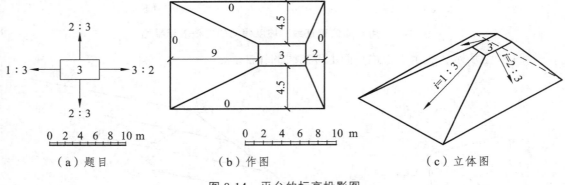

（a）题目　　　　　　　（b）作图　　　　　　　（c）立体图

图 8-14　平台的标高投影图

【分析】平台顶面的四角是四个坡面上标高为 3 等高线的交点，因此，只要求出各坡面标高为零的等高线即可。

【作图】如图 8-14（b）。

（1）求各坡面上高度为零的等高线与等高线 3 之间的水平距离，它们分别是 $L_右=3\times1/(3/2)=2$；$L_左=3\times1/(1/3)=9$；$L_{上下}=3\times1/(2/3)=4.5$。

（2）作各坡面与地面的交线。

（3）连接相应零等高线和 3 等高线的交点，即可求出各坡面的交线。

第四节　曲面和地形面的标高投影

一、曲面的标高投影

在实际工程中，曲面也是常见的。在标高投影中，我们是用一系列等高线来表示曲面的。如图 8-15 所示，三个圆锥面被一系列等高距相等的水平面截切，所得一系列截交线，即为锥面的等高线。作出它们的基面投影，并标以标高值，就是锥面的标高投影。由图可以看出，正圆锥面的等高线都是同心圆，锥面坡度相等时，其等高线的平距也相等，如图 8-15（a）所示。当锥面正立时，越靠近圆心，等高线的标高数值越大；当锥面倒立时，则相反，如图 8-15（b）所示。非正圆锥面的标高投影如图 8-15（c）所示，坡度越陡，等高线越密；坡度越缓，等高线越稀。

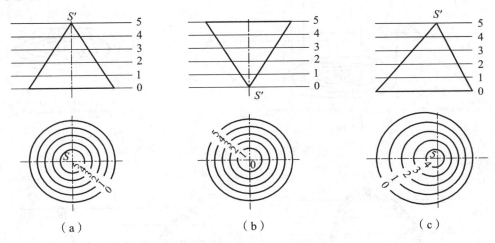

图 8-15　圆锥的标高投影

绘制圆锥标高投影时应注意以下几点：
（1）圆锥一定要注明锥顶高程，否则无法区分圆锥与圆台。
（2）在有标高数字的地方等高线必须断开。
（3）标高字头应朝向上坡方向以区分正圆锥与倒圆锥。

二、地形面的标高投影

地形面是一个不规则曲面，在标高投影中仍然是用一系列等高线表示。假想用一组高差相等的水平面切割地形面，截交线即是一组不同高程的等高线，如图 8-16 所示，画出等高线的水平投影，并标注其高程值，即为地形面的标高投影，通常也叫地形图。

地形图有下列特性：
（1）其等高线一般是封闭的不规则的曲线。
（2）等高线一般不相交（除悬崖、峭壁外）。
（3）同一地形图内，等高线的疏密反映地势的陡缓——等高线愈密地势愈陡，等高线愈稀疏地势愈平缓。

（4）等高线的标高数字，字头都是朝向地势高的方向，图 8-17 是两种不同地形的标高投影和断面图，它们的标高投影形状基本相同，但由于标高的标注情况不同，它们表示的地面形状也不同，（a）为山丘，（b）为洼地。

（5）地形图的等高线能反映地形面的地势地貌情况。

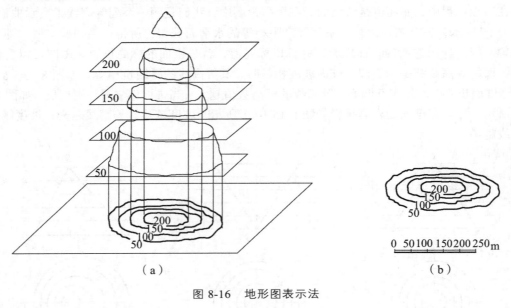

（a）　　　　　　　　　　　　　　　　（b）

图 8-16　地形图表示法

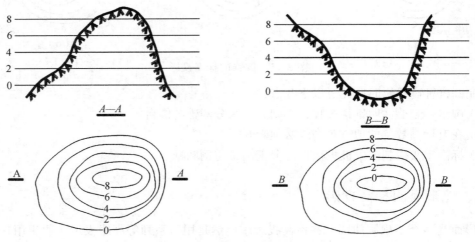

图 8-17　山丘和洼地的标高投影图

以下为在地形图上典型地貌的特征，如图 8-18 所示。

（1）山丘：等高线闭合圈由小到大高程依次递减，等高线亦随之渐稀。

（2）盆地：等高线闭合圈由小到大高程依次递增，等高线亦随之渐稀。

（3）山脊：等高线凸出方向指向低高程。

（4）山谷：等高线凸出方向指向高处。

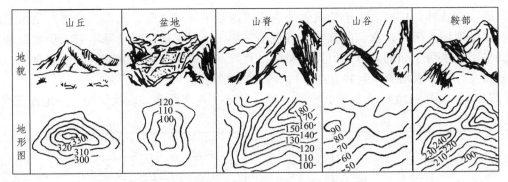

图 8-18　典型地貌在地形图上的特征

（5）鞍部：相邻两峰之间，形状像马鞍的区域称为鞍部，在鞍部两侧的等高线形状接近对称。

用铅垂面剖切地形面，在剖切平面与地形面的截交线上画上相应的材料图例，称为地形断面图。其作图方法如图 8-19 所示。

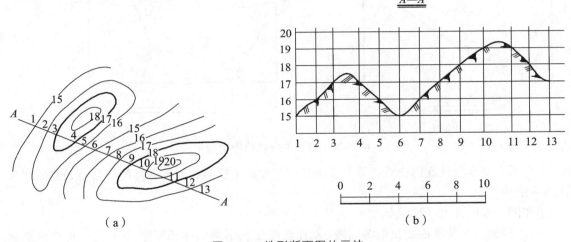

图 8-19　地形断面图的画法

（1）过 $A—A$ 作铅垂面，它与地形面上各等高线的交点为 1、2、3、…，如图 8-19（a）所示。

（2）以 $A—A$ 剖切线的水平距离为横坐标，以高程为纵坐标，按等高距及比例尺画一组平行线，如图 8-19（b）所示。

（3）将图 8-19（a）中的 1、2、3、…各点转移到图 8-19（b）中最下面一条直线上，并由各点作纵坐标的平行线，使其与相应的高程线相交得到一系列交点。

（4）光滑连接各交点，即得地形断面图，通常还要根据地质情况画上相应的材料图例。

第五节　标高投影在土建工程中的应用

在土建工程中，经常要应用标高投影来求解工程构筑物坡面间的交线以及坡面与地面的交线，即坡脚线和开挖线。由于构筑物的表面可能是平面或曲面，地形面也可能是水平地面或是不规则地面，因此，它们的交线形状也不一样，但是求解交线的基本方法仍然是采用水平辅助平面来求两个面的共有点。如果交线是直线，只需求出两个共有点并连成直线；如果交线是曲线，则应求出一系列共有点，然后依次光滑连接。

【例 8-4】如图 8-20（a）所示，求坡平面（给定了等高线和坡度及倾向）与地面的交线。

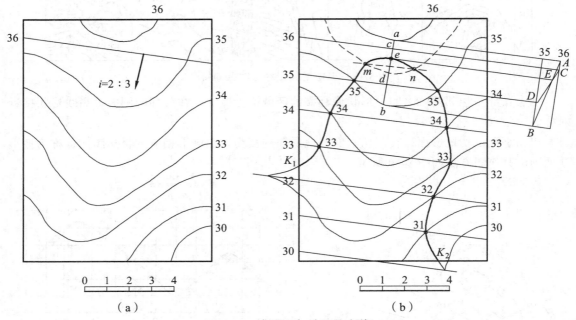

图 8-20　求平面与地面的交线

【分析】平面与地面的交线，即先求出平面与地面上标高相同的等高线的交点，然后顺次连成平滑曲线。

【作图】如图 8-20（b）所示。

（1）根据已知坡平面给出的等高线 36 和坡度 2∶3，算得平面平距为 3∶2，可作出平面上 35、34…一系列等高线。

（2）求平面与地面高度相同的等高线的交点，如 31、32…35。

（3）平面等高线 36 与地形面等高线 36 没有交点，说明交线的最高点在等高线 35 至 36 之间，则在这两线之间的交点可用内插等高线法求得 m、n 点，用断面法求得 e 点。

（4）用延长等高线法近似求出 K_1、K_2 点。

（5）平滑连接各交点，即求得坡平面与地面的交线。

【例 8-5】已知管线的两端高程分别为 21.5 m 和 23.5 m，作管线 AB 与原地面的交点，如图 8-21（a）所示。

【分析】本例实际求直线与地面的贯穿点，可先包含直线作一辅助铅垂面与地形面相交，求解截交线，即地形断面图，再求直线与截交线（地形断面轮廓图）的交点，就是直线与地面的交点。

【作图】

（1）包含 AB 作辅助铅垂面 1—1，其水平投影即直线 $a_{21.5}b_{23.5}$ 本身，也是铅垂面和地面交线的水平投影。

（2）在立面图位置上，以一定比例作出辅助铅垂面上若干条等高线，如 20～25。

（3）由辅助铅垂面与地面交线的各交点（即 $a_{21.5}b_{23.5}$ 与地形面上各等高线的交点）引垂线，按其标高分别求出它们的正面投影，并连成平滑曲线，即得地形断面图。

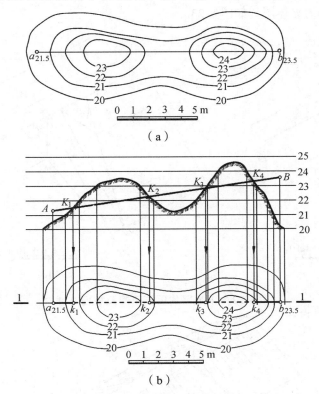

图 8-21　求管线与地面的交点

（4）求出 AB 的正面投影，从管线两端点的标高投影 $a_{21.5}$、$b_{23.5}$ 向上作垂线按其对应的标高值在正面图中求出 A、B，并连接 AB，AB 与断面轮廓的交点 K_1、K_2、K_3、K_4，即是 AB 直线与地面交点的正面投影。

（5）从而可在标高投影图中求出四点的位置，并将地面以下的部分画成虚线，则作图完成。

【例 8-6】如图 8-22 所示，一斜坡道与主干道相连，主干道路面标高为 5，斜坡道路面坡度及各坡面坡度如图 8-22（a）所示，求它们的填筑范围和各坡面间的交线。

【分析】求主干道和斜坡道的填筑范围就是求它们的坡面和地面的交线，也就是求各坡面上高度为零的等高线，俗称坡脚线。坡面间的交线是各相交坡面上高度相同等高线交点的连线。为此，可先根据已知坡度计算各坡面自坡顶至坡脚线间的水平距离，$L1=5×1/（1/5）=25$，$L_2=5×1/（2/3）=7.5$，$R=L_3=5×1/（1）=5$。

【作图】

如图 8-22（b）所示：

（1）根据 L_1 作出斜坡道起坡线 mn，并完成斜坡道路面。

（2）根据 L_2 作出主干道坡脚线（两侧）。

（3）分别以 A 和 B 为圆心，以 $R=L_3=5$ m 为半径画圆弧，再过 m 和 n 分别作此两弧的切线，即为引斜坡道两侧的坡脚线，并求得与主干道坡脚线的交点 K_1 和 K_2。

（4）求坡面间的交线。连 AK_1 和 BK_2，即为所求。

（5）将结果加深，画出各坡面的示坡线，如图 8-22（b）。

该道路填筑范围的立体图，如图 8-23。

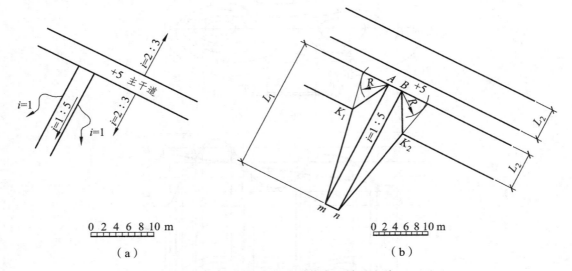

（a）　　　　　　　　　　　　　　　　（b）

图 8-22　求道路的填筑范围及坡面交线

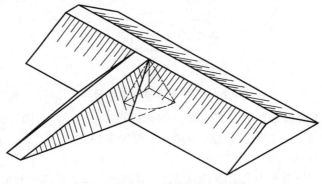

图 8-23　道路的填筑范围立体图

【例 8-7】如图 8-24（a），已知道路路基的边坡坡度均为 $1:2$，求作路基边坡与地形面的交线。

【分析】由于已知条件路面的高程是 250，所以，对于地形面上高于路面的部分要挖去（称挖方），低于路面的部分要填土（称为填方），挖方和填方的分界线就是 250 等高线。路基边缘与地形面 250 等高线的交点 m_{250} 和 n_{250}，就是路基边缘线上挖方和填方的分界点。

路基两侧要做成坡度为 $1:2$ 且逐渐上升（挖方路段）或逐渐下降（填方路段）的边坡，这些边坡与地形面的交线，分别就是路基的挖方和填方在地形面上的施工范围线。

【作图】

（1）由于已知条件所给坡度为 $1:2$，地形面上相邻等高线高差为 2 m，所以在挖方路段

路基边缘两侧按 L=4 m，作出路基边坡上 252、254 和 256 等高线，并求出它们与地形面相同高程等高线的交点，分别用曲线依次连接这些交点，即得到路基边坡与地形面的交线。

（2）在填方路段，按 L=4 m 作出路基边坡上 248、246 等高线，并求出它们与地形面相同高程等高线的交点，分别用曲线依次连接这些交点，得到路基边坡与地形面的交线。

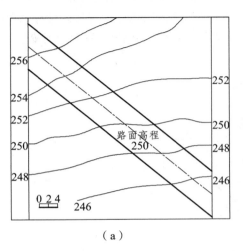

（a）

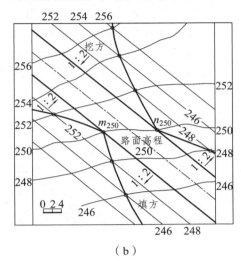

（b）

图 8-24　求作路基边坡与地形面的交线

【例 8-8】如图 8-25（a）所示，要在山坡上修筑一带圆弧的水平广场，其高程为 32 m，填方坡度 1：1.5，挖方坡度为 1：1，求填挖边坡与地形面的交线（即填挖边界）和相邻坡面间的交线。

【分析】等高线 32 为此广场的填挖分界线；作出各坡面的等高线，并求出与地形面相应等高线的交点，然后分段把各交点相连，即得到各坡面与地形面的交线。

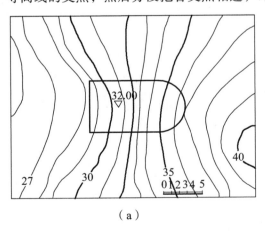

（a）

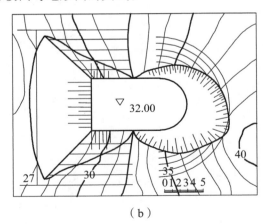

（b）

图 8-25　求水平广场的标高投影

【作图】

（1）填挖分界线的确定。水平广场高程为 32，则地面标高为 32 的等高线为填挖分界线，32 等高线与广场边缘的交点即为填挖分界点。

（2）坡面形状的确定。高程比 32 高的地形，是挖土部分，即广场前后两侧的坡面是平面，坡面下降方向朝着广场内部，广场圆弧边缘的坡面倒圆锥面。

高程比 32 低的地方是填土部分，其坡平面下降的方向是朝着广场外部。

（3）作等高线确定截交线。挖方部分坡度为 1∶1，得平距为 1，则可在挖土部分两侧平面边坡作间隔为 1 m 的等高线，同理，填方边坡也求作出等高线（平距为 1.5），在广场半圆边缘作间隔为 1 m 的圆弧，即为倒圆锥面上的等高线，连接等高线的交点，即为填挖边界线。

（4）在等高线 26 与 27 及 39 与 40 之间的交线，可以用截面法和内插等高线法来确定。

广场填挖土方立体示意如图 8-26 所示。

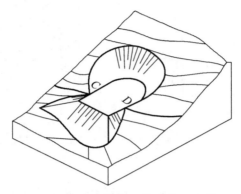

图 8-26　广场填挖土方立体示意图

第九章 透视投影

第一节 基本概念

透视投影属于中心投影，就是把物体投影到投影面上时，所有的投影线都从一个被称为投影中心的点发出。所得到的透视投影与观察物体所得到的印象基本一致，富有立体感和真实感，如图 9-1 所示。在建筑设计过程中，常用这种透视投影图来表现建筑物建成后的外貌，用以研究建筑物的空间造型和立面处理。

图 9-1　透视图

在绘制透视图时，常用到一些专门的术语。弄清楚它们的确切含意有助于理解透视的形成过程和掌握透视的作图方法。

现结合图 9-2 介绍作图中的几个基本术语。

基面——放置建筑物的水平地面，以字母 G 表示，也可将绘有建筑平面图的投影面 H 或任何水平面理解为基面。

画面——透视图所在的平面，以字母 P 表示，一般以垂直于基面的铅垂面为画面，也可以用倾斜平面作画面，甚至柱面和球面也可作画面用（本书仅讨论以平面为画面的透视）。

基线——基面与画面的交线，在画面上以字母 g—g 表示基线，在平面图中则以 p—p 表示画面的位置。

视点——相当于人眼所在的位置，即投影中心 S。

站点——视点 S 在基面 G 上的正投影 s，相当于观看建筑物时，人的站立点。

心点——视点 S 在画面 P 上的正投影 $s°$；

中心视线——引自视点并垂直于画面的视线，即视点 S 和中心点 $s°$ 的连线 $Ss°$；

视平面——过视点 S 所作的水平面 $G°$。

视平线——视平面与画面的交线，以 $h—h$ 表示，当画面为铅垂面时，心点 $s°$ 必位于视平线 $h—h$ 上。

视高——视点 S 与基面 G 的距离，即人眼的高度。当画面为铅垂面时，视平线与基线的距离即反映视高。

视距——视点与画面的距离，即中心视线 $Ss°$ 的长度，当画面为铅垂面时，站点到基线的距离即反映视距。

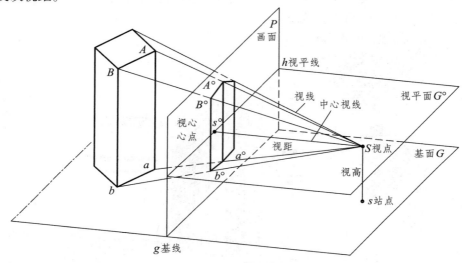

图 9-2　透视的基本概念

图 9-2 中，点 A 是空间任意一点，自视点 S 引向点 A 的直线 SA，就是透过点 A 的视线；视线 SA 与画面 P 的交点 $A°$ 就是空间点 A 的透视；点 a 是空间点 A 在基面上的正投影（可简单地说成"基面投影"）称为点 A 的基点；基点的透视 $a°$ 称为点 A 的基透视。

本书规定，点的透视用相同于空间点的字母并在右上角加"°"来标记；基透视则用相同的小写字母、右上角也加"°"来标记。

第二节　点和直线的透视

一、点的透视

（一）点的透视和基透视

点的透视就是过该点的视线与画面的交点，即视线的画面迹点所确定；同样，其基透视就是通过该点的基点所引的视线与画面的交点。

图 9-3 中，A 点的透视 $A°$ 就是视线 SA 在画面 P 上的迹点，其基透视 $a°$ 则是视线 Sa 在画面 P 上的迹点。由图中不难看出：A 点的透视 $A°$ 与基透视 $a°$ 的连线垂直于基线 gg 或视平线 hh。因为 Aa 线垂直于基面 G，由视点 S 引向 Aa 线上所有点的视线，形成了一个垂直于基面的视线平面 SAa，而画面也处于铅垂位置，因此，视线平面和画面的交线必然也垂直于基面，所以说一个点的透视与基透视的连线是垂直于视平线的。

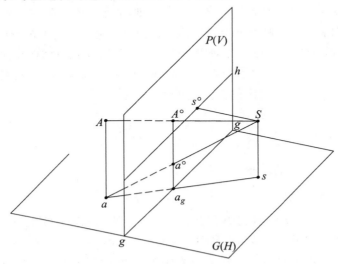

图 9-3　点的透视和基透视

（二）视线迹点法作点的透视

在正投影图的基础上，设想以 V 面作画面，求作空间点的透视[图 9-4（a）]。因为点的透视就是通过该点的视线与画面的交点，此处既然以 V 面作画面，则所求点的透视就是视线的 V 面迹点。这种画法就称为视线迹点法。

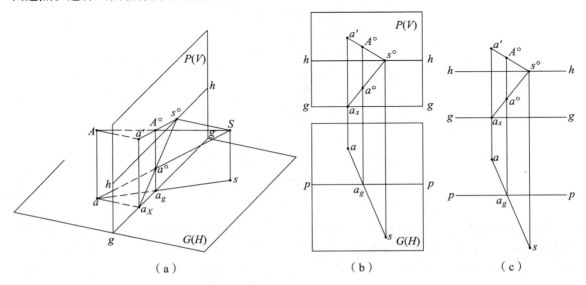

（a）　　　　　　　　（b）　　　　　　　　（c）

图 9-4　视线迹点法作点的透视

图 9-4（a）展示了求作 A 点透视的空间情况。图中 S 点为视点，其 H 面投影 s 为站点，其 V 面投影 $s°$ 为心点，并位于视平线上。a 和 a' 为空间点 A 的 H 面和 V 面投影，a_X 可视为 a 的 V 面投影。为求点 A 的透视与基透视，自 S 点向 A 点和 a 引视线 SA 和 Sa。这两条视线的 V 面投影分别为 $s°a'$ 和 $s°a_X$，而这两条视线的 H 面投影则重合成一条线 sa，sa 与基线 gg（即 OX）相交于点 a_g，这就是 A 点的透视与基透视的 H 面投影，由此向上作竖直线，与 $s°a'$ 和 $s°a_X$ 相交，就得到 A 点的透视 $A°$ 和基透视 $a°$ 了。

具体作图时，将画面 P（即 V 面）和基面 G（即 H 面）摊平在一个平面上，为了使两面投影不致因重叠而引起混乱，故将两个投影图稍稍拉开距离并上、下对齐放置，如图 9-4（b）所示。此时投影面的框线也无须画出，如图 9-4（c）所示，图中画面与基面的交线，在 V 面投影中作为基线以 gg 标出，在 H 面投影中作为画面位置以 pp 标出。对照图 9-4（a）就可看出求作 A 点的透视与基透视的具体过程，此处就不再赘述了。

二、直线的透视

（一）直线及直线上点的透视

1. 直线的透视及基透视

一般情况下，直线的透视及基透视仍为直线。直线的透视是直线上所有点的透视的集合。如图 9-5 所示，由视点 S 引向直线 AB 上所有点的视线，包括 SA、SM、SB⋯，形成一个视线平面，它与画面（平面）的交线，必然是一条直线 $A°B°$，这就是 AB 线的透视。同样，直线 AB 的基透视 $a°b°$ 也是一条直线。

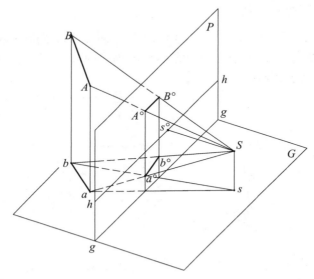

图 9-5　直线的透视

但在特殊情况下，直线的透视或基透视成为一点，若直线 CD 延长后，恰好通过视点 S，如图 9-6 所示，则其透视 $C°D°$ 重合成一点，但其基透视 $c°d°$ 是一段直线，且与基线相垂直；若直线 EF 是铅垂线，如图 9-7 所示，由于它在基面上的正投影 ef 积聚成一个点，故该直线的基透视 $e°f°$ 也是一个点，直线本身的透视仍为一条铅垂线 $E°F°$。

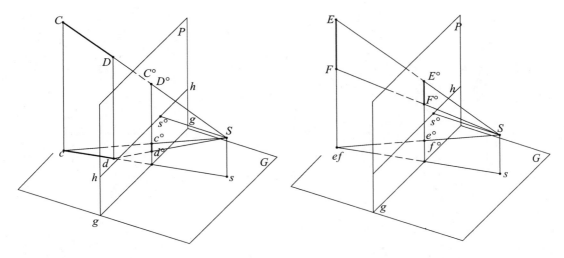

图 9-6　过视点的直线的透视	图 9-7　铅垂线的透视

直线若位于基面上，直线与其基面投影重合，则直线的透视与基透视也重合成一条直线，如图 9-8 所示中的线段 *AB* 就是如此。

直线若位于画面上，则直线的透视与直线本身重合，直线的基面投影与基透视均重合在基线 *gg* 上，图 9-8 中的 *CD* 线就是这样的直线。

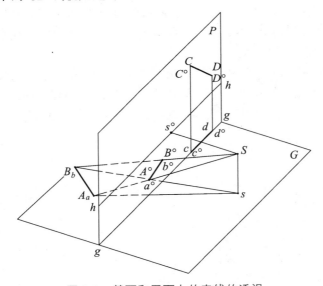

图 9-8　基面和画面上的直线的透视

2. 直线上点的透视和基透视

如图 9-9 所示，直线上点 *M* 的透视 *M°* 位于直线的透视 *A°B°* 上，其基透视 *m°* 位于直线的基透视 *a°b°* 上。

从图中还可以看出，点 *M* 是 *AB* 的中点，*AM=BM*，但由于 *MB* 比 *AM* 远，以致它们的透视长度 *A°M°* 大于 *M°B°*。也就是说，点在直线上所分线段的长度之比，其透视投影不再保持原来的比例。

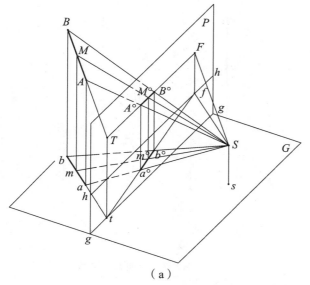

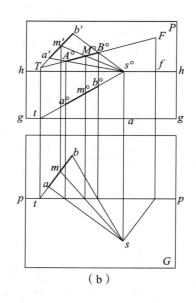

（a）　　　　　　　　　　　　　　（b）

图 9-9　直线上点的透视

（二）直线的画面迹点和灭点

1. 直线的画面迹点

直线与画面的交点称为直线的画面迹点，迹点的透视即为其本身，其基透视则在基线上。直线的透视必然通过直线的画面迹点；直线的基透视必然通过该迹点在基面上的正投影，即直线在基面上的正投影和基线的交点。

图 9-10 中，直线 AB 延长，与画面相交，交点 T 即 AB 的画面迹点。迹点的透视即其自身 T，故直线 AB 的透视 $A°B°$ 通过迹点 T。迹点的基透视 t 即迹点在基面上的正投影，也是直线的投影 ab 与画面的交点，且在基线上。所以直线的基透视 $a°b°$ 延长，必然通过迹点 T 在基面上的投影 t。

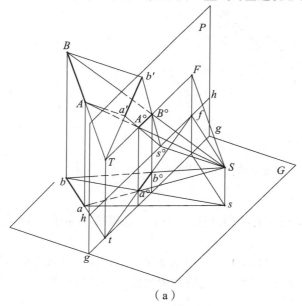

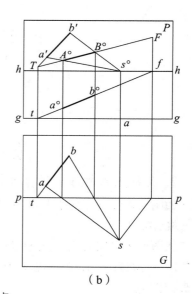

（a）　　　　　　　　　　　　　　（b）

图 9-10　直线的画面迹点和灭点

2. 直线的灭点

直线上离画面无限远的点，其透视称为直线的灭点，如图 9-10 所示，欲求直线 AB 上无限远点 F^∞ 的透视，则自视点 S 向无限远点 F^∞ 引视线 SF^∞，视线 F^∞ 与原直线 AB 必然是互相平行的，SF^∞ 与画面的交点 F 就是直线 AB 的灭点。直线 AB 的透视 $A^\circ B^\circ$ 延长就一定通过灭点 F。同理，可求得直线的投影 ab 上无限远点 f^∞ 的透视 f，称为基灭点。基灭点 f 一定位于视平线 hh 上，因为平行于 ab 的视线只能是水平线，它与画面只能相交于视平线上的一点 f。直线 AB 的基透视 $a^\circ b^\circ$ 延长，必然指向基灭点 f。基灭点 f 与灭点 F 处于同一铅垂线上，即 $Ff \perp hh$，因为自视点 S 引出的视线 SF 和 Sf 分别平行于 AB 及其投影 ab，而 AB 与 ab 是处于同一铅垂面内的两条线，因此，由 SF 和 Sf 所决定的平面 SFf 也是铅垂面，它与铅垂的画面的交线 Ff 只能是铅垂线，故 $Ff \perp hh$。

（三）画面相交线和画面平行线的透视

直线根据它们与画面的相对位置不同，可分为两类：一类是与画面相交的直线，称为画面相交线；另一类是与画面平行的直线，称为画面平行线。这两类直线的透视有着明显的区别。

1. 画面相交线的透视特性

（1）画面相交线，在画面上必然有该直线的迹点（图 9-10）。同时，也一定能求该直线的灭点（图 9-10）。灭点与迹点的连线，就是该直线自迹点开始向画面后无限延伸所形成的一条无限长直线的透视。本书将它称之为该直线的全线透视。

（2）点在画面相交线上所分线段的长度之比，在其透视上不能保持原长度之比（图 9-9）。

（3）一组平行直线有一个共同的灭点，其基透视也有一个共同的基灭点。所以，一组平行线的透视及其基透视，分别相交于它们的灭点和基灭点。

如图 9-11 所示，由于自视点 S，平行于一组平行线中的各条直线所引出的视线是同一条

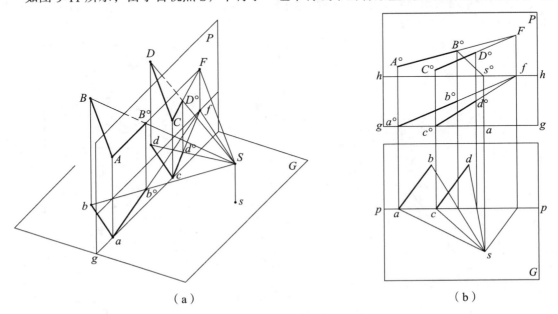

（a）　　　　　　　　　　　　（b）

图 9-11　互相平行的画面相交线有共同的灭点

视线，它与画面只能交得唯一的共同的灭点。因此，一组平行线的透视向着一个共同的灭点 F 集中；同样，它们的基透视也指向视平线上的一个基灭点集中。这是透视图中特有的基本规律，作图时必须遵循。

（4）画面相交线有三种典型形式，不同形式的画面相交线，它们的灭点在画面上的位置也各不相同。

① 垂直于画面的直线，它们的透视为如图 9-12 中所示的 $A°B°$，它们的灭点就是心点 $S°$；其基透视 $a°b°$ 的基灭点也是心点 $s°$。

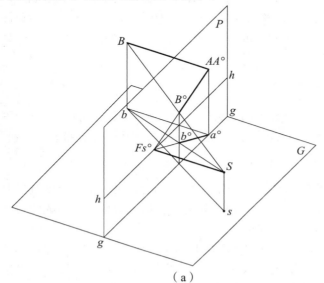 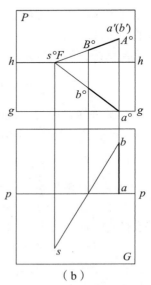

（a） （b）

图 9-12 垂直于画面的直线的透视

② 平行于基面的画面相交线，它们的透视为如图 9-13 中所示的 $A°B°$，它们的灭点和基灭点是视平线上的同一个点 F。

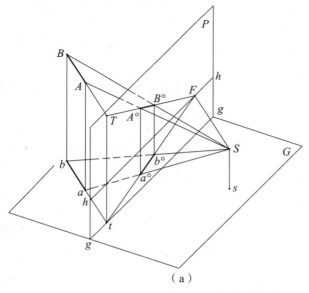 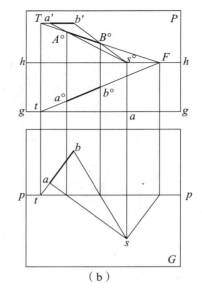

（a） （b）

图 9-13 水平线的透视

③倾斜于基面的画面相交线，它们的透视为如图 9-10 中所示的 $A^\circ B^\circ$，它们的灭点不在视平线上，可能在视平线的上方，也可能在视平线的下方。但它们的基灭点都是视平线上的同一点 f。

2. 画面平行线的透视特性

（1）画面平行线，在画面上不会有它的迹点和灭点。如图 9-14 所示，由于空间直线 AB 平行于画面 P，因此，AB 与画面 P 就没有交点（即迹点）。同时，自视点 S 所引平行于 AB 的视线，与画面也是平行的，因此，该视线与画面 P 也没有交点（即灭点）。自视点 S 向 AB 线所引视线平面 SAB，与画面的交线 $A^\circ B^\circ$，即直线 AB 的透视，是与 AB 互相平行的（因为 $AB /\!/ P$ 面）；并且透视 $A^\circ B^\circ$ 与基线 gg 的夹角反映了 AB 对基面的倾角 α。此外，由于 AB 平行于画面，则投影 ab 就平行于基线，所以，基透视 $a^\circ b^\circ$ 也就平行于基线和视平线，而成为一条水平线。

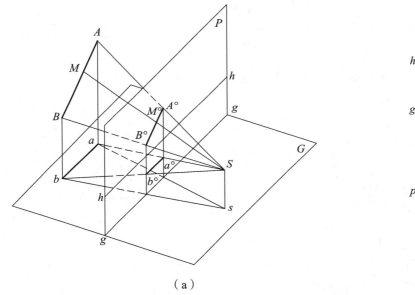
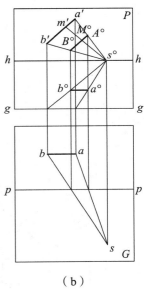

（a）　　　　　　　　　　　　　　　　（b）

图 9-14　平行于画面的直线的透视

（2）点在画面平行线上所分线段的长度之比，在其透视上仍能保持原长度之比。如图 9-14 所示，由于 $AB /\!/ A^\circ B^\circ$，如一个点 M 在直线 AB 上划分线段的长度之比为 $AM : MB$，则其透视分段之比 $A^\circ M^\circ : M^\circ B^\circ$ 就等于 $AM : MB$。

（3）一组互相平行的画面平行线，其透视仍保持相互平行，它们的基透视也互相平行，并且平行于基线。如图 9-15 所示，AB 和 CD 是两条相互平行的画面平行线，其透视 $A^\circ B^\circ$ 和 $C^\circ D^\circ$ 相互平行，基透视 $a^\circ b^\circ$ 和 $c^\circ d^\circ$ 也相互平行，并平行于基线 gg。

（4）画面平行线也有三种典型形式。

①垂直于基面的直线（即铅垂线）。它们的透视，如图 9-16 中的铅垂线 AB，其透视 $A^\circ B^\circ$ 仍为铅垂线，其基透视成为一点。

②倾斜于基面的画面平行线（即正平线），它们的透视如图 9-14 中的 $A^\circ B^\circ$ 仍为倾斜线段，它和基线的夹角反映了该线段在空间对基面的倾角，其基透视 $a^\circ b^\circ$ 则为水平线段。

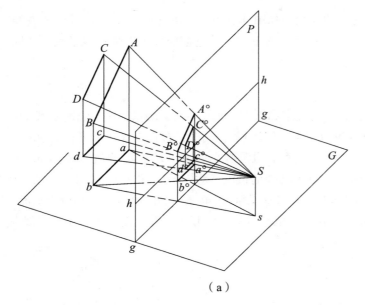

（a）　　　　　　　　　（b）

图 9-15　互相平行的画面平行线的透视

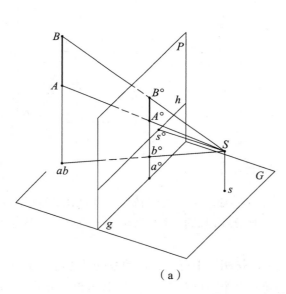

（a）

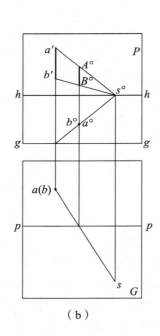

（b）

图 9-16　铅垂线的透视

③ 平行于基线的直线（即侧垂线）其透视与基透视均表现为水平线段，如图 9-17 中 $A°B°$。

如直线位于画面上，则其透视即为直线本身，因此反映了该直线的实长。而直线的基透视，即直线在基面上的投影本身，一定位于基线上。

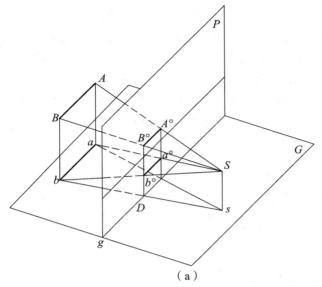

（a）

（b）

图 9-17　平行于基线的直线的透视

（四）透视高度的量取

铅垂线若位于画面上，则其透视即该直线本身，因此，能反映该直线的实长。现在，我们就利用这种透视特性的铅垂线，来解决透视高度的量取和确定问题。

如图 9-18 所示透视图中，有一铅垂线的四边形 $ABCD$。由于 $A°D°$ 和 $B°C°$ 汇交于视平线上的同一个灭点 F，因此，空间直线 AD 和 BC 是相互平行的两条水平线。$A°B°$ 和 $D°C°$ 则是两条铅垂线 AB 和 DC 的透视。因而 $A°B°$、$C°D°$ 是等高的，但 CD 是画面上的铅垂线，故其透视 $C°D°$ 直接反映了 CD 的真实高度 L。而 AB 是画面后的直线，其透视 $A°B°$ 不能直接反映真高，但可以通过画面上的 CD 线确定它的真高，因此，我们就将画面上的铅垂线，称为透视图中的真高线。

利用真高线，即可按照给定的真实高度，通过基面上的某一点的透视作出铅垂线的透视。

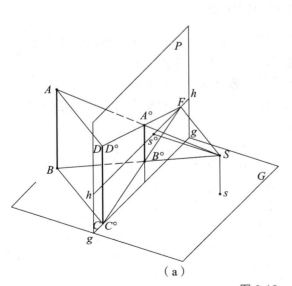

（a）

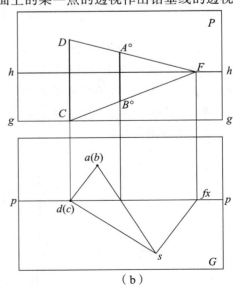

（b）

图 9-18　真高线

图 9-19（a）所示的透视图中，欲自点 $a°$ 作铅垂线的透视，使其真实高度等于 L。首先在视平线上适当处取一灭点 F，图 9-19（b），连接 F 和 $a°$ 两点，使 $Fa°$ 延长，与基线交于点 a_X。再自 a_X 作铅垂线，并在其上量取 a_XA，等于真实高度 L，再连接 A 和 F，AF 与 $a°$ 处的铅垂线相交于点 $A°$，则 $a°A°$ 也就是真实高度为 L 的铅垂线的透视。

也可以首先在基线上取一点 a_X，如图 9-19（c），自 a_X 作高度为 L 的真高线 a_XA，连接 a_X 和 $a°$，延长 $a_Xa°$，使与视平线相交，得到灭点 F，然后，再连接 A 和 F，AF 与 $a°$ 处的铅垂线相交于点 $A°$，则 $a°A°$ 就是真实高度为 L 的铅垂线的透视。

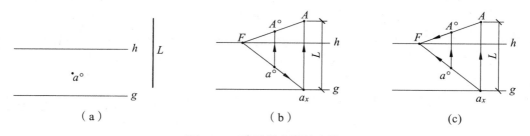

图 9-19　求透视高度的方法

图 9-20 所示是两条铅垂线的透视 $A°a°$ 和 $B°b°$。它们的基透视 $a°b°$ 对于视平线的距离相等，这表明空间二直线 Aa 和 Bb 对画面的距离相等，而且 $A°B°$ 平行于 $a°b°$，因此 Aa 和 Bb 两直线在空间是等高的。其真实高度均等于 Tt。图 9-20 中，如已知 $b°$，欲自 $b°$ 作真实等高等于 Tt 的铅垂线的透视，可按箭头所示步骤进行作图。

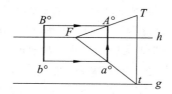

图 9-20　集中真高线的根据

于是，在以后的作图过程中，为了避免每确定一个透视高度就要画一条真高线，可集中利用一条真高线定出图中所有的透视高度，这样的真高线称为集中真高线。如图 9-21 中，已知 $a°$、$b°$、$c°$ 等点，利用集中真高线 Tt 求作铅垂线的透视 $a°A°$、$b°B°$、$c°C°$。

$a°A°$、$c°C°$ 的真实高度为 L_1，$b°B°$ 的真实高度为 L_2。灭点 F 和集中真高线均可随图面情况而画于图面的适当处。

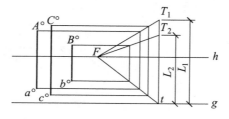

图 9-21　集中真高线的应用

第三节　平面的透视

一、平面的透视

平面的透视，就是构成平面图形周边各条轮廓线的透视。如果平面是直线多边形，其透视和基透视一般仍是一直线多边形，而且边数保持不变。如图 9-22 所示是一个矩形 $ABCD$ 的透视图，矩形的透视 $A°B°C°D°$ 和基透视 $a°b°c°d°$ 均为四边形。

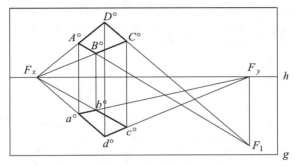

图 9-22　平面的透视

如果平面通过视点，其透视则变成一条直线，而基透视仍是一个多边形。如图 9-23 所示的矩形 $ABCD$ 扩大后通过视点，其透视 $A°B°C°D°$ 成为一条直线。

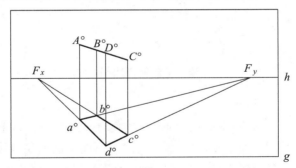

图 9-23　平面通过视点，其透视成为一条直线

如果平面处于铅垂位置，其基透视成为一条直线，其透视仍是一个平面多边形。如图 9-24 所示的五边形 $ABCDE$ 就是一个铅垂面，其基透视 $a°b°c°d°e°$ 成为一条直线。

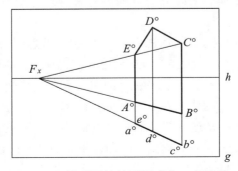

图 9-24　铅垂面的基透视成为一条直线

二、平面的迹线和灭线

在透视图中，直线有迹点和灭点。相对应地，平面有迹线和灭线。

（一）平面的迹线

平面扩大后与画面的交线，称为平面的画面迹线；平面扩大后与基面的交线，称为平面的基面迹线。如图 9-25，平面 R 扩大后与画面交于直线 R_p，即是平面 R 的画面迹线；与基面交于直线 R_g，即是平面 R 的基面迹线。画面迹线和基面迹线交于基线 gg 上的 N 点。在透视图中，画面迹线比基面迹线用途更大些，所以一般我们所说的迹线即指画面迹线。

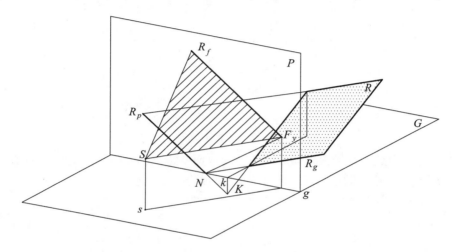

图 9-25　平面的迹线和灭线

（二）平面的灭线

平面的灭线就是平面上所有无限远点的透视的集合，或者说，是平面上各个方向直线的灭点的集合。如图 9-25，要求平面 R 的灭线，可过视点向平面上无限远点引直线，即过视点作平面的平行线，这些平行线构成一个视线平面，此视线平面与画面的交线 R_f 就是平面 R 的灭线。由于平面的灭线仍是一条直线，所以在实际作图时，只要求出 R 平面上任意两条不同方向直线的灭点，再连线，就得到平面的灭线。

从图 9-25 可知，视线平面和平面 R 是互相平行的，那么 R 平面的画面迹线 R_p 和灭线 R_f 也是互相平行的。

在图 9-26 中，矩形平面 ABCD 的透视为 $A°B°C°D°$，基透视为 $a°b°c°d°$。其中 AB 和 CD 是两条水平线，其灭点是视平线上的 F_y，AB 和 CD 的透视与基透视均相交于 F_y。AD 和 BC 是两条倾斜的直线，其灭点是 F_1。其基透视 $a°d°$ 和 $b°c°$ 延长后交于视平线上的 F_x，F_1 和 F_x 的连线垂直于视平线。F_1 和 F_y 的连线即是平面 ABCD 的灭线。AB 延长后与画面交于 H 点，DA 延长后与画面交于 K 点。HK 连线即是平面的画面迹线，画面迹线和平面的灭线是互相平行的。画面迹线与基线 gg 交于 N 点，连接 NF_y 即得平面的基面迹线。这是因为基面迹线与平面内的水平线平行，它们有共同的灭点 F_y。

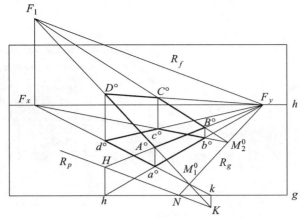

图 9-26 在透视图中确定平面的迹线和灭线

第四节 透视图的分类和视点、画面的选定

一、建筑透视图的分类

建筑物由于它与画面间相对位置的变化，它的长、宽、高三组主要方向的轮廓线，与画面可能平行，也可能不平行。与画面不平行的轮廓线，在透视图中就会形成灭点（称为主向灭点）；而与画面平行的轮廓线，在透视图中就没有灭点。因而其透视图一般就按照画面上的主向灭点的多少，分为以下三种：

（一）一点透视

如果建筑物有两组主向轮廓线平行于画面，那么这两组轮廓线的透视就不会有灭点，而第三组轮廓线就必然垂直于画面，其灭点就是心点 $s°$，如图 9-27 所示。这样画出的透视，称为一点透视。在此情况下，建筑物就有一个方向的立面平行于画面，故又称为正面透视，图 9-28 是一点透视的实例。

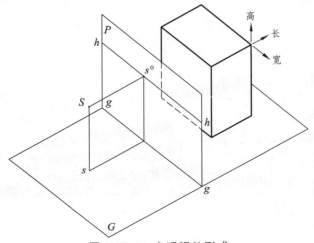

图 9-27 一点透视的形成

图 9-28　一点透视的实例

（二）两点透视

　　如建筑物仅有铅垂轮廓线与画面平行，而另外两组水平的主向轮廓线，均与画面斜交，于是在画面上形成了两个灭点 F_x 及 F_y，这两个灭点都在视平线 hh 上，如图 9-29 所示，这样画成的透视图，称为两点透视。正因为在此情况下，建筑物的两个立面均与画面成倾斜角度，故又称成角透视。图 9-30 是两点透视的实例。

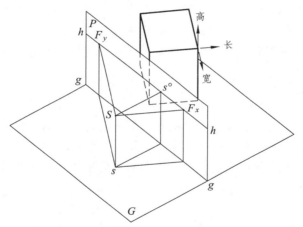

图 9-29　两点透视的形成

图 9-30　两点透视的实例

（三）三点透视

如果画面倾斜于基面，即与建筑物三个主向轮廓线均相交，这样，在画面上就会形成三个灭点，如图 9-31 所示。这样画出的透视图，称为三点透视。正因为画面是倾斜的，故又称斜透视。图 9-32 是三点透视的实例。

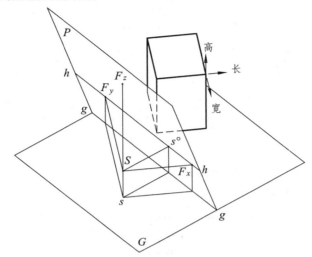

图 9-31 三点透视的形成

图 9-32 三点透视的实例

二、视点和画面的选定

绘制建筑物及其细部的透视图时，视点和画面要选取适当，否则可能表达不充分或失去真实感。下面简单说明如下。

（一）视点的选定

视点的选定，包括在平面上确定站点的位置和在画面上确定视平线的高度。

1. 确定站点的位置

为了得到较满意的透视图，应使物体位于一个视点为顶点、主视线为轴线的直圆锥面所包围的空间内，这个圆锥的顶角（即视角）一般为 20°至 60°，最好是 30°左右，如图 9-33 所示。一般来说，视距为画面宽度的 1.5 ~ 2.0 倍。

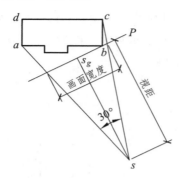

图 9-33　视点的选择

2. 确定视高

视高即视平线的高度，一般取人的身高（1.5 ~ 1.8 m）。但有时为了取得某种效果，而将视平线适当抬高或降低，如图 9-34。

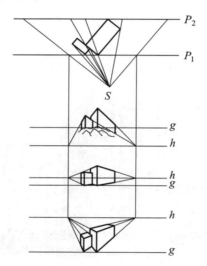

图 9-34　视平线高度对透视效果的影响

抬高视平线，可使地面在透视图中显得比较开阔，避免前边的建筑遮挡后面的建筑。这种透视图常用来表达某一区域内建筑群的规划和布置，这就是我们常说的鸟瞰图，如图 9-35。

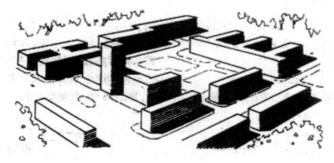

图 9-35　抬高视平线透视图

降低视平线，则使建筑物显得高耸宏伟，位于高坡上的建筑常采用这种画法，如图 9-36。

图 9-36　降低高视平线透视图

（二）画面与建筑物的相对位置

确定视点后，还要确定画面与建筑物的相对位置，以得到较满意的透视效果。

1. 画面与建筑物主立面夹角的选择

画面与建筑物某立面的夹角愈小，则该立面上水平线的灭点愈远，该立面的透视就愈宽阔，收敛愈平缓。画面与建筑物主立面的夹角，一般取 30°左右。但有时为了突出主立面，夹角可小些，如 20°~25°。有时为了兼顾主立面和侧立面，则夹角也可取大些，如 40°左右，如图 9-37。

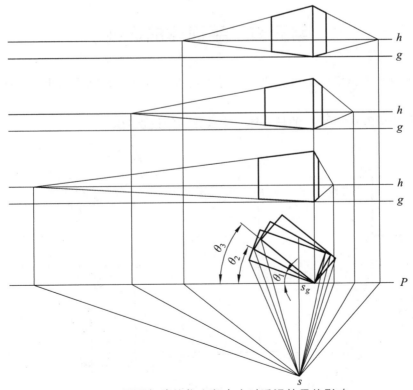

图 9-37　画面与建筑物夹角大小对透视效果的影响

2. 画面与建筑物前后位置的选择

当视点、画面、画面与建筑物主立面的夹角确定之后，若使画面前后平移，将会影响到画出来的透视图大小，但透视图的形象不变，如图 9-38 所示。选择透视图的大小，取决于图纸幅面大小，并考虑配景所占的位置。

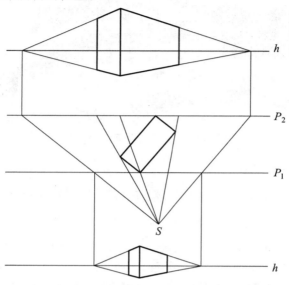

图 9-38　画面前后位置对透视效果的影响

第五节　平面体的透视

求平面体的透视，实际上就是求平面体上的点、直线和平面多边形的透视。下面举例说明。

【例 9-1】已知图 9-39 所示的长方体，求长方体的透视图。

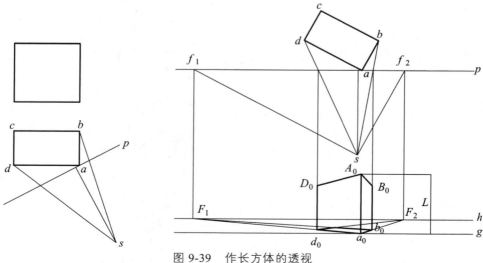

图 9-39　作长方体的透视

【分析】先确定画面、站点与立体的相对位置，一般使 a 角靠在画面上，即 A 角的透视高度为长方体的真实高度。使长宽方向都与画面 P 倾斜，一般使长度方向与画面夹角 30°左右，宽度方向与画面夹角 60°左右。站点距立体的距离一般取透视图宽度的 1.5～2 倍。长度和宽度方向的线各有一个灭点，即 F_1 和 F_2（这种透视图称为两点透视）。

【作图】

（1）先确定画面、站点和视高。

（2）求灭点 F_1 和 F_2。在 H 面上过站点 s 作直线 $sf_1 // ac$ 与画面线 pp 相交于 f_1，过 f_1 引铅垂线与视平线 hh 相交即得长度方向灭点 F_1。再过站点 s 作直线 $sf_2 // ab$ 与画面线 pp 相交于 f_2，过 f_2 引铅垂线与视平线 hh 相交即得宽度方向灭点 F_2。

（3）求底面的透视。根据灭点 F_1 和 F_2 求出长方体的底面透视 $a°b°c°d°$。

（4）求透视高度，由 a_0 向上引铅垂线，量取高度 L 得点 A_0，连接 F_1、A_0 和 F_2、A_0，过 b_0、c_0 分别作铅垂线与 F_2A_0 和 F_1A_0 相交，即得 $B_0b_0c_0C_0$。因为一组平行线有同一个灭点，所以 CD 和 AB 的灭点都为 F_2，BD 和 AC 的灭点都为 F_1。在透视图中不可见的线一般不画。

【例 9-2】已知图 9-40 所示的两坡顶房屋，求作其透视图。

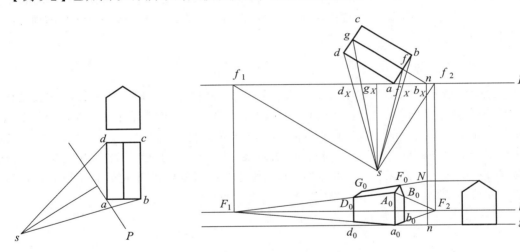

图 9-40　作两坡顶房屋的透视

【作图】

（1）先确定画面、站点和视高。

（2）求灭点 F_1 和 F_2。

（3）作墙身部分的透视。

（4）求坡屋面的透视。先求出屋脊线 FG 的透视。延长 FG 与 pp 交于 n，n 即为直线 FG 的画面迹点的水平投影，过 n 点引铅垂线，在画面上量 nN 等于屋脊高定出迹点 N。因 $FG // AD$，所以连 F_1N 即为 FG 的全长透视。过 f_X、g_X 引铅垂线与 F_1N 交于 F_0G_0 即得 FG 的透视长度。再连接，即完成坡屋面的透视图。

由此可知，若物体上有倾斜线时，只要求出斜线端点的透视，然后连接两端点，即得倾斜线的透视。

第六节　透视图中的辅助画法

在画建筑屋的透视图时，通常是先画出它的主要轮廓，然后利用辅助画法，画出建筑细部的透视。下面介绍几种常用的分割方法。

一、线段按比例分段

在透视图中，只有当直线平行于画面时，该直线的透视长度之比才等于这些线段的实际长度之比。如果直线不平行于画面，则直线的透视长度之比不等于这些线段的实际长度之比。下面分别介绍在透视图中，按比例分线段的方法。

（一）画面平行线的分段

若直线在画面上，则其透视就是直线本身，在透视图中各线段的长度不变，当然各线段的长度之比也不变。若直线不在画面上，则其透视长度要有变化，但在透视图中各线段的长度之比不变。因此还是可以直接按比例对线段进行分段。按比例分线段的方法与前面介绍相同，在此不再赘述。

（二）水平线的分段

如图 9-41 所示，$A°B°$ 为水平线的透视，要求将 $A°B°$ 分成三段，使三段的实长之比为 $3:1:2$，求分点 $C°$ 和 $D°$ 的透视。首先自 $A°B°$ 的任意端点 $A°$，作一水平线，在其上以适当长度为单位，量取 $3:1:2$ 的三段，得到分点 d_1、c_1 和 b_1，使 $A°d_1:d_1c_1:c_1b_1=3:1:2$。连接 b_1 和 $B°$，并延长交 hh 于 F_1，再从 F_1 向 $A°b_1$ 引直线，与 $A°B°$ 交于 $C°$ 和 $D°$。由于 $B°b_1$、$D°d_1$ 和 $C°c_1$ 有共同的灭点，所以它们互相平行，这一组平行线截取两相交直线 $A°B°$ 和 $A°b_1$ 所得的线段长度对应成比例。即 $A°C°:C°D°:D°B°=3:1:2$。

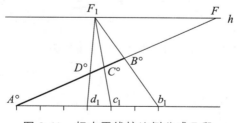

图 9-41　把水平线按比例分成几段

根据上述原理，可以在水平线上，连续量取等长度的线段。如图 9-42，在水平线的透视 $A°F$ 上连续量取长度等于 $A°B°$ 的若干段线段的透视，定出这些线段的分点。首先在 hh 上适当选取一点 F_1 作为灭点，连接 $F_1B°$，与过 $A°$ 的水平线交于点 B_1，然后按 $A°B_1$ 的长度，在水平线上连续截取若干段，得分点 C_1、D_1、$E_1\cdots$，由这些点向 F_1 引直线，与 $A°B°$ 相交的透视分点 $C°$、$D°$、$E°\cdots$如果还要继续量取若干段，则自点 $F°$ 作水平线，与 F_1G_1 交于 G_2，按 $F°G_2$ 的长度在其延长线上连续截得 H_2、I_2、J_2 等点，再与 F_1 连线，又可在 $A°F$ 求得几个透视分点。这些线段长度均相等。

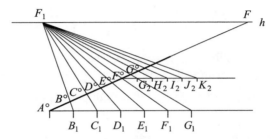

图 9-42　在水平线上连续量取等长度的线段

（三）一般位置直线的分段

对于一般位置直线，可按以下两种方法分段。

方法一：利用基透视对透视图分段。先将线段的基透视按图 9-41 所示方法分段，然后从各分点作竖直线，与线段的透视相交，这些交点就是按比例分线段的分点。如图 9-43 所示，C° 把 $A^\circ B^\circ$ 分成 $2:1$ 的两段。

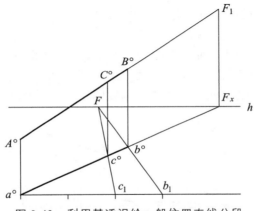

图 9-43　利用基透视给一般位置直线分段

方法二：利用直线的灭点直接分段。这时直线必须有明确的灭点。如图 9-44，一般位置直线的透视 $A^\circ B^\circ$ 有灭点 F_1，过此灭点任作一直线 F_1F_2，作为直线 AB 所在平面的灭线。自点 A° 引直线 $A^\circ B_1$ 平行于灭线 F_1F_2，这就是该平面上一条画面平行线的透视，在直线 $A^\circ B_1$ 上定一点 K_1，使 $A^\circ K_1$ 与 K_1B_1 之比等于所要求的两段长度之比，比如 $2:1$。连线 B_1B°，延长与 F_1F_2 交于 F_2，连线 K_1F_2 与 $A^\circ B^\circ$ 的交点 K° 就是所求的分点。

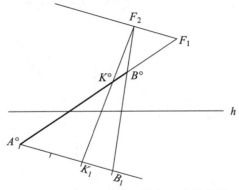

图 9-44　利用灭点给一般位置直线分段

二、矩形的分割

（1）利用矩形两条对角线将矩形分成两个全等的矩形。

把矩形分成两个全等的矩形，可按图 9-45 所示方法作图。首先作矩形的两条对角线 $A°C°$ 和 $B°D°$，通过对角线的交点 $E°$ 作边线的平行线，就可将矩形等分为二。

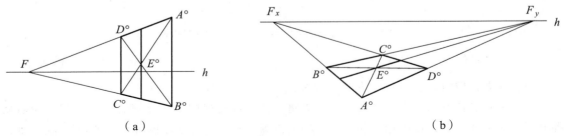

（a）　　　　　　　　　　　　　　　　　（b）

图 9-45　利用两条对角线将矩形分成二两个全相等的矩形

（2）利用矩形的一条对角线和一组平行线，将矩形分成几个全等的矩形或按比例分成几个矩形。

如图 9-46 所示为一矩形铅垂面，若要将它分割成三个全等的矩形，应首先以适当长度为单位在铅垂边 $A°B°$ 上自 $B°$ 截取三个分点 1、2、3，连线 1F、2F、3F。1F、2F 与矩形 $B°36C°$ 的对角线 $3C°$ 交于 4 和 5 两点，过 4 和 5 作铅垂线即将矩形分割成全等的三个矩形。

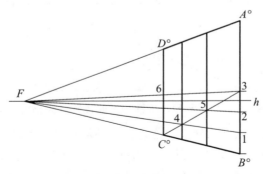

图 9-46　利用一条对角线将矩形分成三个全等的矩形

如图 9-47 所示为一矩形铅垂面，要将它竖向分割成三个矩形，使它们的宽度之比为 2：1：3。作图方法与图 9-46 基本相同。首先以适当长度为单位在铅垂边 $A°B°$ 上自 $B°$ 截取

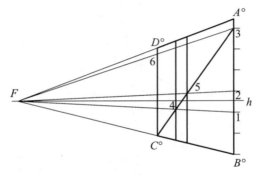

图 9-47　利用一条对角线将矩形分成宽度比为 2：1：3 的三个矩形

2：1：3 的三段，得到三个分点 1、2、3，连线 1F、2F、3F。1F、2F 与矩形 B°36C° 的对角线 3C°交于 4 和 5 两点，过 4 和 5 作铅垂线即将矩形分割成宽度之比为 2：1：3 的三个矩形。

三、矩形的延续

按照一个已知的矩形的透视，连续作出一系列等大的矩形的透视。可利用这些矩形的对角线互相平行的特点来作图。

如图 9-48 所示，要求连续作出几个与矩形 A°B°C°D° 相等的矩形。首先作出两条水平线的灭点 F_x 及对角线 A°C° 的灭点 F_1，然后连线 D°F_1，与 B°C° 延长线交于点 E°，过 E° 作第二个矩形的铅垂边 E°J°，即得到第二个等大的矩形。按照同样的方法可作出多个等大的矩形。

按上述方法作图，如果灭点 F_1 落到图纸以外，这时可按图 9-49 所示方法作图。先作出矩形 A°B°C°D° 的水平中线 M°N°，连接 A°N° 交 B°C° 延长线与 E°，过 E° 作第二个矩形的铅垂边 E°J°，同样可得到第二个等大的矩形。

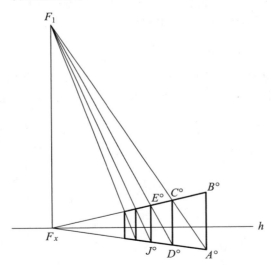

图 9-48　利用对角线的灭点作一系列等大的铅垂矩形

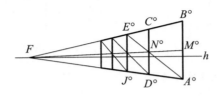

图 9-49　利用水平中线作一系列等大的铅垂矩形

图 9-50 给出了水平矩形的两点透视 A°B°C°D°，要求在纵横两个方向连续作出若干个全等的矩形。首先定出两个主向灭点 F_x 和 F_y，连接对角线 A°C° 与 F_xF_y 相交于 F_1，即对角线的灭点，其他矩形的对角线均平行于 A°C°，所以它们有共同的灭点 F_1，据此可画出一系列等大连续矩形。

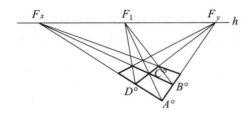

图 9-50 利用对角线的灭点作一系列等大的水平矩形

四、辅助灭点的应用

在作透视图时，灭点往往落到图纸之外，使得引向该灭点的直线无法直接画出，这时可利用辅助灭点画图。

（一）利用心点作图

如图 9-51 所示，主向灭点 F_x 落在图纸之外，为求该方向的直线 AB 的透视 $A°B°$，可作辅助线 AE 垂直于画面，其灭点即心点 $s°$，由此求出 A 点的透视 $A°$。

（二）利用一个主向灭点作图

如图 9-52 所示，主向灭点 F_x 落在图纸之外，为求该方向的直线 AB 的透视 $A°B°$，可延长 da 与 pp 交于 k，以 AK 作为辅助线，AK 的灭点即另一主向灭点 F_y，由此求出 A 点的透视 $A°$。

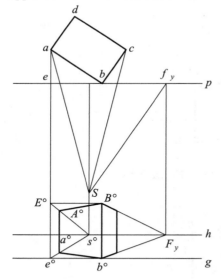

图 9-51 利用心点和一个灭点作两点透视图

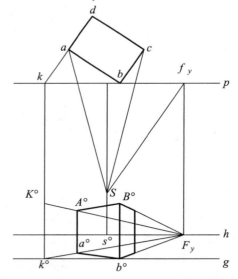

图 9-52 利用一个灭点作两点透视图

第七节 建筑物透视图的画法

下面举例说明建筑物透视图的画法。

【例 9-3】根据图 9-53（a）所示双坡顶房屋的平、立面图，求作两点透视图。

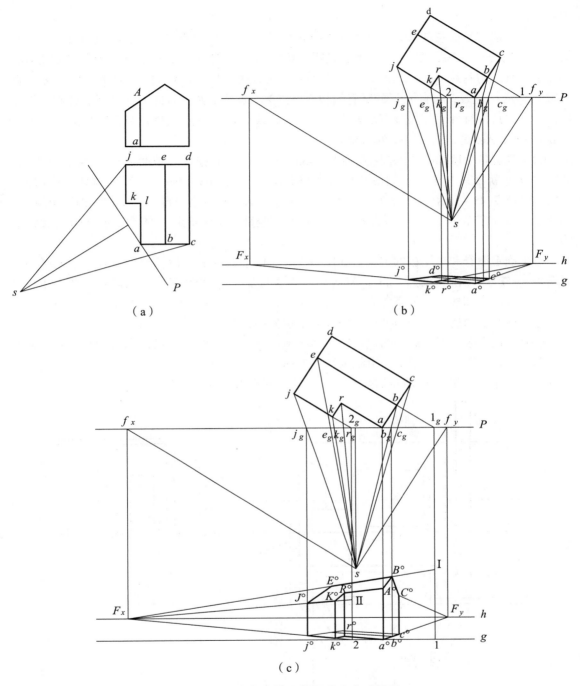

图 9-53　求作双坡顶房屋的两点透视图

（1）首先确定站点 s、画面 pp，如图 9-53（a）。

（2）求主向灭点。将建筑平面图平移到图 9-53（b）中，使画面线 pp 处于水平位置，并在其下作基线 gg 和视平线 hh，自站点 s 引建筑平面图中两组主向轮廓线的平行线，与画面线 pp 交于 f_x 和 f_y，过这两点向下作竖直线与视平线 hh 交于 F_x 和 F_y，这就是两组水平轮廓线的灭点，即主向灭点。

（3）求建筑平面图的透视。如图 9-53（b）。自站点 s 向建筑平面图各顶点引直线，与画面线 pp 交于 b_g、c_g…，点 a 在 pp 上，说明墙角线 Aa 在画面上，其透视 $A°a°$ 就是其本身 Aa。自 a 引竖直线与基线 gg 交于 $a°$。自 $a°$ 向灭点 F_y 引直线，与自 c_g 作的竖直线相交得点 $c°$。自 $a°$ 向灭点 F_x 引直线，与自 r_g 作的竖直线相交得点 $r°$。连线 $r°F_y$，与自 k_g 作的竖直线相交得点 $k°$。连线 $k°F_x$，与自 j_g 作的竖直线相交得点 $j°$。连线 $c°F_x$，与自 d_g 作的竖直线相交得点 $d°$。则 $a°c°d°j°k°r°$ 就是建筑平面图的透视。

（4）确定各个墙角棱线的高度。如图 9-53（c），点 a 在 pp 上，说明墙角线 Aa 在画面上，其透视 $A°a°$ 就是其本身 Aa。自 a 引竖直线与基线 gg 交于 $a°$，量取 $A°a°$ 等于墙角线 Aa 的真高度，得到点 $A°$。自 $A°$ 向灭点 F_y 引直线，与自 c_g 作的竖直线相交得点 $C°$，$C°c°$ 即墙角线 Cc 的透视。自 $A°$ 和 $a°$ 向灭点 F_x 引直线，与自 r_g 作的竖直线相交得点 $R°$ 和 $r°$，$R°r°$ 即墙角线 Rr 的透视。

（5）确定屋脊和矮屋檐的透视。如图 9-53（c），将屋脊和矮屋檐的投影沿 x 方向延伸与画面线 pp 交于 1_g 和 2_g 两点。自 1_g 和 2_g 作竖直线与基线 gg 相交于 1 和 2 两点，自 1 和 2 两点向上量取屋脊和矮屋檐的真实高度，得点 Ⅰ 和 Ⅱ，自点 Ⅰ 和 Ⅱ 向灭点 F_x 引直线，就可以求得屋脊和矮屋檐的透视。从而就可以完成整个房屋的透视。

如果图幅有限，灭点落到图幅以外，则在确定 $J°j°$、$K°k°$、$R°r°$ 等墙角线的高度时，可以用辅助灭点，作图方法参照上一节辅助灭点的应用。

【例 9-4】根据图 9-54 所示房屋平面图，求作其室内一点透视图。

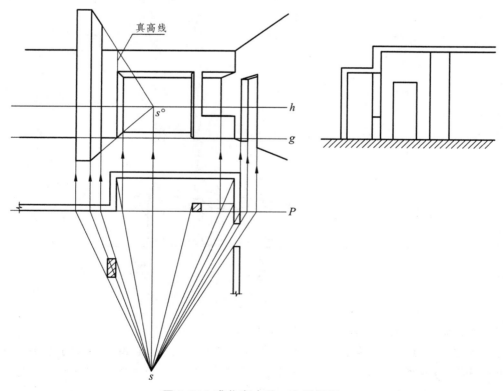

图 9-54　求作室内的一点透视图

　　作一点透视时应使建筑物的正面平行于画面，建筑物与画面平行的两个主向没有灭点，与画面垂直的主向灭点为心点 $s°$。作图过程如下：

　　（1）确定视点和画面。如图 9-54，选画面 pp 与正墙面重合。

　　（2）确定基线 gg 和视平线 hh，求出心点 $s°$。

　　（3）由于画面与正墙面重合，所以正墙面的透视反映实际形状。画面以前的墙柱门等建筑构配件比实际尺寸要大，画面以后的墙柱门等建筑构配件比实际尺寸要小。这些构配件的透视高度可利用画面上的真高线确定。其位置可从站点引直线，与画面线 pp 相交，从这些交点引竖直线确定。作图过程如图 9-54 所示。

第二篇　制图基础

第十章　制图基本知识

第一节　绘图工具和仪器的使用

工程制图中常用的绘图工具和仪器有：图板、丁字尺、圆规、分规、三角板、铅笔等。了解这些工具和仪器的性能，正确和熟练地掌握它们的使用方法，可以提高绘图效率、保证绘图质量。

一、铅笔

绘图铅笔的铅芯有不同的软硬度。铅笔上的标号"H"表示硬铅芯，常用 H 或 2H 铅笔画底稿线。标号"B"表示软铅芯，常用 B 或 2B 加深图线。HB 铅笔是一种软硬适中的铅笔，常用来写字。铅笔的削法如图 10-1 所示，画细线或写字用的铅笔削成锥形，画粗线用的铅笔削成鸭嘴形。

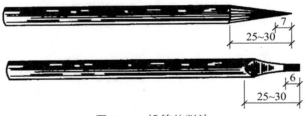

图 10-1　铅笔的削法

二、图板

图板是用来固定图纸和绘图的，板面为矩形，大小可根据图幅选定。板面用稍有弹性、平坦无节、不易变形的木材制成；四周用硬木镶边，各边要光滑平直，特别是左侧边，作为绘图时的导边一定要平直。

三、丁字尺

丁字尺主要用来画水平线及配合三角板画垂直线和斜线。丁字尺由尺头和尺身组成。绘图时，尺头应始终紧贴图板左导边，然后沿尺身的上边从左到右画水平线，如图 10-2 所示。

四、三角板

一副三角板有两块，主要用来画竖直线、互相垂直的直线、互相平行的斜线和特殊角度的直线等，一般和丁字尺配合使用，如图 10-3 所示。

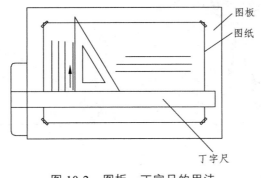

图 10-2　图板、丁字尺的用法

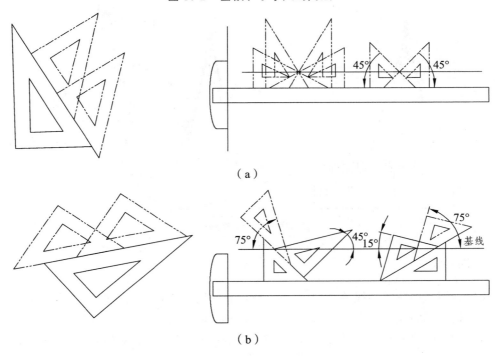

图 10-3　用三角板画线

五、圆规

圆规主要用来画圆和圆弧。普通圆规一肢为针脚，一肢为铅笔插脚，画大圆弧时可以用加长杆。用铅芯画圆弧时，铅芯磨成楔形，斜面朝外。铅芯硬度应比所画同类直线的铅笔软一号，以保证图线深浅一致。圆规用法如图 10-4 所示。

六、分规

分规用来测量直线距离、截取线段和等分线段，如图 10-5 所示。使用时注意分规两针脚的钢针尖要平齐。

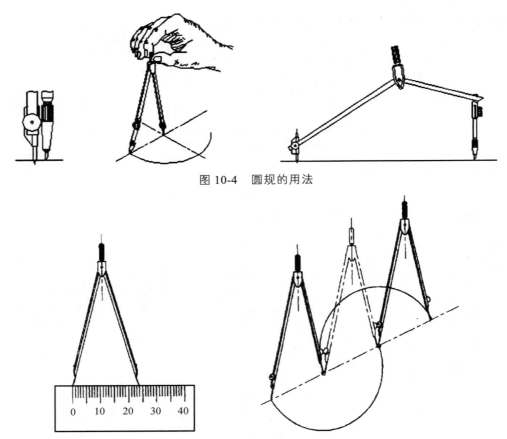

图 10-4　圆规的用法

图 10-5　分规的用法

七、曲线板

曲线板是用来画非圆曲线的，如图 10-6 所示。使用方法：先定出曲线上足够数量的点，用铅笔徒手轻连成曲线，再设法使曲线板上某段与曲线的一段重合（至少三个点），这样一段接一段画。相邻两段应有一小部分重合，这样绘制的曲线才光滑，具体画法如图 10-7 所示。

图 10-6　曲线板

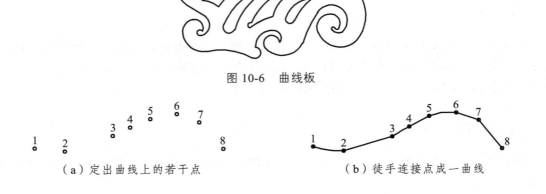

（a）定出曲线上的若干点　　　　　　　　（b）徒手连接点成一曲线

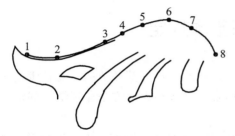 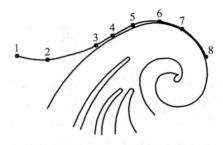

（c）选曲线板上一段至少与曲线上三点对齐画线　　　（d）继续画下一段直至完成曲线

图 10-7　曲线板的用法

八、擦图片

擦图片用于擦除图纸上多余或需要修改的部分，避免擦除有用部分。擦图片通常用金属或胶片制成，其形状如图 10-8 所示。

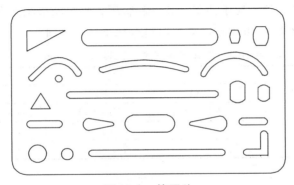

图 10-8　擦图片

九、绘图模板

目前，市场上已有多种供专业人员使用的专用模板，如建筑模板、水利模板、虚线板及画各种轴测图的轴测模板等。建议学生可参照图 10-9 自制模板，以供画图之用。

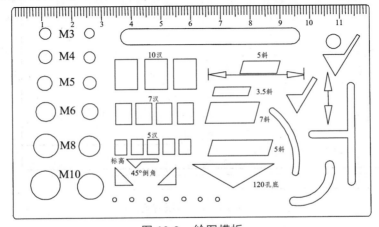

图 10-9　绘图模板

第二节　制图基本规定

工程图样是工程界的技术语言，是设计、施工、生产、管理等环节的重要技术资料。为了便于组织生产和进行技术交流，国家对图样的内容、格式和表达方法作了统一规定。每个从事工程技术工作的人都必须掌握并遵守。

本节主要介绍和讲述《房屋建筑制图统一标准》（GB 50001—2010）中的图纸幅面、格式、图线、字体、比例、尺寸标注等国家标准的部分内容。如有详细需要，可查阅相关国家标准。

一、图纸幅面和格式

图纸中应有标题栏、图框线、幅面线、装订边线和对中标志等。

1. 图纸幅面

图纸幅面简称图幅。为了便于使用、装订和管理，规定图纸幅面有五种基本尺寸，见表10-1。表中符号含义见图10-10所示。必要时可按规定加长幅面。

表 10-1　图纸基本幅面及图框尺寸（mm）

尺寸代号	幅面代号				
	A0	A1	A2	A3	A4
$b \times l$	841×1189	594×841	420×594	297×420	210×297
c	10			5	
a	25				

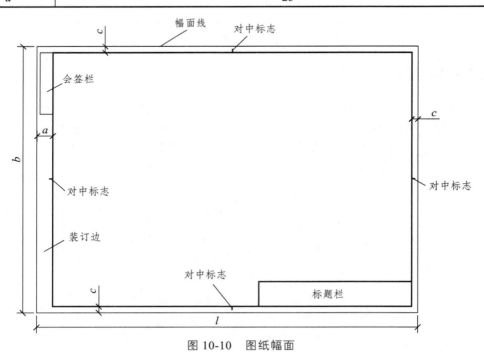

图 10-10　图纸幅面

一个工程设计中，每个专业所使用的图纸，不宜多于两种幅面，不含目录及表格所采用的 A4 幅面。

2. 图框格式

绘制图样时，在图纸上必须用粗实线画出图框。图纸以短边为垂直边的称为横式，一般 A0～A3 图纸宜横式使用，如图 10-11 所示。图纸以短边为水平边的称为立式，立式布置的图纸如图 10-12 所示。

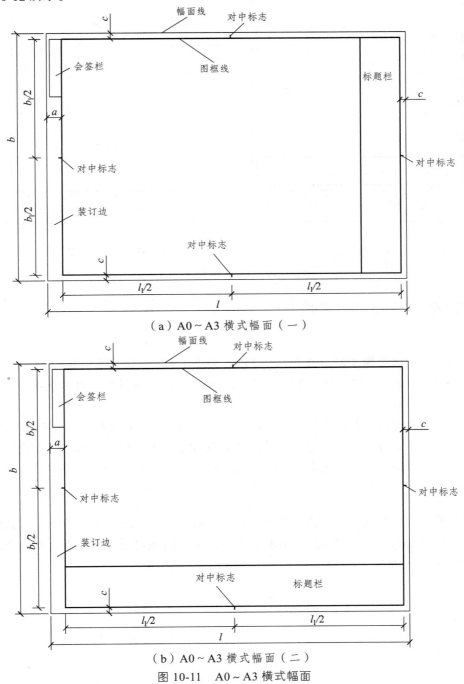

（a）A0～A3 横式幅面（一）

（b）A0～A3 横式幅面（二）

图 10-11　A0～A3 横式幅面

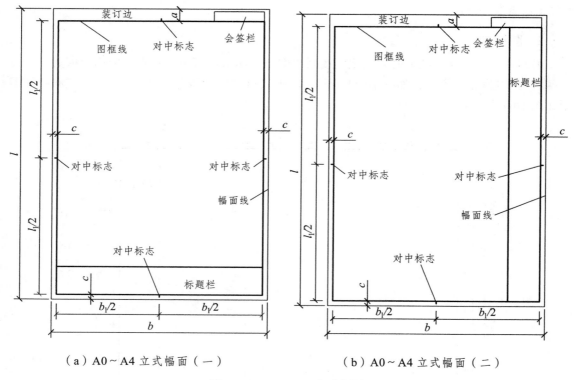

（a）A0～A4 立式幅面（一）   （b）A0～A4 立式幅面（二）

图 10-12　A0～A4 立式幅面

各号图纸都可横式或立式使用。

3．标题栏

每张图样中均应有标题栏，按图 10-13 所示，根据工程需要选择确定其尺寸、格式及分区。涉外工程的标题栏内，各项主要内容的中文下方应附有译文，设计单位的上方或左方应加"中华人民共和国"字样。

标题栏及装订边的位置应符合图 10-11 及图 10-12 的规定。标题栏中的文字应与读图方向一致，即在图样中标注尺寸、注写符号及作文字说明时的书写方向，均应以标题栏的方位为准，这样可便于读图。学生作业中可采用图 10-14 的格式。

4．对中符号

需要微缩复制的图纸，四个边上均附有对中标志。对中标志应画在图纸内框各边长的中点处，线宽 0.35 mm，应伸入内框边，在框外为 5 mm。对中标志的线段，于 l_1 和 b_1 范围取中。见图 10-11 和图 10-12。

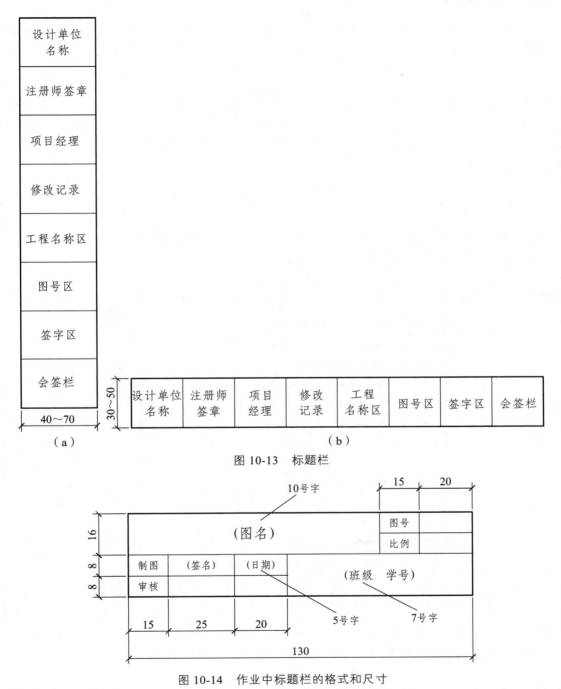

图 10-13　标题栏

图 10-14　作业中标题栏的格式和尺寸

二、图线

1. 图线的线型及线宽

　　图样中为了表示不同的内容且能分清主次，图线可用不同的线型及粗细来绘制。工程图样的线型有实线、虚线、点画线、折断线、波浪线等，每种线型有不同的线宽。

图线宽度 b（mm）宜从 1.4、1.0、0.7、0.5、0.35、0.25、0.18、0.13 线宽系列中选取，图线宽度不应小于 0.1 mm。每个图样应根据复杂程度与比例大小，先选定基本宽度 b，再选用表 10-2 中相应的线宽组。在同一张图纸内，相同比例的各图样，应选用相同的线宽组。

表 10-2　线宽组〔mm〕

线宽比	线宽组			
b	1.4	1.0	0.7	0.5
$0.7b$	1.0	0.7	0.5	0.35
$0.5b$	0.7	0.5	0.35	0.25
$0.25b$	0.35	0.25	0.18	0.13

注：1. 需要缩微的图纸，不宜采用 0.18 mm 及更细的线宽。
　　2. 同一张图纸内，各不同线宽中的细线，可统一采用较细的线宽组的细线。

绘制工程图样时应选用表 10-3 所示的图线。

表 10-3　图线

名称		线型	线宽	一般用途
实线	粗		b	主要可见轮廓线
	中粗		$0.7b$	可见轮廓线
	中		$0.5b$	可见轮廓线、尺寸线等
	细		$0.25b$	图例填充线等
虚线	粗		b	见各有关专业制图标准
	中粗		$0.7b$	不可见轮廓线
	中		$0.5b$	不可见轮廓线、图例线
	细		$0.25b$	图例填充线等
单点长画线	粗		b	见各有关专业制图标准
	中		$0.5b$	见各有关专业制图标准
	细		$0.25b$	中心线、对称线、轴线等
双点长画线	粗		b	见各有关专业制图标准
	中		$0.5b$	见各有关专业制图标准
	细		$0.25b$	假想轮廓线、成型前原始轮廓线
折断线	细		$0.25b$	断开界线
波浪线	细		$0.25b$	断开界线

图纸的图框和标题栏可采用表 10-4 所示的线宽。

表 10-4　图框线、标题栏线的宽度（mm）

幅面代号	图框线	标题栏外框线	标题栏分格线
A0、A1	b	$0.5b$	$0.25b$
A2、A3、A4	b	$0.7b$	$0.35b$

2. 图线的画法及要求

（1）相互平行的图例线，其净间隙或线中间隙不宜小于 0.2 mm。

（2）虚线、单点长画线或双点长画线的线段长度和间隙，宜各自相等。

（3）单点长画线或双点长画线，当在较小图形中绘制有困难时，可用细实线代替，见图10-15（a）所示。

（4）单点长画线或双点长画线的两端，不应是点。点画线与点画线交接点或点画线与其他图线交接时，应是线段交接，如图10-15（b）所示。

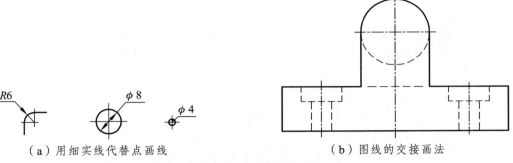

（a）用细实线代替点画线　　　　　　　　（b）图线的交接画法

图10-15　图线的画法

（5）虚线与虚线交接或虚线与其他图线交接时，应是线段交接。虚线为实线的延长线时，不得与实线相接，如图10-15（b）所示。

（6）图线不得与文字、数字或符号重叠、混淆，不可避免时，应首先保证文字的清晰，如图10-23所示。

三、字体

工程图样上常用的字体有汉字、数字或字母等。为了使图样整齐、美观、清楚、易认，所有的字体都必须做到：字体工整、笔画清楚、间隔均匀、排列整齐。

字体的大小按号数（即字体的高度，单位为 mm）可分为 2.5、3.5、5、7、10、14、20 共 7 种，如需要书写更大的字，其字体高度应按 $\sqrt{2}$ 的比率递增。

汉字应写成长仿宋体字，并应符合国家有关汉字简化方案的规定。汉字高度 h 不应小于 3.5 mm，其字宽一般为 $h/\sqrt{2}$，示例见图10-16（a）。

10号

排列整齐字体端正笔划清晰注意起落

7号

字体笔划基本上是横平竖直结构匀称写字前先画好格子

5号

阿拉伯数字拉丁字母罗马数字和汉子并列书写时它们的子高比汉子高小

3.5号

大学系专业班级绘制描图审核校对序号名称材料件数备注比例重共第张工程种类设计负责人平立

剖侧切截断面轴测示意主俯仰前后左右视向东西南北中心内外高低顶底长宽厚尺寸分厘毫米矩方

（a）长仿宋体字例

（b）数字、字母字例（示例为 B 型字体）

图 10-16　字体示例

字母和数字可写成斜体和直体。斜体字字头向右倾斜，与水平基准线成 75°，示例见图 10-16（b）。字母和数字字高不应小于 2.5 mm。

数量的数值注写，应采用正体阿拉伯数字。各种计量单位凡前面有量值的，均应采用国家颁布的单位符号注写。单位符号应采用正体字母。

四、比例

图样上的比例是指图样中图形与实际物体相应要素的线性尺寸之比。绘制图样时所用的比例应根据图样的用途与被绘对象的复杂程度，从表 10-5 中选用，并应优先选用表中常用比例。一般情况下，一个图样应选用一种比例，根据专业制图需要，同一图样可选用两种比例。

表 10-5　绘图所用的比例

常用比例	1:1、1:2、1:5、1:10、1:20、1:30、1:50、1:100、1:150、1:200、1:500、 1:1 000、1:2 000
可用比例	1:3、1:4、1:6、1:15、1:25、1:40、1:60、1:80、1:250、1:300、1:400、 1:600、1:5 000、1:10 000、1:20 000、1:50 000、1:100 000、1:200 000

标注比例时应注意：

（1）比例的符号为"："，比例应以阿拉伯数字表示，如 1:1，1:10。

（2）比例宜注写在图名的右侧，字的基准线应取水平，比例的字高宜比图名的字高小一号或二号，如图 10-17 所示。或标注在标题栏中的比例栏内。

平面图 1∶100　⑥ 1∶20

图 10-17　比例的注写形式

（3）一般情况下一个图样应选用一种比例。根据专业制图需要，同一图样可选用两种比例，如：

河流横剖面图　铅垂方向　1∶1 000
　　　　　　　水平方向　1∶2 000

（4）特殊情况下也可自选比例，这时除应注出绘图比例外，还必须在适当位置绘制出相应的比例尺。

五、尺寸标注

图样中要表示物体的实际大小及各部分的相对位置必须标注尺寸，所以尺寸是组成图样的重要部分。图样中的尺寸标注必须正确、完整、清晰、合理。

1. 尺寸标注的基本规定

尺寸标注由尺寸界线、尺寸线、尺寸起止符号和尺寸数字组成，如图 10-18 所示。

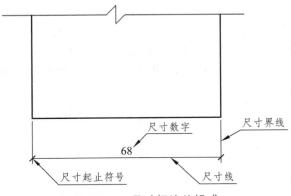

图 10-18　尺寸标注的组成

（1）尺寸界线。

尺寸界线应用细实线绘制，一般与被注长度垂直，其一端应离开图样轮廓线不应小于 2 mm，另一端宜超出尺寸线 2~3 mm，并应由图形的轮廓线、轴线或对称中心线处引出，也可用这些线代替，如图 10-19（a）所示。

尺寸界线一般应与尺寸线垂直，必要时才允许倾斜，如图 10-19（b）所示；角度的尺寸界线应沿径向引出，如图 10-19（c）所示。

（2）尺寸线。

尺寸线应用细实线绘制，应与被注长度平行，图样本身的任何图线均不得用作尺寸线。

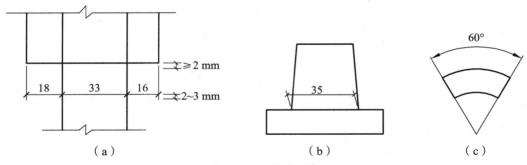

图 10-19　尺寸界线

（3）尺寸起止符。

尺寸起止符号一般用中粗斜短线绘制，如图 10-20（a）所示；其倾斜方向应与尺寸界线成顺时针 45°角，长度宜为 2 ~ 3 mm。半径、直径、角度与弧长的尺寸起止符号宜用箭头表示，如图 10-20（b）所示。

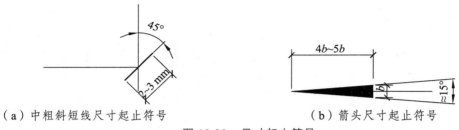

（a）中粗斜短线尺寸起止符号　　　　　（b）箭头尺寸起止符号

图 10-20　尺寸起止符号

（4）尺寸数字。

尺寸数字是指物体的实际大小，与绘图的比例无关。工程图样上的线性尺寸单位，除标高及总平面图以米（m）为单位外，其余均以毫米（mm）为单位。如采用其他单位，则必须注明。

尺寸数字的方向，应按图 10-21（a）的规定注写。若尺寸数字在 30°角斜线区内，宜按图 10-21（b）、（c）的形式注写。

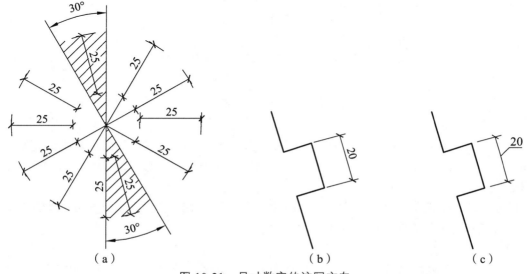

图 10-21　尺寸数字的注写方向

尺寸数字一般应依据其方向注写在靠近尺寸线的上方中部。如没有足够的注写位置，最外边的尺寸数字可注写在尺寸界线的外侧，中间相邻的尺寸数字可错开注写，如图 10-22 所示。

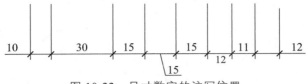

图 10-22　尺寸数字的注写位置

2. 尺寸的排列与布置

尺寸宜标注在图样轮廓线以外，不宜与图线、文字及符号等相交，如图 10-23 所示。

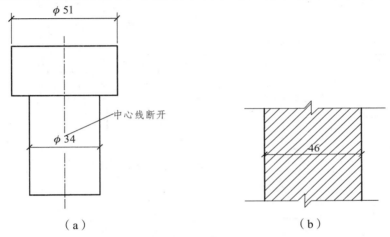

图 10-23　尺寸数字的注写

互相平行的尺寸线，应从被注写的图样轮廓线由近向远整齐排列，较小尺寸应离轮廓线较近，较大尺寸离轮廓线较远，如图 10-24 所示。

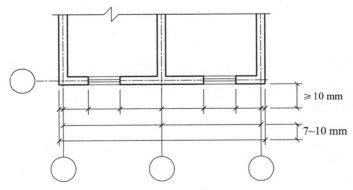

图 10-24　尺寸的排列

图样轮廓线以外的尺寸线，距离最外轮廓线之间的距离，不宜小于 10 mm。平行排列的尺寸线的间距，宜为 7～10 mm，并应保持一致，如图 10-24 所示。

3. 半径、直径、球径的尺寸标注

当圆弧小于等于半圆时，标注半径。半径的尺寸线应一端从圆心开始，另一端画箭头指

向圆弧。半径数字前加注半径符号 "R"（图 10-25）。较小的圆弧半径按图 10-26 所示标注。较大的圆弧半径，按图 10-27 所示标注。

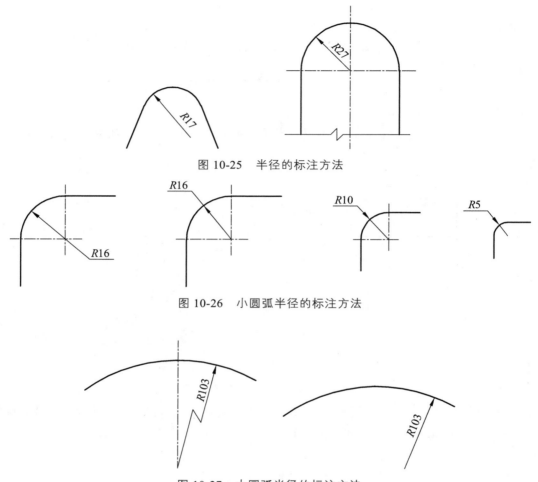

图 10-25　半径的标注方法

图 10-26　小圆弧半径的标注方法

图 10-27　大圆弧半径的标注方法

当圆弧大于半圆时，标注直径。标注直径尺寸时，直径数字前应加直径符号 "ϕ"。在圆内标注的尺寸线应通过圆心，两端画箭头指至圆弧，如图 10-28 所示。较小圆的直径尺寸，可标注在圆外，如图 10-29 所示。

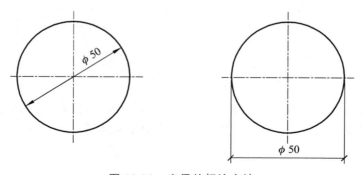

图 10-28　直径的标注方法

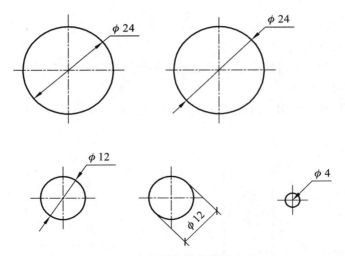

图 10-29　小圆直径的标注方法

标注球的半径尺寸时，应在尺寸数字前加注符号"SR"。标注球的直径尺寸时，应在尺寸数字前加注符号"Sφ"。其注写方法与圆弧半径、直径的尺寸标注方法相同，如图 10-30 所示。

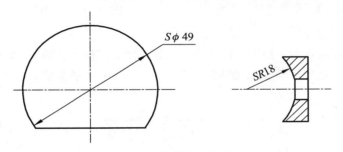

图 10-30　球面的标注方法

4. 角度、弧长、弦长的尺寸标注

角度的尺寸线应以圆弧表示。该圆弧的圆心应是该角的顶点，角的两条边为尺寸界线。起止符号以箭头表示，如没有足够位置画箭头，可用圆点代替，角度数字应沿尺寸线方向注写，如图 10-31 所示。

标注圆弧的弧长时，尺寸线应以与该圆弧同心的圆弧线表示，尺寸界线应指向圆心，起止符号用箭头表示，弧长数字上方应加注圆弧符号"⌒"，如图 10-32 所示。

标注圆弧的弦长时，尺寸线应以平行于该弦的直线表示，尺寸界线应垂直于该弦，起止符号用中粗短线表示，如图 10-33 所示。

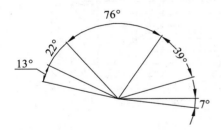

图 10-31　角度的标注方法

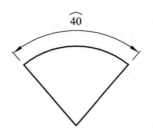

图 10-32　弧长的标注方法图

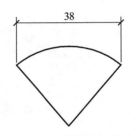

图 10-33　弦长的标注方法

5. 其他尺寸标注

（1）薄板厚度尺寸标注。

在薄板板面标注板厚尺寸时，应在厚度数字前加厚度符号"t"，如图 10-34 所示。

（2）正方形的尺寸标注。

标注正方形的尺寸，可用"边长×边长"的形式，也可在边长数字前加正方形符号"□"，如图 10-35 所示。

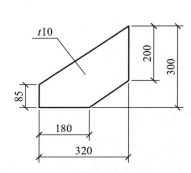

图 10-34　薄板厚度的标注方法

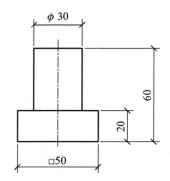

图 10-35　正方形尺寸的标注方法

（3）坡度的尺寸标注。

标注坡度时，可用直角三角形、百分比、比数三种形式标注，如图 10-36 所示。用百分数和比数表示坡度时，数字下面要加画单面箭头符号"　"，箭头应指向下坡方向。

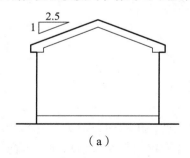

（a）

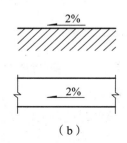

（b）

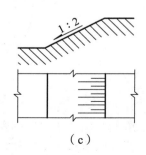

（c）

图 10-36　坡度的标注方法

（4）非圆曲线的尺寸标注。

较简单的非圆曲线，可用坐标形式标注；较复杂的非圆曲线，可用网格形式标注，如图 10-37 所示。

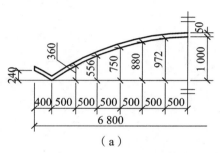

（a）

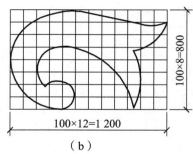

（b）

图 10-37　非圆曲线的标注方法

（5）尺寸的简化标注。

杆件或管线的长度，在单线图（桁架简图、钢筋简图、管线简图）上，可直接将尺寸数字沿杆件或管线的一侧注写，如图 10-38 所示。

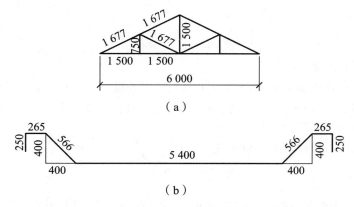

（a）

（b）

图 10-38 单线图尺寸标注方法

连续排列的等长尺寸，可用"等长尺寸×个数=总长"的形式标注，如图 10-39 所示。

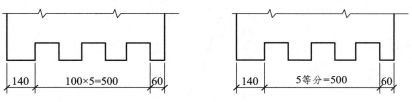

图 10-39 等长尺寸标注方法

构配件内的构造因素（如孔、槽等）如相同，可仅标注其中一个要素的尺寸，如图 10-40 所示。

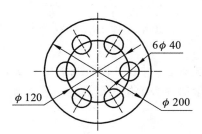

图 10-40 相同要素尺寸标注方法

第三节 几何作图

一、基本作图

（一）等分线段及分线段成定比

【例 10-1】如图 10-41 所示，将已知线段 ab 分为五等份。

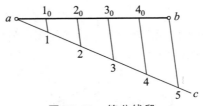

图 10-41　等分线段

【作图】如图 10-41 所示。

（1）过 a 作任意直线 ac，用分规在其上截取适当长度的五等份，得 1、2、3、4、5 点。

（2）连接 5 和 b 点，再过 1、2、3、4 点作线 5b 的平行线，交 ab 线于 1_0、2_0、3_0、4_0 各点，这些点即为所求的五等分点。

用同样的方法可求得按比例等分的线段。

（二）作斜度线

【例 10-2】如图 10-42 所示，已知直线 ab，过 b 点向左上方作斜度为 5：2 的线。

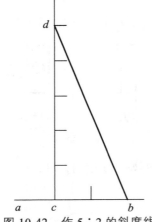

图 10-42　作 5：2 的斜度线

【作图】如图 10-42 所示。

（1）自 b 向左量取 2 单位长得 c，并过 c 作直线垂直于 ab。

（2）在垂直线上自 c 点起量取 5 个单位长得 d 点，连接 b、d，则 bd 为所求的斜线。

（三）切线的画法

【例 10-3】如图 10-43 所示，已知圆 O 及圆外一点 a，作出过 a 的圆 O 的切线。

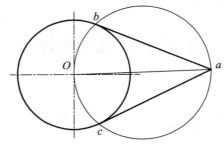

图 10-43　作圆的切线

【作图】如图 10-43 所示。

（1）连接 *Oa*，以 *Oa* 为直径作圆，与圆相交于 *b*、*c*，此两点即为切点。

（2）连接 *ab*、*ac*，即为所求的切线。

（四）圆的内接正多边形的画法

圆的内接正三角形、正四边形、正六边形可直接利用三角板或圆规作出。图 10-44 为内接正六边形的作法示例。

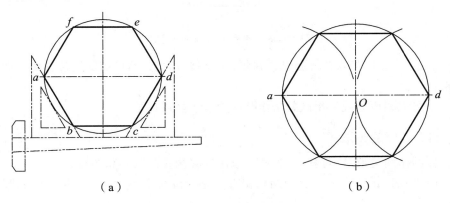

（a） （b）

图 10-44　作圆的内接正六边形

圆的内接正五边形作法如图 10-45 所示。

【例 10-4】已知圆 *O*，作出其内接正五边形。

【作图】如图 10-45 所示。

（1）平分半径 *Od*，得中点 1。

（2）以 1 为圆心，1*a* 为半径画圆弧与 *bO* 交于点 2，*a*2 即为正五边形的边长。

（3）从 *a* 点起，以 *a*2 为半径顺次在圆周上截取各等分点，依次连接相邻的等分点，所得的图形即为圆的内接正五边形。

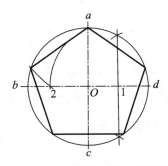

图 10-45　作圆的内接正五边形

圆的内接正多边形有一种通用近似画法，这里以正七边形为例介绍如下。

【例 10-5】已知圆 *O*，作出其内接正七边形。

【作图】如图 10-46 所示。

（1）先将圆的直径 *ab* 作七等分。

（2）以 *b* 为圆心，以 *ab* 为半径画弧交圆的水平中心线于 *c*、*d*。

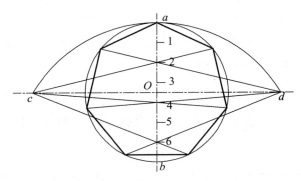

图 10-46　作圆的内接正七边形

（3）分别过 c、d 连接双数等分点，并延长与圆周相交，然后依次连接各交点即为圆的内接正七边形。

另外，也可以利用分规采用试分法作圆的内接正多边形。

（五）圆弧连接的画法

圆弧连接的作图关键是根据已知条件，求出连接圆弧的圆心和切点。

【例 10-6】如图 10-47 所示，已知两相交直线 ab、bc 及长度 R，用半径为 R 的圆弧光滑连接 ab、bc。

【作图】如图 10-47 所示。

（1）分别作与 ab、bc 相距为 R 的平行线，相交得 O 点，此点即为连接圆弧的圆心。

（2）过 O 点作 ab、bc 的垂线，垂足为 e、f，此两点即为连接圆弧与直线的切点，也是圆弧的起止点。

（3）以 O 为圆心，R 为半径，作圆弧 ef，即为所求的连接圆弧。

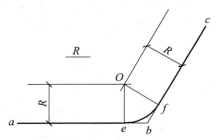

图 10-47　用圆弧连接两相交直线

【例 10-7】如图 10-48 所示，已知半径为 R_1、R_2 的圆 O_1、O_2，用半径为 R 的圆弧内切连接圆 O_1、O_2。

【作图】如图 10-48 所示。

（1）分别以 O_1 为圆心、R-R_1 为半径画弧，以 O_2 为圆心，R-R_2 为半径画弧，两弧相交于 O 点，此点即为连接圆弧的圆心；

（2）分别连接 OO_1 及 OO_2，并延长，与圆 O_1、圆 O_2 交于 a、b，此两点即为连接圆弧与圆的切点，也是圆弧的起止点。

（3）以 O 为圆心，R 为半径，作圆弧 ab，即为所求的连接圆弧。

已知半径为 R_1、R_2 的圆 O_1、O_2，用半径为 R 的圆弧外切连接圆 O_1、O_2。作图方法同上，只是把步骤中的 $R-R_1$、$R-R_2$ 改为 $R+R_1$、$R+R_2$ 即可，如图 10-49 所示。

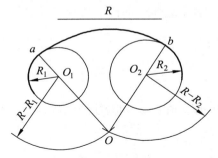

图 10-48　用圆弧内切连接两圆

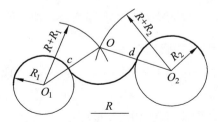

图 10-49　用圆弧外切连接两圆

（六）椭圆的画法

椭圆的画法有多种，这里仅介绍常用的四心圆法和同心圆法。

【例 10-8】如图 10-50 所示，已知椭圆长轴 ab、短轴 cd 及中心 O，用四心圆法作近似椭圆。

【作图】如图 10-50 所示：

（1）连接 ac，在短轴的延长线上量取 $Oe=Oa$，在 ac 上量取 $cf=ce$。

（2）作 af 的垂直平分线，交长轴于 O_1、短轴于 O_2，定出其对称点 O_3、O_4。

（3）分别以 O_1、O_3 和 O_2、O_4 为圆心，以 O_1a、O_3b 和 O_2c、O_4d 为半径作圆弧 2—1、4—3、1—4、3—2，则所画出的图形即为所求的近似椭圆。

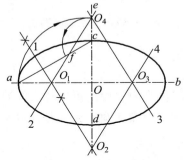

图 10-50　四心法作椭圆

【例 10-9】如图 10-51 所示，已知椭圆长轴 ab、短轴 cd 及中心 O，用同心圆法作椭圆。

【作图】如图 10-51 所示。

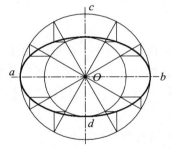

图 10-51　同心法作椭圆

（1）以 O 为圆心，分别以长、短轴为直径作圆。

（2）由 O 点作径向线与大圆、小圆相交。

（3）过与大圆的交点作线平行于短轴，过与小圆的交点作线平行于长轴，两线的交点即为椭圆上的点。

（4）用曲线板光滑连接各点，即为椭圆。

（七）抛物线的画法

【例 10-10】如图 10-52 所示，已知抛物线的轴 aO、顶点 a 和抛物线上的点 c，求作抛物线。

【作图】如图 10-52 所示。

（1）作矩形 $abcO$，并将 ab 及 bc 作相同数量的等分和编号。

（2）将 bc 上各点与 a 点相连，过 ab 上各点作与 aO 平行的直线，各对应线的交点为抛物线上的点。

（3）用曲线板依次连接各交点所得的图形，即为所求的抛物线。

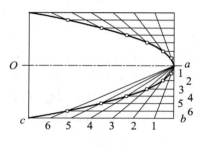

图 10-52　抛物线的画法

二、平面图形分析

为了正确地绘制平面图形，首先要对平面图形中各线段的有关尺寸或连接关系进行分析，通过确定线段性质，明确作图步骤，才能准确、迅速地绘制平面图形。

1. 平面图形中尺寸的种类和作用

平面图形中的尺寸按其作用可分为：

（1）定形尺寸：确定图形中各部分形状和大小的尺寸，如图 10-53 所示 80、50、$R16$、$\phi16$。

（2）定位尺寸：确定图形中各线段相对位置的尺寸，如图 10-53 所示 46、34。

2. 绘制图形步骤分析

（1）确定作图基准线：从水平和垂直两个方向确定作图基准线。

（2）分析各线段性质：先画已知线段，即定形尺寸和定位尺寸均齐全的图线；再画中间线段，即有定形尺寸，定位尺寸不全的图线；最后画出连接线段，即只有定形尺寸，没有定位尺寸的图线。

【例 10-11】分析图 10-54 所示图形的作图步骤。

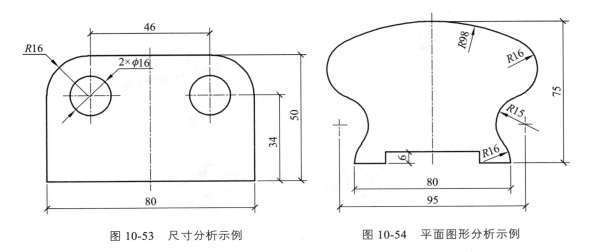

图 10-53　尺寸分析示例　　　　　图 10-54　平面图形分析示例

【分析】

（1）选作图基准线：水平基线可选在图形最下水平线的位置，垂直基线选在左右图形的对称线上。

（2）确定已知线段：此图下部的直线段均为已知线段，可根据已知尺寸从基准线直接画出。

（3）画中间线段：半径为 98 的圆弧圆心在对称线上，圆弧通过最高点，可确定其圆心位置，只是不能确定圆弧的起止点；下部半径为 16 的圆弧，圆心已知，知道一个端点，不能确定另一端点；半径为 15 的圆弧，对称圆心间水平距离 95，与下部半径为 16 的圆弧外切。

（4）分析连接圆弧：上部半径为 16 的圆弧，圆心、端点位置均不确定，与半径为 98 的圆弧内切，与半径为 15 的圆弧外切，属连接圆弧，按圆弧连接的画法可作出。

注：此图中半径为 98，半径为 15 的圆弧的端点的确定有赖于上部半径为 16 的连接圆弧的圆心的位置，所以可以先通过几何关系确定连接圆弧的圆心，找出端点，再画出各段圆弧。

第四节　绘图的一般方法和步骤

一、徒手图

工程技术人员在设计初期及室外参观交流时，常用徒手图进行记录和交流，因此，徒手图是工程技术人员必须学习和掌握的基本技能。

徒手图的特点是图纸不固定，根据目测物体的形状大小比例，按照投影关系徒手绘制。图形要尽量符合规定，做到直线尽量平直、曲线尽量光滑、粗细有别。图形要完整清晰，各部分比例要恰当。绘图时一般用 HB 铅笔。

画直线时，眼睛始终注视着画线的终点，轻轻移动手腕和手臂，使笔尖朝着线段终点方向作近似的直线运动，如图 10-55 所示。

（a）移动手腕自左向右画水平线　　　　（b）移动手腕自上向下画垂直线

（c）倾斜线的两种画法

图 10-55　徒手画直线

画大圆时，应先画出中心线，定出若干点，再依次连接。画小圆时，可先画出中心线及外切正方形，用圆弧连接各切点。画圆角时先画出 1/4 外切正方形，然后用圆弧连接两切点，如图 10-56 所示。

    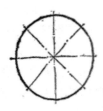

图 10-56　徒手画圆

画椭圆时，可先定共轭直径，画出外切平行四边形或先画出长短轴及外切长方形，如图 10-57 所示。

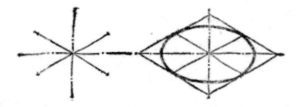  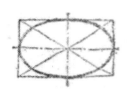

图 10-57　徒手画椭圆

二、仪器绘图

仪器制图可以提高绘图的准确性和效率。首先必须正确合理地使用各种绘图仪器和工具，同时还必须掌握绘图的方法和步骤。

1. 绘图前的准备工作

（1）阅读有关文件、资料，了解所要绘制图样的内容和要求。

（2）准备好绘图仪器和工具，把图板、三角板、丁字尺等擦干净，铅笔和圆规铅芯削好，各种工具放在固定位置上。

（3）按所绘图形复杂程度及比例确定图幅。

（4）把选定图幅的图纸四角固定在图板上，图纸应用胶带固定在图板的左下角。固定时图纸边应与丁字尺的上边平行，并且使图纸下边与图板下边缘至少留有一个丁字尺尺身的距离，以保证画线时丁字尺不晃动，如图 10-58 所示。

2. 画图幅、图框和标题栏格线

图幅、图框和标题栏格线的绘制如图 10-59 所示。

图 10-58　将图纸固定在图板上

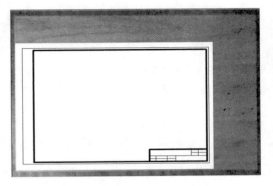

图 10-59　画图幅线、图框线、标题栏格线

3. 布图

根据每个图形的大小，确定每个图形在图纸上合适的位置，画出作图基准线。现以三面投影图为例，介绍概略计算布图法，可供其他图形布图参考，如图 10-60 所示。

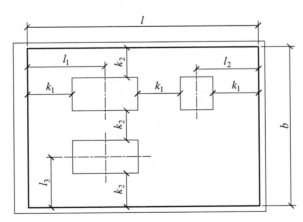

图 10-60　布图基准线

$k_1 =$（图框长度 l – 图形总长 – 图形总宽）/3

$k_2 =$（图框宽度 b – 图形总高 – 图形总宽）/3

$l_1 = k_1 +$ 总长 /2

$l_2 = k_1 +$ 总宽 /2

$l_3=k_2+$总宽$/2$

根据 l_1、l_2、l_3 值可定出图形对称线的位置。

4. 画底稿

用 H 或 2H 的铅笔轻轻画出底稿图形，图线要画得细而浅。注意：

（1）先画作图基准线，再依次画已知线段、中间线段、连接线段。

（2）画各图形的主要轮廓线，再画细节（如孔、槽、圆角等），并完成图形底稿。

（3）画尺寸界线和尺寸线。图中的尺寸数字和说明在画底稿时可以不注写，待以后铅笔加深时直接注写，但必须在底稿上用轻、淡的细线画出注写的数字的字高线和汉字的格子线。

5. 检查并擦去多余作图线

6. 加深

用 2B 或 B 的铅笔加深粗实线，用 HB 铅笔加深细线，圆规铅芯可选用比同类线深一级的铅芯。加深宜先左后右、先上后下、先曲后直、先细后粗，分批进行。

7. 注写文本

注写尺寸数字、填写标题栏及其他文字。

8. 复核

复核已完成的图纸，发现错误，应立即改正。

第十一章　组合体

工程建筑物从形体分析的角度来看，一般都可以看作由一些简单的基本几何体组合而成。由这些简单的基本几何体按一定的方式组合而成的形体称为组合体。

第一节　组合体三面投影图的画法

一、组合体的组成方式及其表面交线的分析

（一）组合体的组成方式

组合体按其组合方式可分为叠加、切割和综合三种。如图 11-1（a）所示的台阶，可以看作由三个四棱柱叠加而成；如图 11-1（b）所示的桥台基础，可以看作由四棱柱切割三个四棱柱而成；如图 11-1（c）所示的涵洞口，可以看作由三个四棱柱叠加然后又进行相应的切割而成。

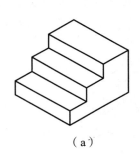 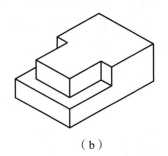 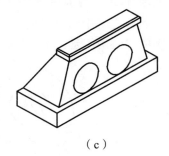

（a）　　　　　　　　　　（b）　　　　　　　　　　（c）

图 11-1　组合体组合方式

（二）组合体的表面交线分析

组成组合体的各个基本体，其表面结合成不同的情形，分清它们的结合关系，才能避免画图过程中多画线或少画线的问题。

组合体表面结合处的关系，可分为平齐、相切、相交三种。

（1）表面平齐：如图 11-2 所示，由三个四棱柱叠加而成的台阶，前端面和后端面结合处的两表面平齐没有交线，在正立面图中不应画出分界线。

（2）表面相切：当组合体两表面相切时，在相切处不画线，如图 11-3 所示的平面与圆柱面相切，其切线的投影不画。

（3）表面相交：当组合体两表面相交时，在相交处必须画出交线。如图 11-4 所示的四棱柱前表面与圆柱面相交，其交线的投影必须画出。

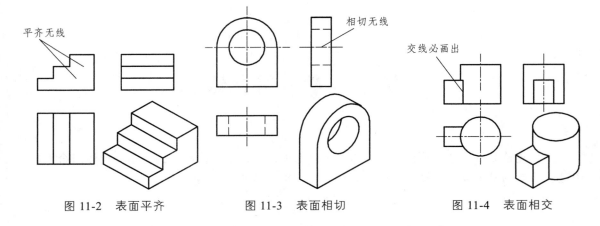

图 11-2　表面平齐　　　　图 11-3　表面相切　　　　图 11-4　表面相交

二、组合体三面投影图的画法

画组合体投影图时，一般应按步骤进行：形体分析；确定安放位置；确定投影数量；画投影图；标注尺寸；复核，完成全图。

（一）形体分析

所谓形体分析，就是假想将组合体分解成几个基本体，分析它们的形状、相对位置和组合方式。

如图 11-5（a）所示组合体，可以把它分解成图 11-5（b）所示的基本体：底板是一个长方体；底板之上中间靠后的部分是一长方体和一半圆柱叠加，其中上方挖切一圆柱通孔；底板之上的左右两侧是两个三棱柱；底板之上立板之前是又一个三棱柱。

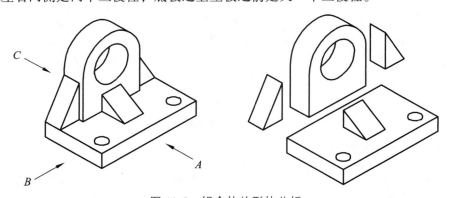

图 11-5　组合体的形体分析

（二）确定安放位置

确定安放位置，就是考虑如何将组合体摆放在三投影面体系中。在用投影图表达组合体的形状时，组合体的安放位置对其形状特征的表达和图样的清晰程度等有着明显的影响。因此，在确定组合体的安放位置时，应考虑以下几点：

（1）必须使组合体处于正常的工作位置。

（2）正面投影最能反映组合体的形状特征。因为无论是画图还是读图一般先从正面投影入手，正面投影在多面投影图中处于主要地位。

（3）应使组合体的主要面与相应投影面平行，以方便画图。

（4）尽可能减少组合体各投影中虚线的投影，以使图样清晰，方便读图。

（5）应使组合体较长的面平行于 V 投影面，以合理利用图纸。

由于组合体的形状千变万化，上述几点很难同时照顾到，这时就要权衡利弊，以组合体形状表达清晰为原则。

下面以图 11-5（a）所示组合体为例，说明该组合体的安放位置。

首先将该组合体摆放成正常的工作位置即底板平放，并使该组合体的主要面平行于相应投影面，再考虑把哪个方向投射得到的投影作为最能反映形状特征的正面投影。如图 11-5 和图 11-6 所示，A 或 C 方向的投影均能较多地反映该组合体的形状特征，但 C 方向投影增加了许多虚线，故 C 方向不可取。而 B 方向投影虽也能反映该组合体的部分形状特征，但底板较长的面与 V 投影面不平行。综合以上分析，选 A 方向的投影作为正面投影最佳，这样便确定了该组合体的安放位置。

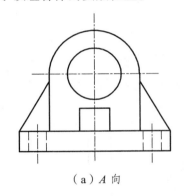 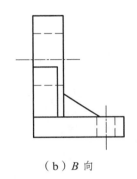 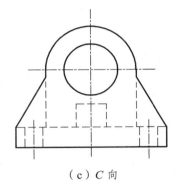

（a）A 向　　　　　　　　（b）B 向　　　　　　　　（c）C 向

图 11-6　V 面投影方向的选择

（三）确定投影数量

对于组合体，考虑到便于读图和标注尺寸，一般常用三面投影图表示其形状。

（四）画投影图

确定了画哪几个投影图后，即可开始画投影图。画图步骤如下：

（1）根据组合体的大小和投影图的复杂程度以及标注尺寸所占的平面位置选择图幅和比例。

（2）布置投影图。

先画图框和标题栏，在图框的范围内安排 3 个投影图的位置。安排时，一般应先画各投影图的基准线，投影图对称的以对称线为基准，投影图不对称的以某个底面（或端面）的积聚投影为基准。同时要考虑留出标注尺寸的位置。为了事先观察布图是否匀称，可再根据组合体的总长、总宽和总高画出各投影图的外包长方形。

（3）画投影图底稿。

用轻而细的线画出各投影图的底稿。一般按形体分析法逐一画出每一部分的各个投影。在画某一部分时，先画反映形状特征的投影，再根据投影关系画出其他的投影。

（4）经检查无误后，按规定加深图线。

（5）标注尺寸。

（五）复核，完成全图

图 11-7 是画图 11-5 所示组合体的投影图的步骤。

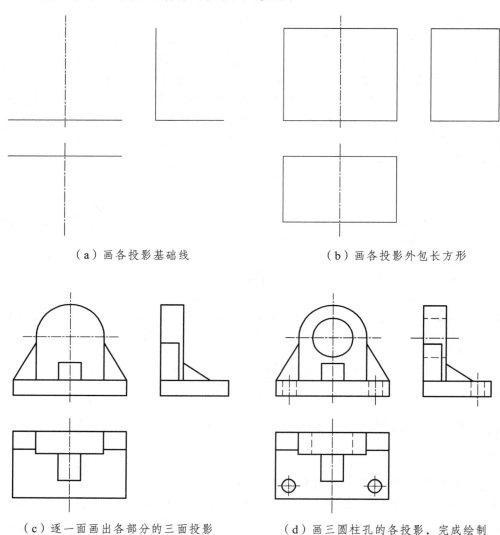

（a）画各投影基础线　　　　　　　　　　（b）画各投影外包长方形

（c）逐一面画出各部分的三面投影　　　　（d）画三圆柱孔的各投影，完成绘制

图 11-7　画组合体的投影图的步骤

第二节　组合体的尺寸标注

　　组合体的三面投影图只是表达它的形状，它的大小和各部分的相对位置则必须由图上标注的尺寸来确定。因此，正确地在投影图中标注尺寸尤为重要。

一、标注尺寸的基本要求

标注尺寸的基本要求是：正确、完整和清晰。

"正确"是指标注尺寸应遵守有关制图标准的各种规定。

"完整"是指标注的尺寸要能完全确定出物体的大小和各部分的相对位置。

"清晰"是指标注的尺寸位置要合理，安排要清晰。

二、组合体应注的尺寸

在组合体投影图中如果能标注出各基本几何体的大小以及它们之间的相对位置尺寸，那么这个组合体的大小即可完全确定。因此，在标注组合体的尺寸时，应在对组合体进行形体分析的基础上标注以下三种尺寸：

1. 定形尺寸

确定各基本几何体大小的尺寸称为定形尺寸。任何物体都有长、宽、高三个方向的大小，因此，一般情况下在标注基本几何体的定形尺寸时，应标注出这三个方向的尺寸，图 11-8 所示为常见的几种基本几何体定形尺寸的注法，图 11-9 为被切基本几何体的尺寸注法。

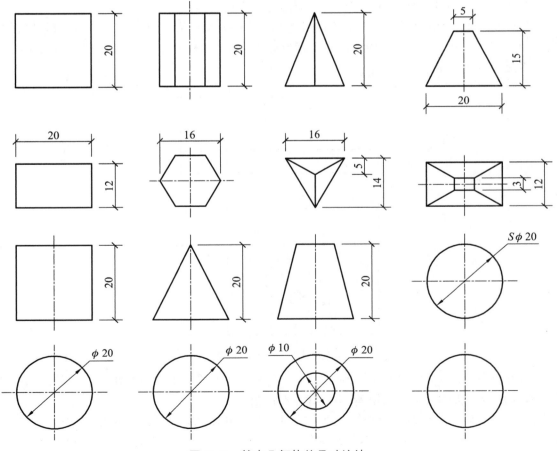

图 11-8　基本几何体的尺寸注法

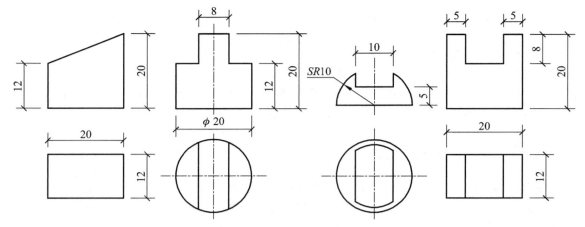

图 11-9　被切基本几何体的尺寸注法

2. 定位尺寸

确定各基本几何体之间的相对位置的尺寸称为定位尺寸。

标注定位尺寸前，首先确定尺寸基准，即定位尺寸的计量点，有左右、前后、上下三个方向的尺寸基准。

基准的选择一般以对称面、底面、端面作为尺寸基准。

如图 11-10 所示的组合体，左右方向可选择底板的右端面为基准，前后方向可选择底板的后端面为基准，上下方向可选择底板的底面为基准。那么圆柱的左右、前后位置可分别用 20、12 来确定，上下不需要定位。

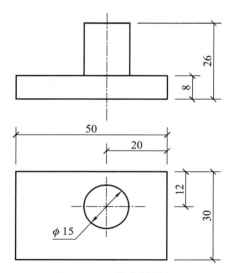

图 11-10　基准的选择

对称分布的两个相同的基本几何体，应以对称线为基准，通常只注出它们间的距离。如图 11-11 所示底板的两圆柱孔用 44 确定其左右位置。

当两基本体的对称线（或轴线）重合或对齐时，其在该方向的定位尺寸省略标注。如图 11-11 所示，底板的左右对称线与梯形板的左右对称线重合，其左右定位尺寸就可省略。

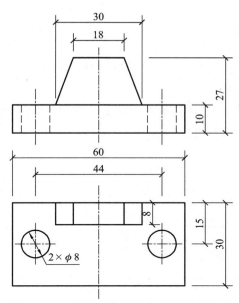

图 11-11　对称分布的基本体的定位尺寸

　　当两基本体面面平齐时，与该组合面垂直方向的定位尺寸也省略标注。如图 11-11 所示梯形板与底板后表面平齐，该两基本体的前后定位尺寸就可省略。

　　当两基本体在某一方向上叠加时，其在该方向的定位尺寸省略标注。如图 11-11 所示梯形板与底板上下叠加，其上下方向的定位尺寸就可省略。

　　3. 总体尺寸

　　表示组合体总体大小的尺寸即总长、总高和总高，称为总体尺寸。

　　如图 11-12 中组合体的总高和总宽分别为 32 和 30（30 可不必重复标注，与 $R15$ 重复），总长为长方体的长度 40 与圆柱的半径 15 之和 55，但由于尺寸不应标注到圆柱的外形素线处，故本例的总长尺寸不应标注。

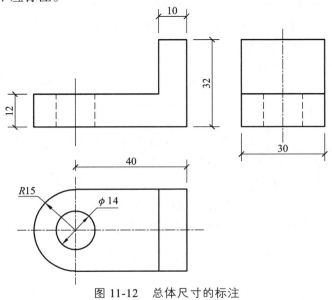

图 11-12　总体尺寸的标注

三、尺寸标注的位置

尺寸标注数量不仅要完整，而且位置要清晰，使看图者一目了然。因此，一般要求按以下原则来确定尺寸注写的位置：

（1）尺寸尽可能标注在反映形体特征的视图上。如图 11-13 中梯形槽的尺寸 30 和 20 最好注在反映其形状特征的正立面图上。

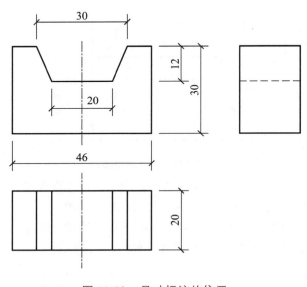

图 11-13　尺寸标注的位置

（2）与两个视图都有关的尺寸，尽可能标注在两视图之间，且集中在一个视图上。如图 11-13 中正立面图和左侧立面图及正立面图和平面图之间的尺寸。

（3）尺寸布置应整齐、美观，以使图面清晰。一般应把尺寸标注在图形轮廓线之外，个别的小尺寸可标注在图形内部，如图 11-12 中的直径 $\phi14$。同方向的尺寸应尽可能成行或成列，尺寸线间隔应相等，为 7 ~ 10 mm。

（4）尽量避免将尺寸标注在虚线上。如图 11-13 中槽深 12 就不要标注在左侧立面图上。

四、组合体的尺寸标注步骤

下面以图 11-14 所示的组合体为例，说明标注尺寸的方法。
（1）将组合体用形体分析法分解成若干个基本几何体。
（2）标注每个基本几何体的定形尺寸。
（3）选择基准，标注基本几何体相互间的定位尺寸。
（4）标注组合体的总体尺寸并进行适当的尺寸调整。

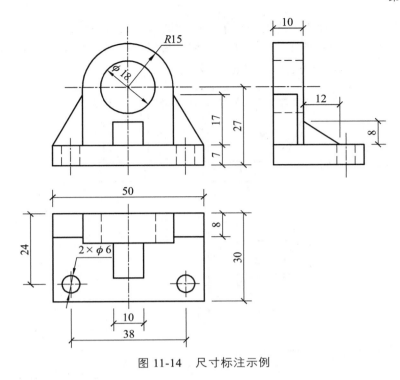

图 11-14 尺寸标注示例

第三节 组合体投影图的阅读

　　画图是用正投影法画出空间形体的三面投影图，而读图是根据投影图想象出空间形体的形状。画图是读图的基础，读图则是画图的逆过程。要做到迅速、正确地读懂投影图，必须掌握读图的基本方法，并要多画多读，才能不断提高自己的读图能力。

一、读图的基本方法

1. 形体分析法

　　由于组合体是由基本几何体组合而成的，在画组合体投影图时，首先进行形体分析，再逐一画出各组成部分的投影图。因此，在读组合体的投影图时，也应从形体分析法出发，即根据投影图上反映的投影特征，把该投影图划分成几个部分，分析出每一部分所表示的空间形状，然后按照它们的相互位置关系，综合想象出该组合体的整体形状。

　　【例 11-1】根据图 11-15 所示桥台（台顶未画）的三面投影图，想象该桥台的形状。

　　【分析】由图 11-15 的正面投影和侧面投影，可把桥台分成上下两部分，下部为基础，上部为台身。基础的三面投影如图 11-16（a）所示，正面投影和侧面投影均为并列的矩形，水平投影为八边形，故为 T 形八棱柱。台身的正面投影外形为直角梯形，其侧面投影和水平投影的外形分别为六边形和八边形，不符合基本体的投影特征，因此还需要进一步分解。根据正面投影可把台身分为左右两部分。左边的为后墙，其投影如图 11-16（b）所示，水平投影和侧面投影均为矩形，正面投影为直角梯形，故后墙为梯形四棱柱；右边的为前墙，其投影如图 11-16（c）所示，不难看出，前墙为六棱柱。最后再根据各部分之间的相互位置，综合想象出该桥台的整体形状，如图 11-16（d）所示。

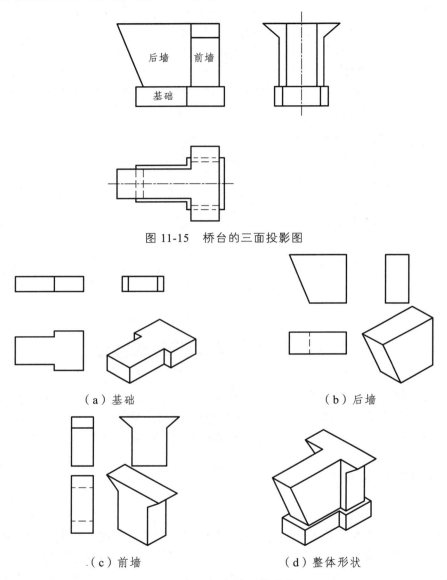

图 11-15　桥台的三面投影图

（a）基础　　　　　　　　　　　　　（b）后墙

（c）前墙　　　　　　　　　　　　　（d）整体形状

图 11-16　桥台的形状分析

2. 线面分析法

在运用形体分析法的基础上，对物体上某些局部切割不规则的情况，常用线面分析法来分析读图。所谓线面分析法，就是通过分析投影图中每一个线框所表示的平面的空间形状和位置，从而得出所围成形体的空间形状，即为线面分析法。

在作线面分析时，一般从某个投影中，先选择投影特征明显的线框（即其他两投影之一没有类似的线框与之对应）。然后根据投影关系，在其他投影上找出与之对应的线段或线框，再根据平面的投影特性，判断出该线框所表示的平面形状与空间位置。通过对相关线框的逐一分析，即可想象出物体的整体形状。

【例 11-2】根据图 11-17（a）所示物体的三面投影图，想象出该物体的形状。

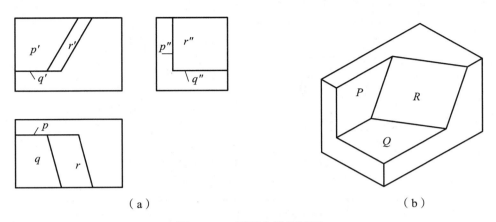

（a） （b）

图 11-17　线面分析法读图

【分析】由于图示物体的三面投影图的外轮廓均为矩形，因此该物体可视为由一长方体切割而成，运用线面分析法读图较为方便。

可先在正面投影中选定梯形线框 p'，在水平投影中，没有与线框 p' 对应的类似线框，只有线段 p。由 p' 和 p 可确定线框 P 为一正平面，它的侧面投影必积聚一竖直直线段 p''。再分析水平投影中的线框 q，与它对应的正面投影 q' 和侧面投影 q'' 均积聚为一水平直线段，由此可知该线框 Q 为一水平面。再分析线框 r，与它对应的正面投影 r' 和侧面投影 r'' 均为一平行四边形，由此可知该线框 R 为一般位置的平面。综合以上分析，可以设想，该物体是由一长方体经由一正平面 P 和一水平面 Q 以及一般位置平面 R 切割后，才形成了图 11-17（b）所示的物体。

二、读图时应注意的问题

1. 要善于寻找和利用特征视图

组合体的整体形状特征一般反映在正面投影中，但各部分的形状特征却不一定集中反映在正面投影中。因此，在将某投影划分成几部分之后，就要找出各部分的投影特征在哪一个投影上以便于弄清它们的形状。如图 11-18 所示的组合体，由正面投影可把该组合体划分成三部分，第一部分的形状特征反映在水平投影中，第二部分的形状特征反映在侧面投影中，第三部分的形状特征反映在正面投影中。只有找出各部分反映形状特征的投影，才能迅速弄清各部分的形状。

2. 应把几个视图联系起来分析

一个投影通常是不能确定物体形状的，如图 11-19 所示，四个物体的正面投影均相同，但由于水平投影各不相同，它们的形状就各不相同。

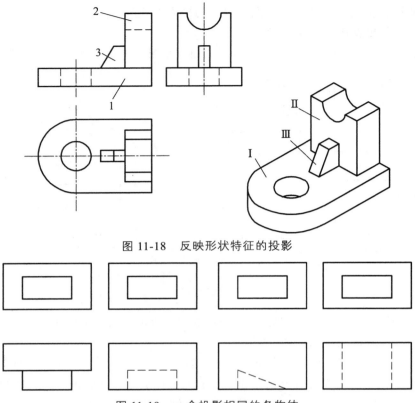

图 11-18　反映形状特征的投影

图 11-19　一个投影相同的各物体

若用两面投影来表达物体，有时仍然不能确定其形状的，图 11-20 给出了三组投影图，它们的正面投影和水平投影皆相同，但它们的侧面投影却不相同，所以这三个物体的形状是不同的。因此，在读图时，要将各个投影联系起来，进行全面的分析，才能得出物体的正确形状。

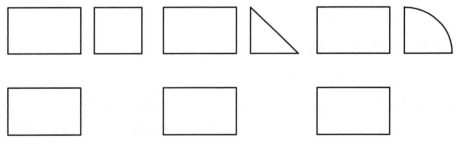

图 11-20　两个投影相同的各物体

三、由组合体的两面投影补画第三投影

由组合体的两面投影补画第三投影是培养读图能力的一种有效手段，同时也是培养空间思维能力和空间想象力的一种重要方法。

根据组合体的两面投影补画第三投影时，首先要运用形体分析法（必要时用线面分析法）来读懂组合体的各部分形状，然后再根据投影关系逐一补画出每一部分的第三投影，最后再把想象的形状与物体的三面投影对照检查，看是否相符。

【例11-3】如图11-21（a）所示，已知组合体的正面投影和侧面投影，补画其水平投影。

【分析】从组合体的正面投影运用形体分析法可以把该组合体按左右分为Ⅰ、Ⅱ两部分。对照其侧面投影可知，Ⅰ部分为三棱柱，Ⅱ两部分可看成原始是一六棱柱被一正垂面所截，该两部分左右叠加前后对称。通过上述分析，我们可以想象出该组合体的整体形状，如图12-21（b）所示。

【作图】

（1）先画较大部分Ⅱ原始体六棱柱的水平投影，如图11-21（c）所示。

（2）然后画出六棱柱被正垂面所截的水平投影，该截交线六边形一定与侧面投影六边形相类似并相互对应，如图11-21（d）所示，

（3）再画Ⅰ部分三棱柱的水平投影矩形，如图11-21（e）所示。

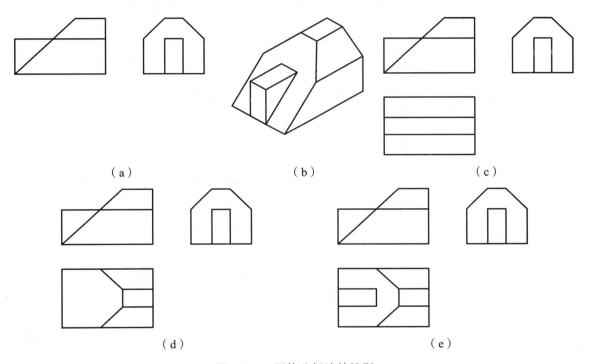

（a）　　　　　　　　　（b）　　　　　　　　　（c）

（d）　　　　　　　　　（e）

图11-21　形体分析法补投影

【例11-4】如图11-22（a）所示，已知组合体的正面投影和侧面投影，补画其水平投影。

【分析】正面投影的外轮廓为矩形，侧面投影的外轮廓为L形六边形，故该组合体的原始形状为一L形六棱柱，底面平行于W面。再从给定的两投影内部的线框来看，该组合体应是切割而成的。运用线面分析法，首先可选定p框，对应的侧面投影为一竖直线p''，故该框表示一正平面。再可选定q''框，对应的正面投影为一倾斜线q'，故该框表示一正垂面。最后选定水平直线段r'，对应的侧面投影也为一水平直线段r''，故该直线段表示一水平面。由上面的分析可知，该组合体是由一L形六棱柱在其左上方经过正平面P、正垂面Q和水平面R切割而成，其形状如图11-22（b）所示。

【作图】

（1）首先补出L形六棱柱的水平投影，为前后三个并列的矩形，如图11-22（c）所示。

（2）然后根据平面的投影特性，分别补出平面 *P*、*Q* 和 *R* 的水平投影，并擦除拿掉的线完成全图，如图 11-22（d）所示。

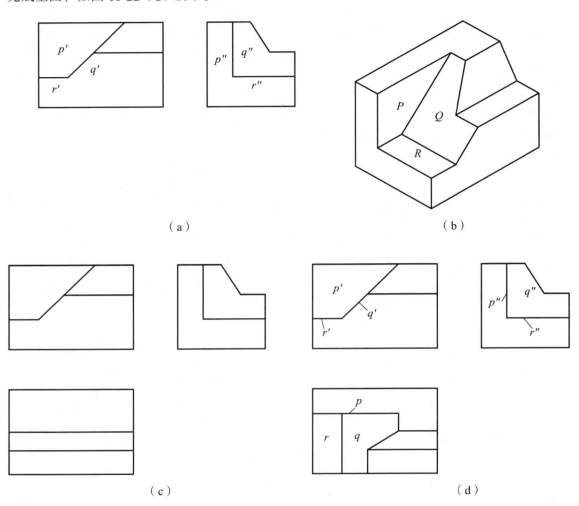

（a）

（b）

（c）

（d）

图 11-22　线面分析法补投影

第十二章　工程形体的表达方法

在生产实践中，工程形体是复杂多样的，仅用三视图难以将形体的形状完整、清晰、简便地表达出来。为适应表达各种形体的需要，制图标准规定了一系列的表达方法，画图时可根据需要进行选择。

本章主要介绍视图、剖视图和断面图等内容。

第一节　视　图

视图是物体向投影面做正投影所得到的图形。视图通常有基本视图、向视图、局部视图和斜视图等等。

一、基本视图与向视图

国标规定用正六面体的表面作为基本投影面，将物体放在其中，分别向这六个基本投影面投影得到的视图，称为基本视图，如图 12-1（a）所示。除原来的正立面图、平面图和左侧立面图外，其余三个视图的名称为：右侧立面图（从右向左投影）、底面图（从下向上投影）、背立面图（从后向前投影）。

基本视图的展开方法是：正立投影面保持不动，其余各投影面按图 12-1（b）中方向旋转，使之与正立投影面共面。

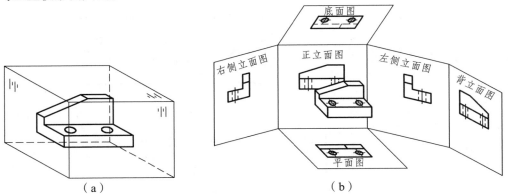

（a）　　　　　　　　　　　　　　　（b）

图 12-1　基本视图的形成及展开

展开后各视图的名称及在图样中的位置配置如图 12-2 所示。

各视图之间仍然保持"长对正、高平齐、宽相等"的投影关系。

由基本视图的展开过程可知投影图中的方位关系如下，右侧立面图、正立面图、左侧立面图、背立面图反映上下关系；底面图、正立面图、平面图和背立面图反映左右关系，需要注意的是，正立面图和背立面图反映物体的上下位置是一致的，但左右方向是相反的；前后关系由右侧立面图、平面图、左侧立面图和底面图反映，除背立面图外，其余视图靠近正立面图的一边是物体的后面，远离正立面图的一边是物体的前面。

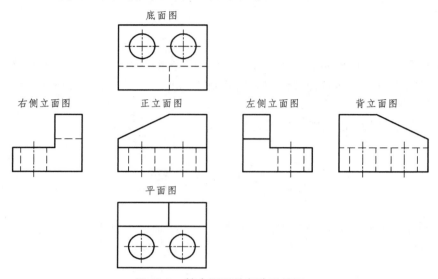

图 12-2　基本视图的名称及配置

六个基本视图若在同一张图纸上，且按照图 12-2 位置配置，可不标注视图的名称。若视图是自由配置的，则这种视图称为向视图。

向视图的配置方法有两种：

（1）在向视图的上方标注"×"（"×"为大写字母），在相应视图（正立面图和侧面图）的附近用箭头指明投射方向，并标注相同的字母，如图 12-3 所示。

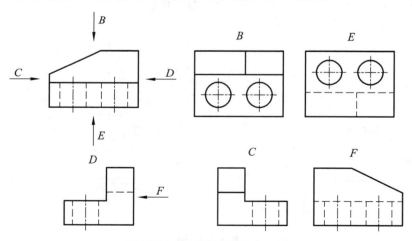

图 12-3　向视图的配置（一）

（2）在视图下方（或上方）标注图名。标注图名的各视图的位置，应根据需要和可能，按相应的规则布置，如图 12-4 所示。

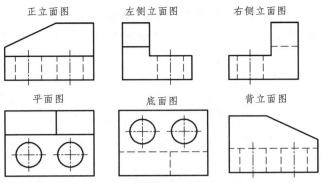

正立面图　　左侧立面图　　右侧立面图

平面图　　底面图　　背立面图

图 12-4　向视图的配置（二）

二、局部视图

将物体的某一部分向基本投影面投射所得的视图，称为局部视图。如图 12-5 所示，选用正立面图、平面图、左侧立面图和右侧立面图，可以表示清楚构件，也可以采用正立面图、平面图两个基本视图，配合两个局部视图，这样表示更加简练、清晰，便于看图。

局部视图的画法和配置及标注规定如下：

（1）局部视图的断裂边界一般用波浪形表示，如图 12-5 中的 A 向局部视图。当所表示的局部结构是完整的，且外轮廓线封闭时，波浪线可省略不画，如图 12-5 中的 B 向局部视图。

（2）局部视图可按基本视图的配置形式配置；也可按向视图的配置形式配置并标注，如图 12-5 所示。

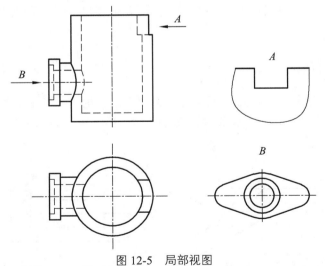

图 12-5　局部视图

三、斜视图

把物体向不平行于基本投影面的平面投射所得的视图，称为斜视图。

当物体上的某一部分与基本投影面倾斜时，倾斜部分在基本视图中反映不出该部分的实形，这样给看图和画图带来了很多不便。为了表达倾斜表面的真实形状，可以选择一个与倾斜部分平行的平面作为辅助投影面，这样就可以得到反映这一部分实形的视图，即斜视图。

斜视图通常按向视图的配置形式配置并标注，如图 12-6（a）所示。必要时，允许将斜视图旋转配置。表示该视图名称的大写字母应靠近旋转符号的箭头端，也允许将旋转角度标注在字母之后，如图 12-6（b）。

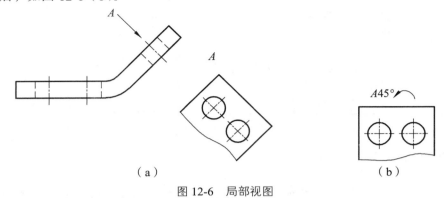

（a）　　　　　　　　　　　　（b）

图 12-6　局部视图

斜视图只要求画出倾斜部分的投影，其余部分可不必画出。斜视图的断裂边界仍以波浪线表示，其画法与局部视图相同。

第二节　剖视图

用视图表达物体时，其不可见部分用虚线表示。当物体的内部结构比较复杂时，图形中会有很多虚线，且图形重叠层次不清，不便于读图和标注尺寸。这种情况通常采用剖视图来表达。

一、剖视图的概念

假想用剖切面剖开物体，将处在观察者和剖切面之间的部分移去，而将其余部分向投影面投射所得的图形，称为剖视图，也简称剖视。图 12-7（a）所示为剖视图的形成过程，图 12-7（b）中 A—A 图为对应的剖视图。

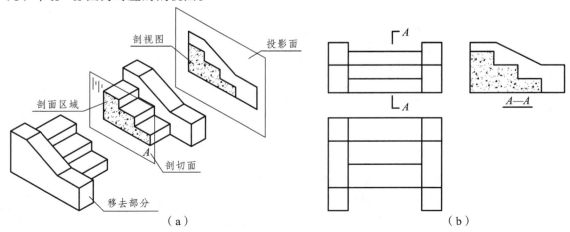

（a）　　　　　　　　　　　　（b）

图 12-7　剖视图的形成

用来剖切被表达物体的假想平面或曲面称为剖切面。剖切面与物体的接触部分称为剖面区域。

二、剖视图的标注

为了清楚地表示剖视图与其他视图的关系,剖视图需要进行标注,需标注的内容如图 12-7（b）所示:

（1）剖切符号。剖切符号由剖切位置线和投射方向线组成,两线均以粗实线绘制。剖切位置线表示剖切面所在的位置及转折（如图 12-8 图内的 2 剖切面）,长度以 6 ~ 10 mm 为宜;投射方向线位于剖切位置线外侧端部,垂直于剖切位置线,长度以 4 ~ 6 mm 为宜。绘图时,剖视图的剖切符号不应与其他图线接触。

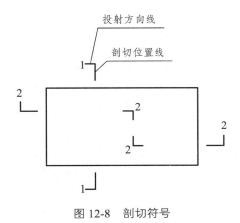

图 12-8　剖切符号

（2）剖切编号。编号采用阿拉伯数字或大写拉丁字母。若有多个剖视图,应按顺序由左至右,由下至上连续编号,编号写在投射方向线的端部,并且一律水平书写。

（3）剖视图的名称。用与剖切符号的编号对应的"×—×"表示,剖视图的名称写在相应的剖视图的下方或上方,并在名称下画一条粗实线。

三、剖视图的画法

剖视图的绘图过程有以下几个步骤:

（1）确定剖切面位置。为了能够清楚、方便地表示出物体内部结构的真实形状,剖切面的位置一般应平行于投影面,且与物体的对称面或轴线重合。如图 12-9 中剖切面 A 选择在回转结构的轴线位置,且与 V 投影面平行;剖切面 B 选择在结构的对称面,同时也是回转结构的轴线位置且与 W 投影面平行。

（2）画剖视图的轮廓线。将剖面区域和结构剩余部分的可见轮廓线绘制在对应的投影面中,得到结构的剖视图。为了使视图清晰地反映要表示的结构,绘制剖视图时一般情况省略虚线。在剖视图中可见部分的线条均用粗实线绘制。

（3）画剖面材料符号。剖视图中的剖面区域需绘制材料符号。

若需要在剖面区域表示物体的材料类别,应采用特定的剖面符号表示,如表 12-1 所示。

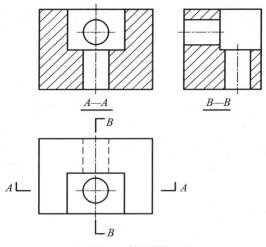

图 12-9　绘制剖视图

表 12-1　剖面符号

图　例	名　称	图　例	名　称
	自然土壤		普通砖
	夯实土		金属
	砂、灰土		多孔材料
	混凝土		木材
	砂、砾石、三合土		天然石材
	钢筋混凝土		纤维材料

　　不需要在剖面区域中表示材料类别时，可采用通用剖面线表示，通用剖面线应以适当角度的细实线绘制，最好与主要轮廓或剖面区域的对称线成 45°角，如图 12-10（a）所示。

　　同一物体的各个剖面区域，其剖面线画法应一致。相邻物体的剖面线需以不同的方向或以不同的间隔画出，如图 12-10（b）所示。

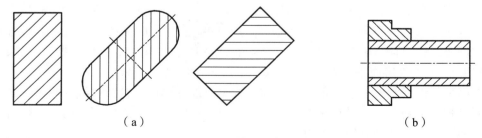

（a）　　　　　　　　　　　　　　　　　　（b）

图 12-10　通用剖面线的画法

　　画剖视图时应注意的几个问题：

（1）剖切是假想的，除剖面图外其他视图仍应完整画出，并且可以进行剖切。

（2）不要漏线。剖视图不仅应该画出剖面区域的形状，而且还要画出剖切面后面的可见轮廓线。

（3）合理省略虚线。在剖面图上已经表达清楚的结构，在其他视图上此部分结构的投影为虚线时，其虚线省略不画。没有表示清楚的结构，允许画少量虚线。

（4）正确绘制材料符号。在剖视图上绘制材料符号时，应注意同一物体各剖视图上的材料符号要一致，若使用通用剖面线，其斜线方向应一致、间距应相等。

四、剖视图的种类

剖视图可分为全剖视图、半剖视图和局部剖视图。

1. 全剖视图

用剖切面完全地剖开物体所得的剖视图称为全剖视图，如图 12-11 所示。

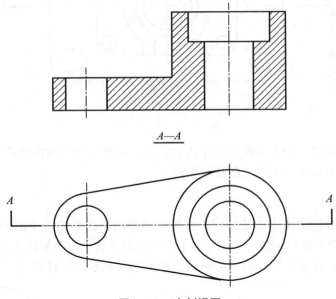

$A—A$

图 12-11　全剖视图

全剖视图的缺点是不能清晰地表达物体的外形，所以一般应用在结构外部形状较简单，内部形状较复杂，而且形体在投影方向不对称的情况下。

2. 半剖视图

当物体内外形状都比较复杂，且在投影方向上图形是对称的，这时以投影图的对称中心线为界，一半画成视图，表示结构的外部形状，另一半画成剖视图，表示结构的内部形状，这样的视图称为半剖视图，如图 12-12 所示。

画半剖视图时应注意以下几点：

（1）在半剖视图中，半个剖视图与半个视图的分界线是对称线，用点画线表示。

（2）由于半剖视图图形对称，所以在半个视图中，表示物体内部形状的虚线一般省略不画。

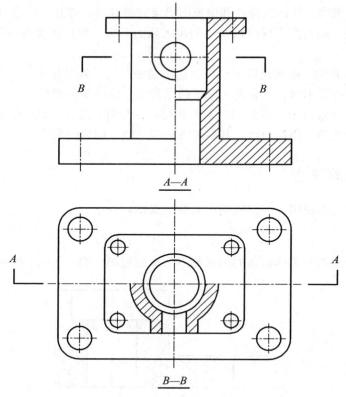

图 12-12　半剖视图

（3）视图部分习惯上画在对称线的左边和上边，剖视图部分画在对称线的右边和下边。

（4）半剖视图的标注方法与全剖视图相同。

3．局部剖视图

当物体只有部分构造未表达清楚时，可采用局部剖切的方法。用剖切面局部地剖开物体所得的剖视图，称为局部剖视图。如图 12-13 为一混凝土管，为表示接头处的内部形状，正面图采用局部剖视图，在被剖切开的部分画出管子的形状和断面材料符号。

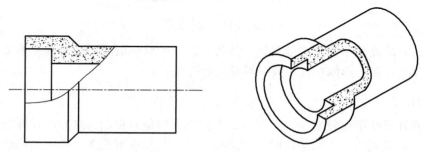

图 12-13　局部剖视图

局部剖视图主要用于表达物体内部的局部结构形状，它不受图形是否对称的限制，可根据实际情况选定剖切范围的大小，表达方法比较灵活。局部剖视图的剖切范围用波浪线表示，一般不需标注。

画局部剖视图时应注意，波浪线要画在物体的实体部分，遇到孔、槽时，波浪线必须断开，且不可与图形轮廓线重合，或超出图形轮廓线，如图 12-14 所示，（a）正确，（b）错误。

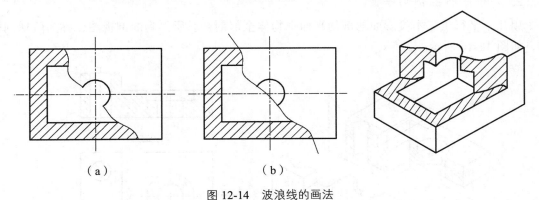

（a）　　　　　　　　　　　　（b）

图 12-14　波浪线的画法

五、剖切面的种类

根据物体的结构特点，可选择以下剖切面剖开物体：

1. 单一剖切面

（1）剖切面平行于基本投影面。

如图 12-11、图 12-12 所示的全剖视图或半剖视图，其剖切面均平行于基本投影面。

（2）剖切面不平行于基本投影面。

用一个不平行于任何基本投影面的剖切平面把物体全部剖开后所得到的剖视图，称为斜剖视图，如图 12-15 A—A 所示。

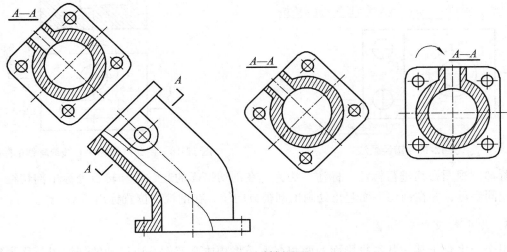

图 12-15　斜剖视图

图 12-15 所示物体的顶面与基本投影面倾斜，假想用一个平行于倾斜结构且垂直于正面的剖切平面将物体完全剖开，并将倾斜结构向平行于剖切平面的辅助投影面投影，即得斜剖视图 A—A。斜剖视图可以将其内部倾斜结构真实地表达出来。

斜剖视图可按斜视图的配置方法进行配置。

2. 几个平行的剖切平面

用几个平行于基本投影面的剖切平面把物体全部剖开后所得到的剖视图，称为阶梯剖视图，如图 12-16 所示。

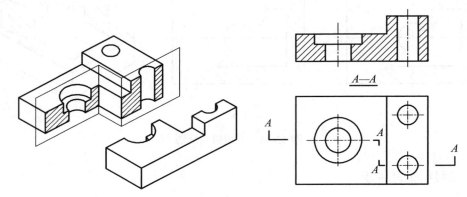

图 12-16　阶梯剖视图

在阶梯剖视图中，相邻剖切平面的剖面区域应连成一片，中间不能画分界线，剖切平面转折处不能与轮廓线重合，如图 12-17 所示；剖视图内不得出现不完整要素，但当两个要素在图形内具有公共的对称中心线或轴线时，可各画一半，此时应以对称中心线或轴线为界，如图 12-18 所示。

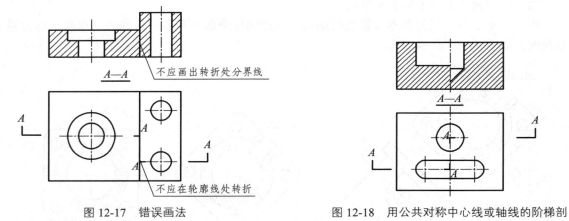

图 12-17　错误画法　　　　　　　　　　　图 12-18　用公共对称中心线或轴线的阶梯剖

阶梯剖视图必须进行标注，标注方法为：在剖切平面的起、止和转折处标出剖切符号，标注相同字母，并在剖切平面起止处画出剖视方向线，在剖视图位置标出"X—X"。

3. 几个相交的剖切面

用交线垂直于某一基本投影面的两相交平面将物体全部剖开所得到的剖视图，称为旋转剖视图。

采用这种方法画剖视图时先假想按剖切位置剖开物体，然后将被剖切平面剖开的结构及其有关部分旋转到与选定的投影面平行，再进行投影，如图 12-19 所示；或采用展开画法，此时应标注"×—×展开"，如图 12-20 所示。

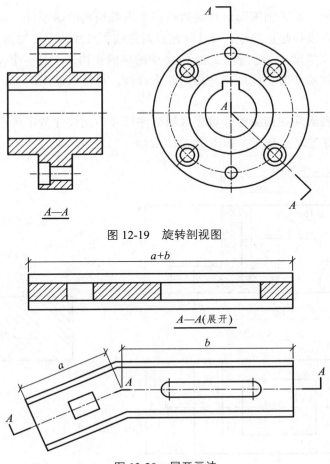

图 12-19　旋转剖视图

图 12-20　展开画法

4．局部分层剖切

对于由多层结构组成的物体，可以采用局部分层剖切的表示方法，如图 12-21 所示为墙面的局部分层剖切图。

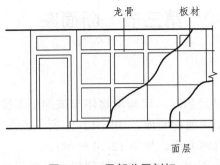

图 12-21　局部分层剖切

六、剖视图中的尺寸标注

剖视图中的尺寸标注与组合体尺寸标注基本相同，均应遵守制图标准中的有关规定。

但在半剖视图中，对于因图形对称而省略掉了内部结构的虚线处，标注内部尺寸时，只需画出一端的尺寸界线和起止符号，尺寸线超过对称线，尺寸数字注写这个结构的整体尺寸，如图 12-22（a）中顶部尺寸 26。图 12-22（a）中的半圆在物体上是一个完整的圆，由于半剖仅画出了一半，标注尺寸时，应画出一端的起止符号，尺寸线超出圆心，标注圆的直径，如图中的 $\phi16$ 所示。

在剖视图中，若必须在剖面符号填充区域标注尺寸，则尺寸数字所在位置剖面符号必须断开，不能使图线穿过尺寸数字，如图 12-22（b）。

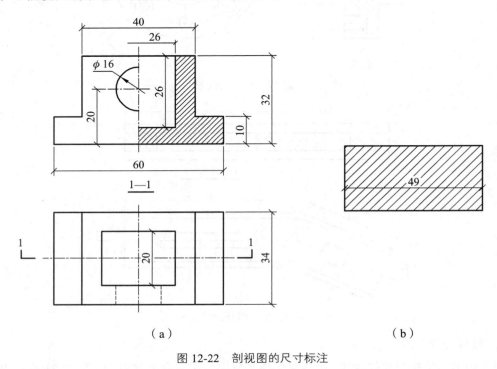

（a）　　　　　　　　　　　　　　　　（b）

图 12-22　剖视图的尺寸标注

第三节　断面图

一、断面图的概念

假想用剖切面将物体的某处切断，仅画出物体与该剖切面接触部分，并填充剖面符号或材料图例的图形，称为断面图，简称断面，如图 12-23 所示。

断面图与剖视图的区别有两方面，如图 12-24 所示：

（1）所画内容有区别：断面图仅画出物体被剖切面切到部分的图形；剖视图除了要画出剖切到的部分的图形，还需要画出剖切面后面在投影方向上物体剩余部分的可见轮廓线。

（2）剖切符号有区别：断面图无投射方向线，断面图的投影方向，由编号注写位置决定，编号所在一侧为该断面的投影方向；剖视图的投影方向由投射方向线决定。

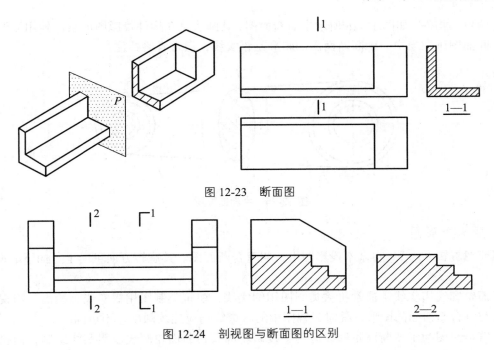

图 12-23 断面图

图 12-24 剖视图与断面图的区别

二、断面图的种类

断面图可分为移出断面图、中断断面图和重合断面图。

1. 移出断面图

画在视图外面的断面图，称为移出断面图。当一个物体有多个断面图时，应将各断面图按顺序依次整齐地排列在投影图的附近，如图 12-25 所示为混凝土梁的移出断面图。移出断面图的轮廓线用粗实线画出，并尽量画在剖切符号或剖切面迹线的延长线上，必要时也可将移出断面图配置在其他适当的位置。

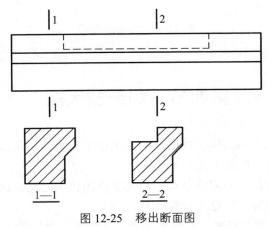

图 12-25 移出断面图

2. 中断断面图

断面图画在构件投影图的中断处，称为中断断面图。中断断面图主要用于一些较长且均匀变化的单一构件。如图 12-26 所示中断断面图，其画法是在构件投影图的某一处用波浪线断开，将断面图画在当中。中断断面图的轮廓是粗实线，通常省略标注。

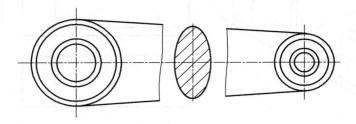

图 12-26　中断断面图

3．重合断面图

断面图旋转 90°后画在基本投影图上，叫重合断面图。其旋转方向可向上、向下、向左、向右。

断面轮廓线用实线（通常机械类制图用细实线，建筑类制图用粗实线）绘出，当视图中轮廓线与重合断面图的图形重叠时，视图中的轮廓线仍应连续画出，不可间断。

建筑类制图为了使断面轮廓线区别于投影轮廓线，断面轮廓线以粗实线绘制，而投影轮廓线则以中粗实线绘制。

图 12-27（a）为机械类制图，断面图用细实线画出；图 12-27（b）为建筑类制图，断面图用粗实线画出。

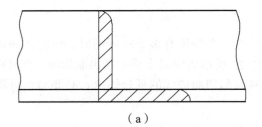
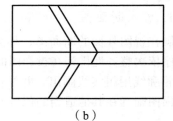

（a）　　　　　　　　　　　　　　　　　（b）

图 12-27　重合断面图

第四节　局部放大图

当若物体上有某些细小的结构，在已有的视图中不能表达清楚或不便于标注尺寸等情况时，可以采用局部放大图，如图 12-28 所示。

局部放大图就是把构件上的部分结构，用大于原图比例的比例画出的图形。局部放大图根据实际需要可以画成视图、剖视图和断面图。

局部放大图应尽量配置在被放大部位的附近。局部放大图的标注，如图 12-28 所示，用细实线圈出被放大部分的轮廓，并用罗马数字顺序地标记。在局部放大图的上方中间位置标注出相应的罗马数字和所采用的比例（图样与实际物体的线性尺寸之比，与原图的比例无关）。

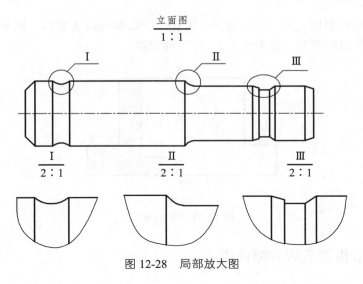

图 12-28　局部放大图

第五节　简化画法

一、对称图形的简化画法

为了节省绘图时间和图幅，物体的对称视图可只画一半或四分之一，并在对称轴的两端画出对称符号，如图 12-29 所示。对称符号由两条与对称轴垂直的平行细实线组成，细实线长度为 4 ~ 6 mm，平行线间距为 2 ~ 3 mm，平行线在对称线两侧的长度应相等。

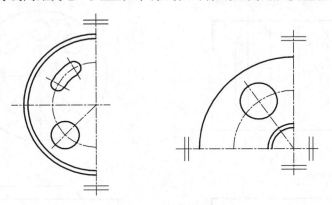

图 12-29　画出对称符号

绘制对称图形时，若当所画部分稍超过图形对称线时，可不画对称符号，如图 12-30。

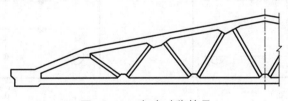

图 12-30　省略对称符号

若对称物体的外形图、剖（断）面图均对称时，以对称线为界，一侧画外形图，另一侧画剖面图，并画出对称符号，如图 12-31，即半剖视图。

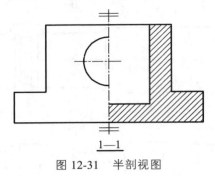

图 12-31　半剖视图

二、相同结构要素的省略画法

当物体上有多个完全相同的结构要素，且呈现有规律地排列时，则在图样中将会出现多个有规律分布的相同图形。为了简化作图，此时可在两端或适当位置画出该结构要素的完整形状，其余部分省略不画，仅以中心线或中心线的交点表示，如图 12-32（a）、（b）、（c）所示。在该省略画法的标注中必须标注出各种要素的总数。

若物体上有多个完全相同的结构要素，但是呈无规律地排列，则作图时可在适当位置画出该结构要素的完整形状，其余部分在相同构造要素位置的中心线交点处用小圆点表示，如图 12-32（d）所示。

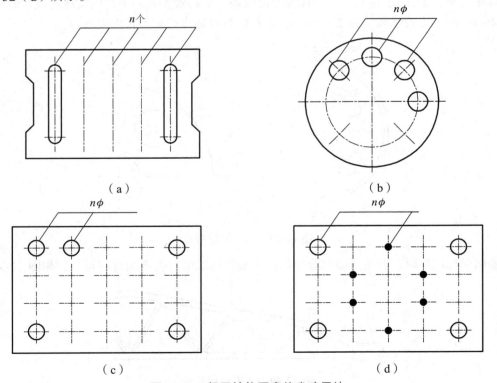

图 12-32　相同结构要素的省略画法

三、折断省略画法

物体较长且沿长度方向的形状相同或按一定规律变化时，在图样中可用折断线将图形中间断开省略不画，沿长度方向使图的首尾两端靠近，如图 12-33 所示。需要注意，其尺寸仍应按物体的真实长度标出。

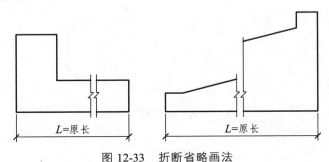

图 12-33　折断省略画法

有时只需要表示物体的某一部分，这时也可以将其余部分省略不画，如图 12-34 所示。

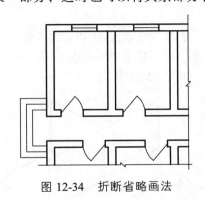

图 12-34　折断省略画法

四、接长图画法

一个物体，如绘制空间不够，可分成几个部分绘制，并应以连接符号（一组折断线）表示相连，如图 12-35 所示，图中 A 表示该处对接。

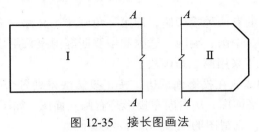

图 12-35　接长图画法

五、省略相同部分画法

一个物体如与另一物体仅部分不相同，该构配件可只画不同部分，但应在两个构配件的相同部分与不同部分的分界线处，分别绘制连接符号，如图 12-36 所示。

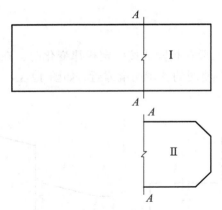

图 12-36　省略相同部分

第六节　第三角画法

　　相互垂直的三个投影面 V、H 和 W，把空间划分为八部分，每个部分被称为一个分角，并规定：在 W 面以左、V 面以前、H 面以上的部分称为第一分角；在 W 面以左、V 面以后、H 面以下的部分称为第三分角，如图 12-37 所示。

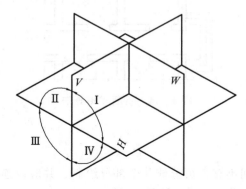

图 12-37　空间的分角的划分

　　目前，在国际上使用的有两种投影制，即第一角画法（又称"第一角投影"）和第三角画法（又称"第三角投影"）。中国、英国、德国和俄罗斯等国家采用第一角画法，美国、日本、新加坡及我国港、台地区等采用第三角画法。

　　第三角画法，是将物体放在投影面后边，按正投影法得到各个视图，从前向后投影是正立面图，从上向下投影是平面图，从右向左投影是右侧立面图，如图 12-38 所示。各投影面按图 12-38 所示的方法展开，三视图的配置如图 12-39 所示。

　　鉴于两种投影法的不同特点，为了便于识别，国际标准规定了第一角画法和第三角画法的识别方法，如图 12-40 所示。

　　为了便于进行国际交流，这里简单介绍第三角画法的形成及第三角画法与第一角画法的区别。

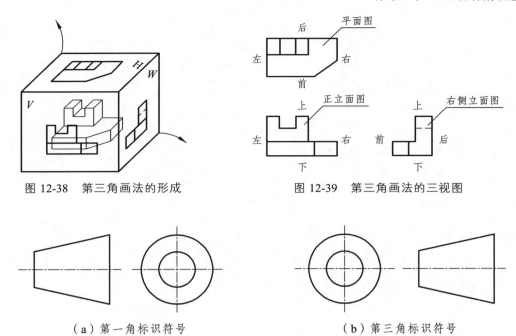

图 12-38　第三角画法的形成　　　　　图 12-39　第三角画法的三视图

（a）第一角标识符号　　　　　　　（b）第三角标识符号

图 12-40　两种画法的标识符号

（1）第一角画法是将物体置于观察者和投影面之间，其位置关系为观察者—物体—投影面；第三角画法是将投影面置于观察者和物体之间，其位置关系为观察者—投影面—物体。假设投影面为透明的，则在第三角画法中，物体的投影相当于观察者隔着玻璃看到的物体的图像。

（2）第三角画法的视图名称和视图配置关系与第一角画法的视图名称和视图配置关系不同。

第三角画法画出的三面投影图，分别为正立面图、平面图和右侧立面图；第一角画法是正立面图、平面图和左侧立面图。

（3）视图间的投影对应关系不同。

在第三角画法的三视图中，靠近正立面图的一侧为物体的前面，远离正立面图的一侧为物体的后面。在第一角画法中正好相反，投影图中距离正立面图近的一侧是后面，远的一侧是前面。

第三篇　土木建筑专业图

第十三章　钢筋混凝土结构图

第一节　钢筋混凝土结构概述

由水泥、砂子、石子、水等按一定比例配合拌制而成的建筑材料，称为混凝土。凝固后的混凝土，坚硬如石、抗压性能强，但其抗拉性能差，容易因受拉而断裂。为了解决这个矛盾，充分发挥混凝土的受压能力，常在混凝土受拉区域内或相应部位配置一定数量的钢筋，使两种材料黏结成一个整体，共同承受外力。这种配有钢筋的混凝土，称为钢筋混凝土。

用钢筋混凝土制成的梁、板、柱、基础等构件，称为钢筋混凝土构件。由钢筋混凝土构件作为主要承重部分组成的工程结构，称为钢筋混凝土结构。

钢筋混凝土构件，有在工地现场浇制的，称为现浇钢筋混凝土构件。也有在工厂或工地以外预先把构件制作好，然后运到工地安装的，这种构件称为预制钢筋混凝土构件。此外还有些构件，制作时先要对混凝土预加一定的压力，以提高构件的强度和抗裂性能，这种构件称为预应力钢筋混凝土构件。

表示钢筋混凝土构件的图样称为钢筋混凝土构件图。通常，钢筋混凝土结构图包括钢筋混凝土构件图和结构布置图。不同的钢筋混凝土结构，比如桥梁、房屋建筑等，结构布置图的表达也不同，后面的章节会单独分别介绍。

本章仅介绍钢筋混凝土构件图。钢筋混凝土构件图通常有两种：一种是外形图（又叫模板图），主要表明构件的形状和大小；另一种是钢筋布置图，主要表明构件中钢筋的配置情况。

第二节　钢筋的基本知识

一、钢筋的分类

配置在钢筋混凝土结构中的钢筋，按其作用可分为下列几种，如图 13-1 所示。

（1）受力钢筋：承受构件内力的主要钢筋。梁、板的受力筋还分为直筋和弯筋两种。

（2）钢箍（箍筋）：用来固定受力钢筋的位置，并承受一部分内力，多用于梁和柱内。

（3）架立钢筋：用以固定梁内钢箍位置，构成梁内的钢筋骨架。

（4）分布筋：一般用于板式结构中，与板中受力筋垂直布置，能将板面承担的荷载均匀地传给受力筋，并固定受力筋的位置。

（5）其他钢筋：因构件构造要求或施工安装需要而配制的其他钢筋，如腰筋、预埋锚固筋、吊环等。

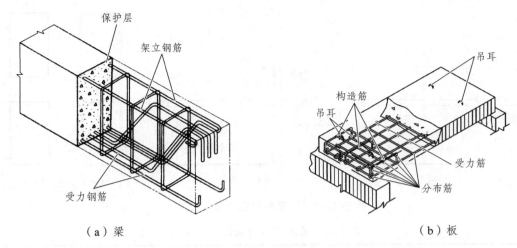

（a）梁　　　　　　　　　　　　　　　　（b）板

图 13-1　梁、板配筋示意图

结构设计规范按钢筋的轧制外形、加工工艺和产品强度对钢筋进行了分类，分别规定了不同的牌号和符号，以便标注及识别。常用的钢筋种类见表 13-1。

表 13-1　常用钢筋种类和符号

牌号	符号	工艺和外形	强度标准值（MPa）
HPB300	Φ	热轧光圆钢筋	300
HRB335	Φ	热轧带肋钢筋	335
HRBF335	Φ^F	细晶粒热轧带肋钢筋	335
HRB400	Φ	热轧带肋钢筋	400
HRBF400	Φ^F	细晶粒热轧带肋钢筋	400
RRB400	Φ^R	余热处理带肋钢筋	400
HRB500	Φ	普通热轧带肋钢筋	500
HRBF500	Φ^F	细晶粒热轧带肋钢筋	500

二、钢筋的弯钩

钢筋按其外形特征分为光面和带肋钢筋两大类。如果钢筋为光圆钢筋（指钢筋的表面很光滑，没有凹凸不平），为了加强钢筋与混凝土之间的黏结力，钢筋端部常做成弯钩，带肋钢筋因钢筋表面有肋纹，一般两端不一定要做弯钩。钢筋的弯钩有两种标准形式，即带有平直部分的半圆弯钩和直角弯钩，其形状和尺寸如图 13-2（a）（b）所示。图中用双点画线示出了弯钩的理论计算长度，计算钢筋总长时，必须加上该段长度。箍筋的弯钩形式如图形式如图13-2（c）所示，箍筋末端两个弯钩长度见表 13-2。

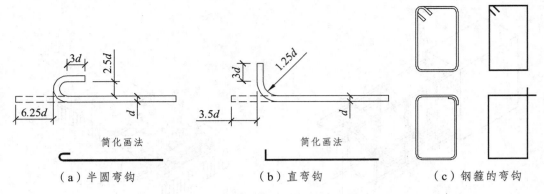

（a）半圆弯钩　　　　　　　　（b）直弯钩　　　　　　　　（c）钢箍的弯钩

图 13-2　钢筋和箍筋的弯钩形式

表 13-2　箍筋弯钩增加长度（mm）

箍筋直径	纵筋直径	
	≤25	28～40
4～10	150	180
12	180	210

三、钢筋的弯起

　　根据构件的受力要求，有时需要将排列在构件下部的部分受力钢筋弯到构件上部去，这叫作钢筋的弯起。如图 13-1（a）所示的钢筋混凝土梁中，中间的 3 根钢筋由梁的下部弯起到梁的上部，以承担拉应力。

四、钢筋的表示方法

　　钢筋的表示方法应符合表 13-3 的规定。

表 13-3　钢筋的表示方法

内容	表示法
端部无弯钩的钢筋	
无弯钩的长短钢筋投影重叠时，可在短钢筋的端部画 45°短划	
端部带丝扣的钢筋	
在平面图中配置双层钢筋时，底层钢筋弯钩应向上或向左，顶层钢筋弯钩应向下或向右	
带半圆弯钩的钢筋搭接	

续表

内容	表示法
带直角弯钩的钢筋搭接	
无弯钩的钢筋搭接	
一组相同的钢筋可用粗实线画出其中的一根来表示，同时用横穿细线表示起止范围	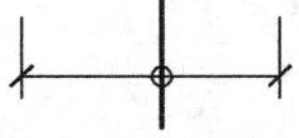
图中所表示的箍筋、环筋，如布置复杂，应加画钢筋大样及说明	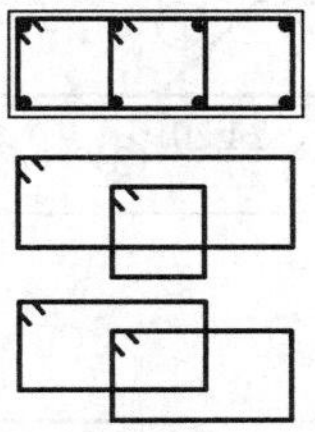

五、钢筋的保护层

由于钢筋直接放置在空气中容易发生锈蚀，将钢筋放置在混凝土中可以起到防止钢筋锈蚀的作用。为了保证钢筋与混凝土之间的黏结力以及防火要求，钢筋表面到构件表面留有一定厚度混凝土，这部分混凝土称为钢筋的保护层。钢筋混凝土结构设计规范关于混凝土保护层最小厚度的规定见表 13-4。

表 13-4　混凝土保护层最小厚度（mm）

环境条件	构件类别	混凝土强度等级		
		≤C20	C25 或 C30	≥C35
室内正常环境	板、墙、壳	15		
	梁和柱	25		
露天或室内高湿度环境	板、墙、壳	35	25	15
	梁和柱	45	35	25
有垫层	基础	35		
无垫层		70		

第三节　钢筋布置图的内容及特点

钢筋布置图采用正投影原理绘制，根据钢筋混凝土结构的特点，在表示方法和尺寸标注等方面，也有其自己的特点。

一、视图选择

为了表示钢筋的配置关系，对于梁、柱类构件，通常选用立面图和若干断面图，对于板形构件，一般选用平面图或平面图和若干断面图来表达。凡是钢筋排列有变化的部位，一般都应画出它的断面图。例如图 13-3 所示的钢筋混凝土梁，就用 1—1 和 2—2 两个断面图配合立面图表示钢筋的布置关系。

视图比例的选用要符合规范。为清晰表达断面图中钢筋布置情况，断面图的比例可取与立面图相同或比立面图大，比如图 13-3 中的断面图比例采用 1：20，立面图比例 1：30。

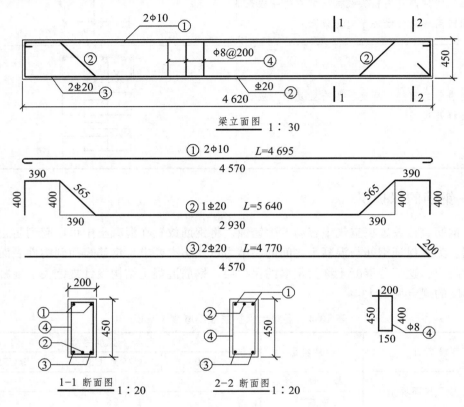

图 13-3　某钢筋混凝土梁配筋图

二、图线

为了突出表示构件中钢筋的配置，在立面图、平面图中假想混凝土为透明，画出钢筋的投影。

（1）主要受力钢筋，如梁的纵向钢筋，用粗实线。

（2）钢筋断面用小黑圆点表示。

（3）箍筋用中实线。

（4）构件外形轮廓线用细实线。

三、材料图例

为表达清晰，规定在断面图中不画剖面线或材料图例。

四、钢筋编号

为了区分各种类型和不同直径的钢筋，钢筋必须编号，每类钢筋（型式、规格、长度相同的钢筋）无论根数多少只编一个号。

（1）编号的目的：在钢筋布置图中区别钢筋类别（直径、钢材、长度和形状）。

（2）编号的次序：按钢筋的主次及直径的大小编号。一般为先受力筋后分布筋，且垂直方向自下至上，水平方向自左至右编号。每类钢筋（型式、规格、长度相同的钢筋）无论根数多少只编一个号。

（3）注写编号的方法。

编号规定用阿拉伯数字，写在直径 6 mm 的小圆内，如图 13-4（a）所示，用指示线引到相应的钢筋上，圆圈和引出线均为细实线。通常，在引出线的水平段上，还要按顺序写出钢筋的数量、代号和直径大小，如果是箍筋，应注明放置的间距。例如：图 13-3 立面图中编号为②的钢筋，是一根直径为 20 的 Ⅱ 级钢筋；为了准确地表明它的立面位置，在弯起部位应注上编号②；④号箍筋是直径为 8 的 Ⅰ 级钢筋，@200 表示每隔 200 mm 放置一根。立面图中的箍筋采用简化画法，不用全部画出，画出 3 个标明即可。

编号注法除按规定填写在圆圈内外，亦可以在编号前加注符号 N 写在引出线水平段上来表示，如图 13-4（b）所示。

对于排列过密的钢筋，可采用列表法，通常用于断面图中钢筋编号的注写，如图 13-4（c）所示。

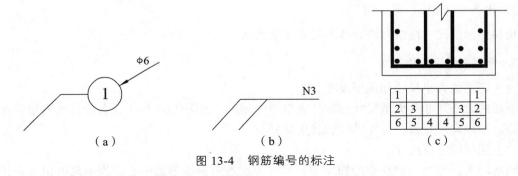

（a）　　　　　　　　　　（b）　　　　　　　　　　（c）

图 13-4　钢筋编号的标注

五、钢筋详图

为便于钢筋的下料和加工成型，对于配筋较复杂的构件，除了画出立面图和断面图以外，还应画出钢筋详图（也叫钢筋大样图、钢筋成型图）。

钢筋详图画在立面图的下方，并与立面图保持对应。比例与立面图相同，同一编号的钢筋只需画出一根的详图。

每种钢筋详图应标注钢筋的编号、数量、规格、设计长度和分段长度、弯起角度等。注意部分尺寸为外包尺寸，如图 13-3 中①号钢筋详图，钢筋线下面的数字 4570 表示钢筋两端弯钩外皮切线之间的直线尺寸，等于梁的总长减去两端保护层厚，钢筋线上面的数字 L=4695 是钢筋的设计长度，即等于上述直线段长加两倍标准弯钩长：4570+2×6.25×10=4695。钢筋的弯起角度是用两直角边的实际尺寸表示的，如②号钢筋用 390×400 表示其弯起的角度。这里需提醒，钢筋量测的方法是沿直线量外包尺寸，因此，弯起钢筋的设计尺寸大于下料尺寸，同时，钢筋的标准弯钩也因为钢筋的粗细和加工机具条件不同而影响平直部分的长短。所以，在施工时，要根据施工手册的规定调整数值重新计算下料长度。

在钢筋成型图中，钢箍尺寸一般指内皮尺寸，弯起钢筋的弯起高度一般指外皮尺寸。

六、钢筋表

钢筋表就是将构件中每一种钢筋的编号、型式、规格、直径、根数、长度及质量等内容列成表格的形式，可用作备料、加工以及编制施工预算的依据，例如表 13-5 所示。

表 13-5　钢筋表

钢筋表

编号	规格	示　意　图	长度(mm)	数量	质量(kg)
①	φ10		4 695	2	
②	Φ20		5 640	1	
③	Φ20		4 770	2	
④	φ8		1 200	24	

七、钢筋布置图中的尺寸注法

1. 构件外形的尺寸注法

构件外形的尺寸注法和组合体的尺寸注法相同。

2. 钢筋的尺寸注法

（1）钢筋的大小尺寸和成型尺寸。

钢筋的大小尺寸和成型尺寸在钢筋成型图中标出，如图 13-3 所示，各段长度直接注在钢筋旁边，不用画尺寸线、尺寸界线和起止符号。

（2）钢筋的定位尺寸。

钢筋的定位尺寸一般注在断面图中，尺寸界线通过钢筋断面中心。当钢筋的位置安排符合规范中保护层厚度及钢筋最小间距要求时，可不注钢筋定位尺寸。

通常在立面图或平面图中还应注出钢筋的端点或弯折点处的定位尺寸。

按一定规律排列的钢筋在编号引出线上注出其间距，如图 13-3 中所示的 φ8@200。

（3）尺寸单位。

钢筋尺寸以国际单位制毫米（mm）计，图中不需要再说明。

八、现浇构件的钢筋布置图

现浇钢筋混凝土构件表示方法与预制构件基本相同，不同之处是：现浇构件还要画出与其相连构件的一部分，以明确其所处的位置。相连构件常采用折断的省略画法只画出一部分。如图 13-5 所示是某办公楼大门上部编号为 L-1 现浇梁的配筋图。立面图左边表示与圈梁相连，两端还表示了支撑梁的柱子 Z-1 和 Z-2，相连的圈梁和柱子就采用了折断省略画法，画出了一部分，两柱的轴间距为 5100，由 1—1 断面图可知，梁的截面尺寸为 220×550。

从立面图和断面图可知，梁的下部共有 3 根直径为 18 的 Ⅱ 级钢筋，其中：②号钢筋两根，布置于下部两角，右端弯成直角；①号钢筋一根，安放在下部中间，在梁的两端向上弯起，右端也弯成直角。梁的上部有两根④号钢筋，位于上边缘两角，右端弯成直角。梁的中部还有两根③号平直钢筋，③、④号钢筋均是直径为 16 的 Ⅱ 级钢筋。立面图中还画出 3 根编号为⑤的箍筋，间隔 150、直径为 10、Ⅰ 级钢筋。

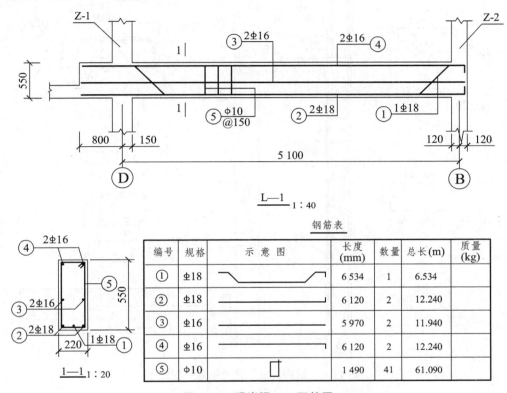

图 13-5　现浇梁 L-1 配筋图

第四节　钢筋混凝土结构构件图的阅读

现以预制钢筋混凝土柱的钢筋布置图（图 13-6）为例，说明阅读钢筋混凝土结构构件图的方法和步骤。

（1）首先阅读标题栏和附注说明，了解构件名称、作用和有关技术要求。

（2）弄清结构构件的外形和尺寸。

图 13-6 所示的钢筋混凝土柱是用一个立面图和三个断面图来表示的。从立面图可以看出，该柱可分为上中下三部分。上柱用来支承屋架。上下柱之间为突出的牛腿，用来支承吊车梁。与各断面图对照，可以看出上下柱都是空心的矩形柱，其截面尺寸分别为 400×350 和 500×350，高度分别是 2 778 和 5 512。牛腿为平直实体的梯形柱，在 2—2 断面处的尺寸为 1 000×350。该柱的总高为 9 050。

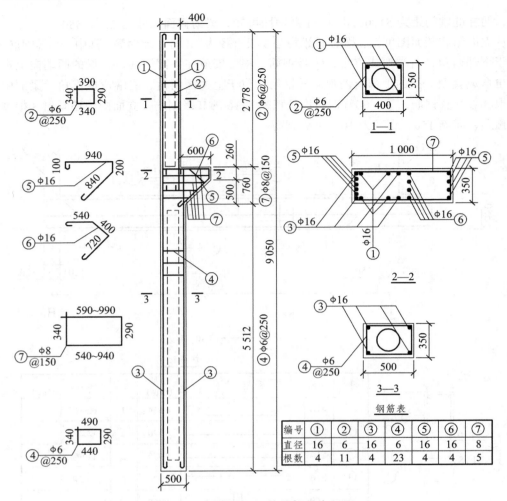

图 13-6　钢筋混凝土柱的钢筋布置图

（3）依次弄清每一编号钢筋的形状、尺寸、位置和数量。

从钢筋表和立面图中均可知，该柱共有 7 个编号的钢筋，其中①、③号钢筋，由立面图和 1—1、3—3 断面图可看出，它们均为直径为 $\phi16$ 、两端有半圆形弯钩的直筋，图中未另画出钢筋详图。其他各号钢筋都可以从详图上明确其形状尺寸，如⑤号钢筋弯成了开口的五边形，两端带有标准半圆形弯钩，直径为 16 mm，因此⑤号钢筋的设计长度为：l=100+940+200+840+2×6.25×16=2280 mm。牛腿所用的⑦号箍筋，所在位置横截面自上而下逐渐缩小，所以其设计长度要随着截面的变化逐个计算。其他各号钢筋的设计长度可按同法计算。

在弄清各号钢筋形状的基础上，根据柱的立面图和三个断面图，就可弄清各编号钢筋在柱中所处位置及其相互关系。上柱的四根①号钢筋分别放在柱的四角，从柱顶一直伸入牛腿内。下柱的四根③号钢筋也分别放在柱的四角，从柱底伸到牛腿顶面。上下柱所用的箍筋分别是②号和④号，都是间隔 250 mm 放置一个。牛腿部分所用的四根⑤号和四根⑥号钢筋从前向后竖直摆放，该部分所用的⑦号箍筋每间隔 150 mm 放置一根。

综合上述读图，可以发现柱中各号钢筋的规格和数量均与钢筋表相符。将各号钢筋的布置情况及相对位置弄清后，即可读懂整个钢筋骨架的构造。

第十四章　钢结构图

第一节　钢结构图概述

　　钢结构是由钢板、热轧型钢或冷加工成型的薄壁型钢制造而成的构件，主要用于大跨度结构、高层建筑和可拆卸结构等，如大跨度桥梁、展览馆、高层楼房、装配式活动房屋等，如图 14-1、图 14-2 所示。用来表示钢结构的图样称为钢结构图。

图 14-1　国家体育场

图 14-2　南京大胜关长江大桥

　　组成钢结构的型钢，由轧钢厂按标准规格轧制成或由钢板焊接而成。常见的型钢代号及其标注方法如表 14-1 所示。

表 14-1 型钢的代号及标注

名　称	立 体 图	代　号	投影及标注
等边角钢		∟	$\llcorner b \times t$ / L
不等边角钢		∟	$\llcorner B \times b \times t$ / L
工字钢		I	$I\ N$ / L
H钢		I	$I\ H \times b \times t_1 \times t_2$ / L
槽　钢		[	$[\ N$ / L
钢　板		——（房建） ▱（桥梁）	$b \times t \times L$ $b \times t \times L$

钢结构中型钢的连接方法一般有焊缝连接、螺栓连接和铆钉连接等 3 种，如图 14-3 所示。

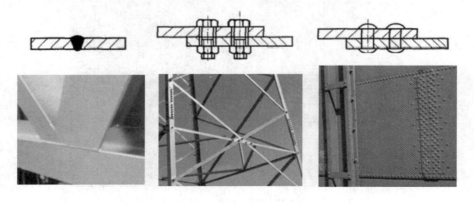

　　（a）焊缝连接　　　　　（b）螺栓连接　　　　　（c）铆钉连接

图 14-3　钢结构连接方法

一、焊缝连接

焊缝连接是通过电弧产生的热量使焊条和焊件局部熔化，经冷却凝结成焊缝，从而将焊件连接成为一体的连接方法。

1.焊缝符号的表示

《焊缝符号表示法》（GB/T 324—2008）规定：焊缝符号应清晰表述所要说明的信息，不使图样增加更多的注解。完整的焊缝符号包括基本符号、补充符号、指引线、尺寸符号及数据等。

基本符号：表示焊缝横截面的基本形式或特征，见表14-2。

补充符号：用来补充说明有关焊缝或接头的某些特征（诸如表面形状、衬垫、焊缝分布、施焊地点等），见表14-2。

表 14-2　基本符号和补充符号

基本符号名称	示意图	基本符号	补充符号名称	示意图	补充符号
Ⅰ形焊缝		‖	平面		—
V形焊缝		V	凹面		⌣
单边V形焊缝		Ⅴ	凸面		⌒
封底焊缝		⌓	三面焊缝		⊏
角焊缝		◺	周围焊缝		○
塞焊缝或槽焊缝		⊓	现场焊缝		⚑

指引线：由箭头线和基准线（实线和虚线）组成，线型均为细线，如图14-4所示。箭头线指向图形相应焊缝处，横线上方和下方用来标注基本符号和焊缝尺寸等。

图 14-4　焊缝的指引线

焊缝符号的表示方法及有关规定如下：

（1）基准线中的虚线可以画在基准线实线的上侧，也可以画在下侧，基准线一般应与图样的标题栏平行，仅在特殊条件下才与标题栏垂直。

（2）若焊缝在接头的箭头侧，则基本符号标注在基准线的实线侧；若焊缝在接头的非箭头侧，则基本符号标注在基准线的虚线侧，如图 14-5 所示。

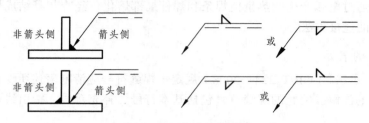

图 14-5　基本符号的表示位置

（3）当为双面对称焊缝时，基准线可不加虚线，如图 14-6 所示。

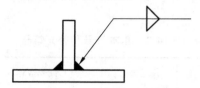

图 14-6　双面对称焊缝的引出线及符号

（4）箭头线相对焊缝的位置一般无特殊要求，但在标注单边形焊缝时箭头线要指向带有坡口一侧的构件，如图 14-7 所示。

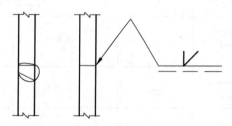

图 14-7　单边形焊缝的引出线

（5）在同一图形上，当焊缝形式、断面尺寸和辅助要求均相同时，可只选择一处标注焊缝的符号和尺寸，并加注"相同焊缝的符号"。相同焊缝符号为 3/4 圆弧，画在引出线的转折处，如图 14-8（a）所示。

在同一图形上，有数种相同焊缝时，可将焊缝分类编号，标注在尾部符号内，分类编号采用 A、B、C…在同一类焊缝中可选择一处标注代号，如图 14-8（b）所示。

（6）焊缝的基本符号、补充符号（尾部符号除外）一律为粗实线；尾部符号为细实线，尾部符号主要是标注焊接工艺、方法等内容，图 14-8（b）中的"A"处为尾部符号。

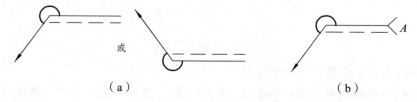

（a）　　　　　　　　　　　　　　　　（b）

图 14-8　相同焊缝的引出线及符号

（7）较长的角焊缝（如焊接实腹钢梁的翼缘焊缝），可不用引出线标注，而直接在角焊缝旁标注焊缝尺寸值 K，如图 14-9 所示。

在连接长度内仅局部区段有焊缝时，按图 14-10 标注，K 为角焊缝焊脚尺寸。

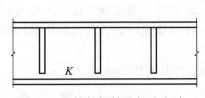

图 14-9　较长焊缝的标注方法

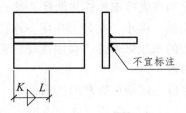

图 14-10　局部焊缝的标注方法

当焊缝分布不规则时，在标注焊缝符号的同时，在焊缝处加中实线表示可见焊缝，或加栅线表示不可见焊缝，标注方法如图 14-11 所示。

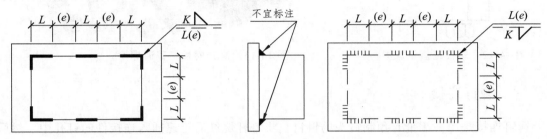

图 14-11　不规则焊缝的标注方法

2. 常用焊缝的标注方法（表 14-3）

表 14-3　常用焊缝的标注方法

焊缝名称	形　式	标准标注方法	焊缝名称	形　式	标注方法
Ⅰ 形焊缝			现场双面角焊缝		
V 形焊缝			周围角焊缝		
T 形接头双面焊缝			三个以上焊件的焊缝		
T 形接头单面焊缝			塞焊缝或槽焊缝		

- 229 -

二、螺栓连接

螺栓连接是通过螺栓把连接件连接成为一体的方法，如图 14-12 所示。螺栓连接分普通螺栓连接和高强度螺栓连接两种。图 14-13 左侧图为高强度螺栓，右侧图为普通螺栓。普通螺栓的紧固轴力很小，在外力作用下连接板件将产生滑移，通常外力通过螺栓杆件的受力和连接板孔壁的承压来传递。高强度螺栓通过螺栓紧固轴力，将连接板压紧，剪力靠压紧板间的摩擦阻力传递。

螺栓连接是可拆卸的连接方法，施工时连接件上的螺栓孔要比螺栓直径稍大。

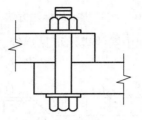 

图 14-12　螺栓连接示意图　　　　图 14-13　高强螺栓和普通螺栓

三、铆钉连接

铆钉连接是用一端带有预制钉头的铆钉，将钉杆烧红后迅速插入连接件的钉孔中，然后用铆钉枪将另一端也打铆成钉头，以使连接达到紧固，如图 14-14 所示。

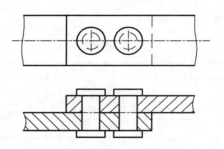

图 14-14　铆钉连接示意图

铆钉的形式：

铆钉是由铆钉杆和铆钉头组成的，按铆钉头的形状分为半圆头、平锥头、沉头、半沉头等种类，见图 14-15。

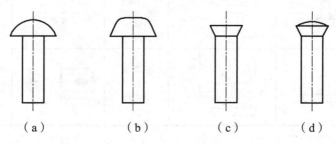

（a）　　　　　（b）　　　　　（c）　　　　　（d）

图 14-15　铆钉的形式

螺栓、孔、电焊铆钉的表示方法，见表 14-4。

表 14-4　螺栓、孔、电焊铆钉的表示方法

序号	名　称	图　例	说　明
1	永久螺栓	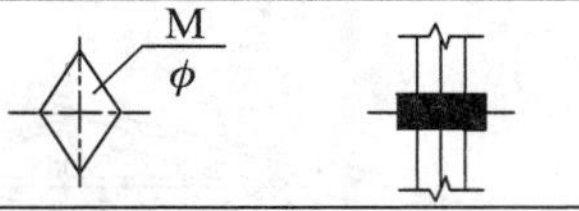	1.细"+"线表示定位线。 2.M表示螺栓型号。 3.ϕ表示螺栓孔直径。 4.采用引出线表示螺栓时，横线上标注螺栓规格，横线下标注螺栓孔直径。 5.d表示膨胀螺栓、电焊铆钉直径
2	高强螺栓	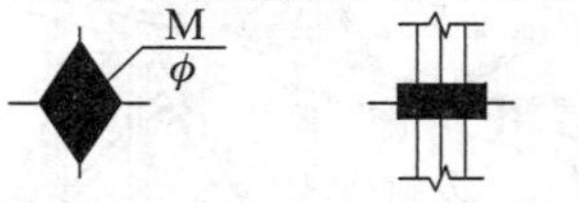	
3	安装螺栓	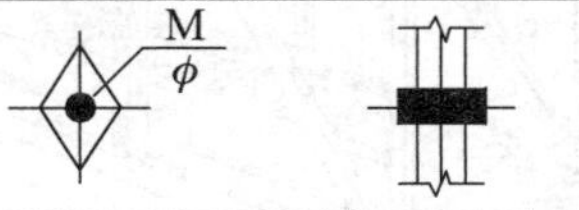	
4	胀锚螺栓	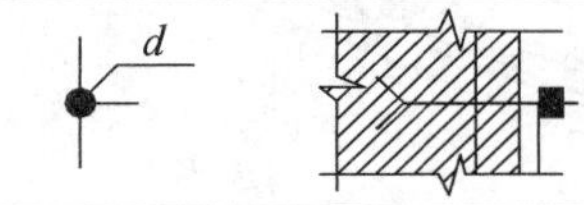	
5	圆形螺栓孔		
6	长圆形螺栓孔		
7	电焊铆钉	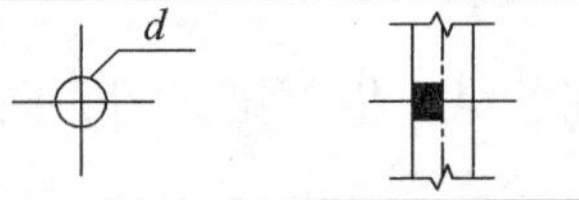	

第二节　钢梁结构图

钢材是一种抗拉、抗压和抗剪强度都比较高的均质材料。钢梁具有很大的跨越能力，所以钢梁常用于大、中跨度桥梁中。钢梁的种类很多，本节主要介绍下承式简支栓焊桁架梁的图示内容。

一、下承式简支栓焊桁架梁的组成

下承式简支栓焊桁架梁由主桁、桥面、桥面系、联结系和支座五部分组成，如图 14-16 所示（图中无桥面）。

主桁由上弦杆、下弦杆、腹杆及节点组成，倾斜的腹杆称为斜杆，竖直的腹杆称为竖杆，杆件交汇的地方称为节点；

桥面由正轨、护轨、桥枕等组成；

桥面系指纵梁、横梁及纵梁之间的联结系；

联结系由上平纵联、下平纵联、中间联结系及桥门架组成。

钢桁梁承受的竖向荷载通过桥面传给纵梁，由纵梁传给横梁，再由横梁传给主桁节点，通过主桁架把力传给支座，再由支座传给墩台。

栓焊梁的杆件是在工厂利用型钢焊接成型，然后运到工地利用高强螺栓将各杆件连接起来，形成桁架，所以称为栓焊梁。

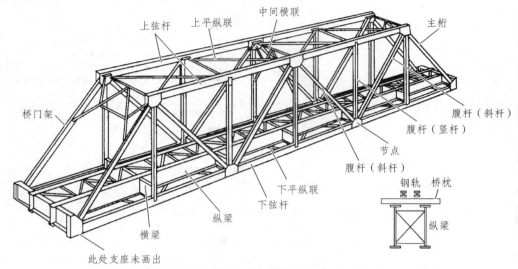

图 14-16　下承式简支栓焊桁架梁构造图

二、下承式简支栓焊桁架梁的图示内容

钢梁结构图通常由设计轮廓图、纵（横）梁详图、联结系详图、节点详图、杆件图和零件图等几种图示组成。

1. 设计轮廓图

设计轮廓图是整个钢梁的示意图，一般只画出各杆件的中心线，图 14-17 是跨度为 64 m 下承式简支栓焊桁架梁的设计轮廓图，该图由五个投影图组成。

主桁：

主桁是主桁架的正面图，表示两片主桁架的总体形状和大小。该梁跨度 8×8 000=64 000 mm，支座距离梁端 550 mm，梁高 11 500 mm。图中标出各节点的编号，如 E0、A1 等，由于钢梁是对称的，所以右侧编号在左侧对称位置编号的基础上加角标"′"来表示。图中用虚线表示出中间横联及两端桥门架的位置。

主桁图中左半部分利用中断断面图的表示方法画出主桁各杆件的断面形状，并标记出组成该杆件的型钢的数量、种类及尺寸，如 A1E1 竖杆截面为"H"型，由 2 块 260 mm 宽、16 mm 厚的钢板（2—□260×16）和 1 块 428 mm 宽、10 mm 厚的钢板（1—□428×10）焊接而成；主桁图中右半部分标出主要受力杆件的内力 N 及应力 σ。

上平纵联：

上平纵联画在主桁的上方，左半部分为中线图，右半部分用中断断面图的形式，表示上平纵联杆件的结构形式和尺寸，以及杆件断面形状和组成。上平纵联长 6×8 000=48 000 mm，横向宽度 7 000 mm。

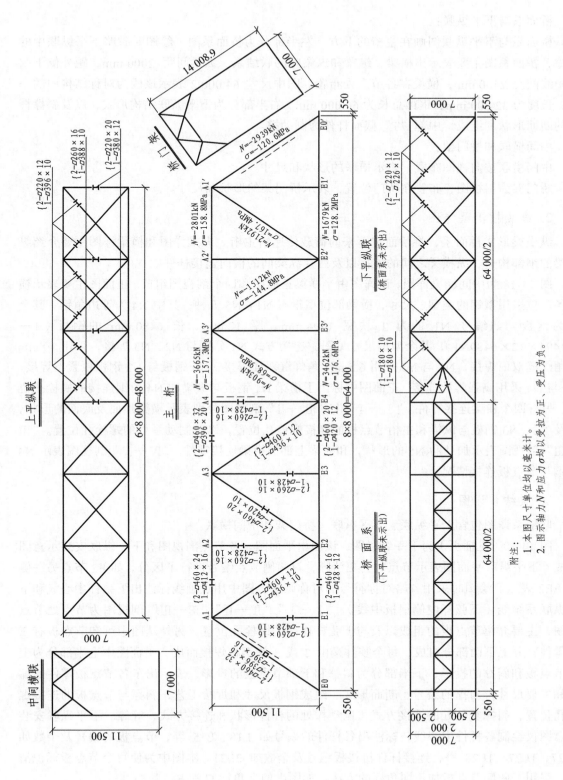

图 14-17 设计轮廓图

附注：
1. 本图尺寸单位均以毫米计。
2. 图示轴力 N 和应力 σ 均以受拉为正, 受压为负。

桥面系与下平纵联：

桥面系与下平纵联图画在主桁的下方。左半部分为桥面系图，绘图时省略下平纵联中的斜撑，桥面系图主要表示出横梁、纵梁和纵梁间的联结系。纵梁间距 2000 mm，距外侧下弦杆中线间距 2500 mm，横梁在各节点处布置。图中尺寸 64 000/2 表示该段为对称结构中的一半，长度为 32 000 mm，钢梁总长为 64 000 mm。右半部分为下平纵联结构形式，以及斜撑杆件的断面形状和组成，中部"T"截面杆件为制动撑。

中间横联和桥门架：

中间横联按向视图布置，表示横联的形状和尺寸。

桥门架为斜视图，布置在桥门位置，表示桥门架的形状和尺寸。

2. 纵（横）梁详图

纵横梁形成桥面系，将桥面传下来的荷载传递给主桁。纵梁详图和横梁详图主要介绍纵横梁的细部构造、纵横梁之间的连接以及两片纵梁间的横向连接杆件。

图 14-18 为中间横梁详图，该详图由半横梁正面图和四个剖视图组成。正面图主要表示横梁各部位采用型钢的类型、尺寸，横梁部位型钢有 N1~N5 五种，其中 N4 为等边角钢，其余均为钢板，如编号 N1 的为 1 块宽 1494 mm、厚 12 mm、长 6480 mm 的钢板（1—□1494×12×6480N1），其余型钢尺寸见图。连接方式 N1 分别与 N2、N3 焊接，采用 10 mm 的角焊缝双面焊接，N1 与 N5 采用 6.5 mm 角焊缝双面焊接，N5 钢板与 N2 钢板顶紧不焊接，N1 与 N4 采用高强螺栓连接。正面图中标出了横梁 N1 钢板与纵梁和 N4 角钢连接的螺栓孔位置。另有四个横梁连接零件。"Ⅰ—Ⅰ"与"Ⅱ—Ⅱ"剖视图分别表示横梁顶面及底面的形状，以及 N2、N3 钢板与纵梁和主桁节点板的连接螺栓孔位置，以及制动系处的螺栓孔位置。"Ⅲ—Ⅲ"剖视图表示加劲肋 N5 的形状，和横梁上部的横梁连接零件。"Ⅳ—Ⅳ"剖视图表示 N4 角钢与节点板连接情况。

3. 联结系详图

联结系详图包含上平纵联、下平纵联、桥门架和中间横联。

图 14-19（见插页）为下平纵联图，该图由平面图、各节点剖视图和下平纵联安装示意图组成。下平纵联平面图表示节点时为更清晰，对两侧节点编号进行了区分，如 E2 节点另一侧用 EE2 表示。绘图时采用省略对称符号的对称画法，图中用点画线标注出下弦杆中心线和下平纵联系统线（下弦杆内侧钢板中线）。"Ⅰ—Ⅰ""Ⅱ—Ⅱ""Ⅲ—Ⅲ"剖视图为节点处节点板图，主要介绍节点板的组成以及与下弦杆连接的螺栓孔位置，另外从图中可知节点板有三个零件，分上下两部分组成，每个零件又由 2 或 3 块钢板焊接而成。平面图中上半部分为上部节点板和斜撑的投影，下半部分为斜撑和下部节点板的投影，表示出了各节点板零件的编号和主要尺寸，斜撑的编号、断面形式、组成钢板尺寸和焊接工艺，斜撑与节点板的连接螺栓孔位置，斜撑交叉处的连接方式，制动撑处的杆件形状和连接方式，等等。下平纵联安装示意图仅绘制各杆件中心线，标注出各杆件的编号如 L18、L15 等，节点板的编号及个数如 1L27、1L27、1L28 等，连接杆件拼接板编号及个数如 2L21。本图中为使每个节点板标识清晰，采用了两侧节点板加不同角标的方法，如图中的上角标 C 和 F。

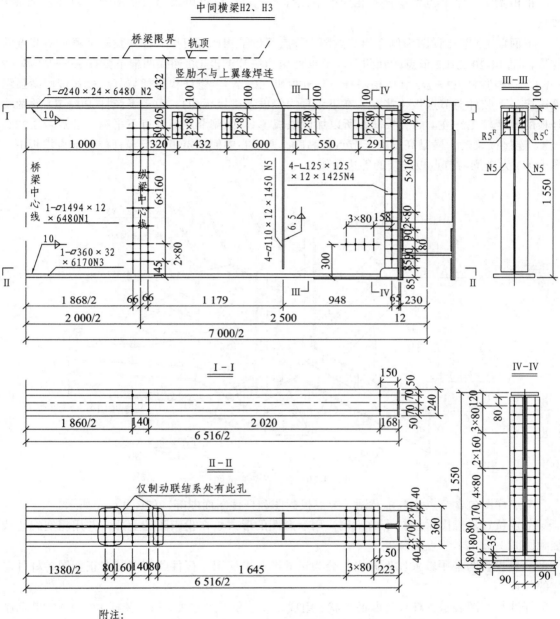

图 14-18　中间横梁详图

附注：
1. 本图尺寸均以毫米计。
2. 符号：
　＋ 表示M22高强螺栓或24孔。
　＋ 表示M22普通螺栓或24孔。
　＊ 表示M12普通螺栓或13孔。
3. H3为制动联结系处横梁。
4. 未标出的裁切边距均为40mm。

4. 节点详图

钢桁梁中每个节点都应该有相应的节点详图，对称节点可采用一张图纸，如 E2 和 E2′ 节点。

下面以 E2 节点详图为例介绍节点图。节点部位结构比较复杂，首先我们了解一下节点的构造，图 14-20 为 E2 节点的轴测图。节点处用两块节点板 D2 连接两根下弦杆 E0—E2 和 E2—E4、一根竖杆 E2—A2 和两根斜杆 A1—E2 和 E2—A3。竖杆和斜杆与节点板直接用高强螺栓连接，下弦杆与节点板连接时，在下弦杆内侧设置拼接板 P3，由于下弦杆 E0—E2 的两块竖板的厚度较 E2—E4 的竖板薄，所以加设填板 B3。内侧节点板处有下平纵联节点板 L27、L28。连接横梁时，横梁高度大于节点板高度，所以在内侧节点板以上竖杆位置加设填板 B4。图中 N4 为横梁与节点板连接的等边角钢。

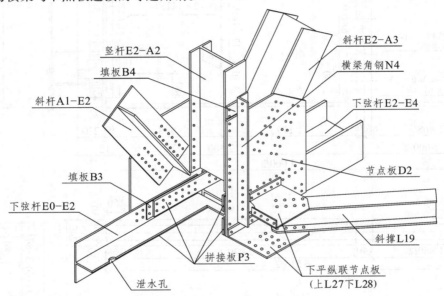

竖杆E2—A2
填板B4
斜杆A1—E2
填板B3
下弦杆E0—E2
斜杆E2—A3
横梁角钢N4
下弦杆E2—E4
节点板D2
斜撑L19
拼接板P3
泄水孔
下平纵联节点板
（上L27下L28）

图 14-20　E2 节点构造图

节点详图包含节点位置示意图、节点投影图和杆件断面图等，如图 14-21 所示。

节点位置示意图采用较小的比例，用示意图的形式画在投影图的上部，并用粗实线（或细线圆圈）标出本节点的位置。

节点投影图采用较大比例画出，分为正面图和平面图，杆件断面图画在正面图各杆件对应的位置。

杆件断面图表示各杆件的断面形状、组成、尺寸和焊接方式。如下弦杆 E0—E2 的断面图画在杆件延长线上，标注说明下弦杆代号 X1，由 2 块编号为 N1 的钢板（尺寸为 460×16×15 940 mm）和 1 块编号为 N2 的钢板（尺寸为 428×12×15 940 mm）焊接而成，焊缝形式为双面角焊缝，焊缝高度 6.5 mm。杆件断面宽度 460 mm、高度 460 mm。

节点正面图和平面图表达各杆件与节点板的连接关系。为了表达清楚，正面图中未画出下平纵联节点板处的斜撑投影，平面图中未画出竖杆和斜杆投影，这种绘图方法称为拆卸画法。采用拆卸画法可以突出主要内容，把与投影面倾斜且在其他投影中能表示清楚的杆件拆掉不画。

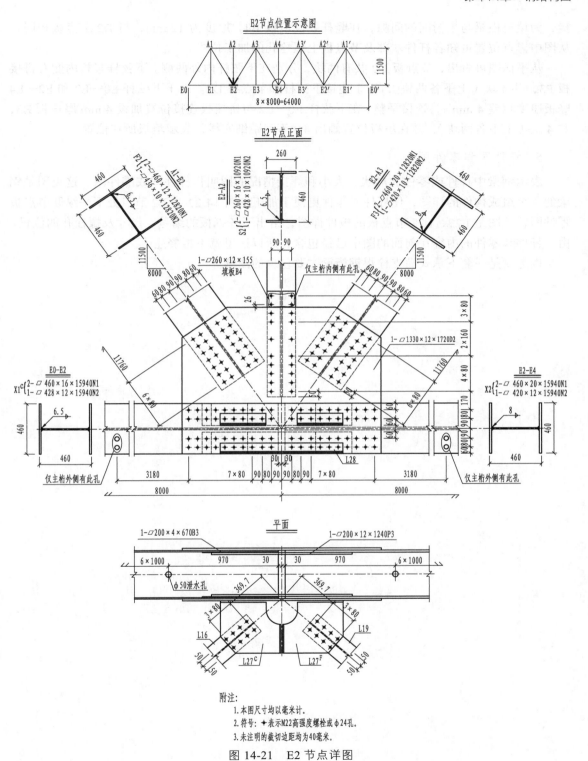

图 14-21　E2 节点详图

　　从正面图可看出，下弦杆 E0—E2 和 E2—E4 在该处连接，两杆件端部有 60 mm 间隙。斜杆和竖杆以及下弦杆的杆件中心线交于该节点中心，各杆件都采用高强螺栓与节点板 D2 连接，为填充横梁与主桁间的间隙，在竖杆处设填板 B4，厚度为 12 mm，与 D2 节点板相同。从图中黑点位置可知各杆件端部及节点板上螺栓孔的加工位置。

从平面图可看出，节点板 D2 共有两块，分别在下弦杆内外两侧。下弦杆竖板内侧有拼接板 P3，共 4 块（上下各两块），用于连接下弦杆和节点板 D2。由于下弦杆 E0—E2 和 E2—E4 竖板厚度相差 4 mm，为连接平整，在下弦杆 E0—E2 与拼接板连接位置加设 4 mm 厚填板 B3，共 4 块（上下各两块），并在填板位置画出 45°等间距细实线，表示填板所在位置。

5. 杆件图和零件图

表示钢梁中杆件或零件的形状、大小和焊接情况的图叫作杆件图或零件图。这类图是钢梁的各个组成构件的详图，使杆件或零件更便于加工。图 14-22 是 E2 节点处下平纵联节点板零件图，该图是 L27、L28 节点板的板件详图，给出了各钢板的编号、尺寸及螺栓孔的位置。由于杆件和零件的内容在前面的图中已经包含，所以这里就不再赘述了。

以上就是一套下承式简支栓焊钢桁梁主要包含的图纸。

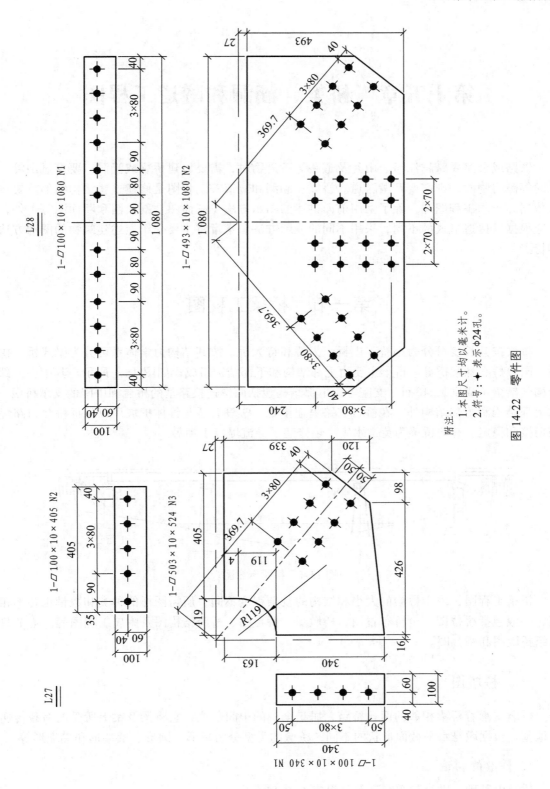

附注：
1. 本图尺寸均以毫米计。
2. 符号：＋表示 φ24孔。

图 14-22　零件图

第十五章　桥梁、涵洞和隧道工程图

　　铁路或公路要跨越江河、山谷及道路等障碍物时，需要修建桥梁或涵洞；要穿过山岭、江河等障碍物时，则需要开凿隧道。桥梁、涵洞和隧道等工程图是修建这些结构物的重要技术依据。土木工程图样，除了采用前面讲述的图示方法（三面图、剖面图和断面图等）外，还应根据其构造形式的不同，采用不同的表示方法。本章将主要介绍上述建筑物的图示方法和特点。

第一节　桥梁工程图

　　桥梁按其长度可分为小桥、中桥、大桥和特大桥，按其结构力学体系可分为梁式桥、拱桥、刚架桥、悬索桥等。桥梁主要由上部结构和下部结构组成，如图 15-1 所示。其中：上部结构包括梁（或拱）、桥面、支座等；下部结构包括两岸连接路基的桥台和中间的支承桥墩。除上部结构和下部结构外，在桥台与路堤连接处，常设有桥头锥体护坡用以保证桥台与路堤的衔接和稳定。有些桥梁为免遭水害，还修建了导流堤、丁坝等。

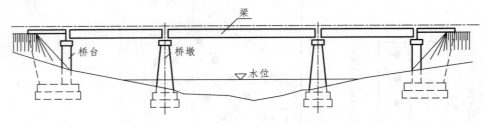

图 15-1　桥梁示意图

　　桥梁工程图，由于桥梁的大小和结构的复杂程度不同，所需图样的种类和数量也各不相同，一般包括桥位图、全桥布置图、桥墩图、桥台图、桥跨结构图及附属工程图等。本节只介绍桥墩图和桥台图。

一、桥墩图

　　桥墩支承着桥梁相邻的两孔桥跨，居于全桥的中间部位，它将梁及梁上所受的荷载传递给地基。根据墩身水平截面形状的不同，桥墩的类型分为矩形、圆形、圆端形和尖端形等。

　　1. 桥墩的构造

　　桥墩由基础、墩身和墩帽三部分组成（图 15-2）。

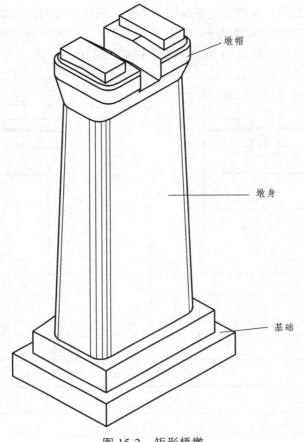

图 15-2 矩形桥墩

基础在桥墩的最底部，一般埋在地面以下。根据地质情况，基础可以采用扩大基础（图 15-2 基础为上下两层的扩大基础）、桩基础或沉井基础等。基础使用的材料多为浆砌片石或混凝土或钢筋混凝土。

墩身是支承桥跨的主体结构，一般上面小，下面大。墩身使用的材料多为浆砌片石或混凝土或钢筋混凝土。一般墩身顶部 40 cm 高的部分为放有少量钢筋的混凝土，以加强与墩帽的连接。

墩帽在桥墩的最上部，由顶帽与托盘组成。顶帽的平面尺寸一般比墩身顶面大，因此托盘对顶帽和墩身的连接就起着承上启下的作用。顶帽的上表面为中间高周围低的斜面，以利于排水。为安放桥梁支座，其顶帽上面设有垫石。顶帽与垫石的材料为钢筋混凝土，托盘为混凝土。

2. 桥墩的表达

表示桥墩的图样一般包括桥墩图、墩帽图和钢筋布置图等。现以矩形桥墩为例说明桥墩的图示特点：

（1）桥墩图。

桥墩图主要用来表达桥墩的总体概貌、部分尺寸和各部分的材料。由于桥墩的形体大，绘图比例较小，其细部构造和尺寸常常被省略，故这样的图又被称为桥墩概图。

桥墩一般用三面图和一些剖面或断面图来表达，顺线路方向的投影称为正面图（或简称正面），垂直于线路方向的投影称为侧面图（或简称侧面）。如图 15-3 所示的矩形桥墩图用的是平面图、正面图、侧面图及 1—1 断面来表示桥墩的形状。

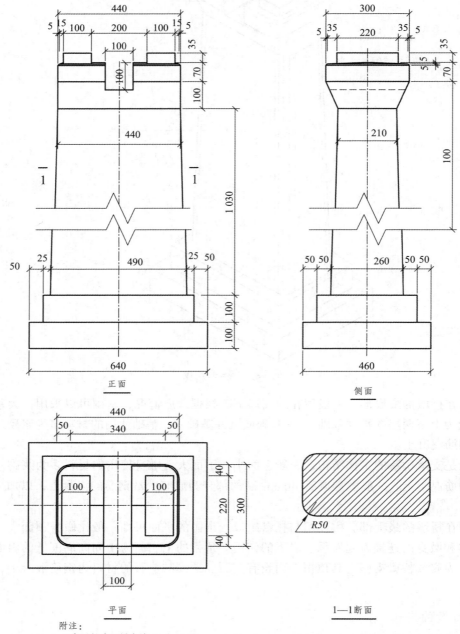

附注：
1.本图尺寸以厘米计。
2.各部材料 基础：C30混凝土；墩身和墩帽：C30钢筋混凝土； 垫石：C50钢筋混凝土。
3.桥墩钢筋布置图另见详图。

图 15-3　矩形桥墩图

（2）墩帽图。

如果桥墩图的比例较小，常常不易将墩帽的构造完全表达清楚，有时还需用较大的比例画出墩帽图来补充桥墩图表达的不足。而图 15-3 所示的矩形桥墩的墩帽形状简单，墩帽图也可省去不画。墩帽内的钢筋布置情况，由墩帽钢筋布置图表示，这种图在第十三章已作介绍，此处不再赘述。

3. 桥墩图的阅读

下面以图 15-3 为例，介绍阅读桥墩图的步骤：

（1）读桥墩图的标题栏及附注。从标题栏中得知构造物的名称、比例等，从附注中了解尺寸单位、施工技术要求等。

（2）查明各视图来源。此桥墩图有三个基本视图、一个断面图，其剖切位置和投影方向均可在正面图中找到。

（3）弄清楚各部分的形状、尺寸及材料。读桥墩形状时，可按基础、墩身和墩帽三大部分来读。

① 基础。

由图 15-3 可知，基础分上下两层，每层均为长方体，底层尺寸为 640×460×100，顶层为 540×360×100。两层在前后及左右均对称放置。基础所用的材料为 C30 混凝土。

② 墩身。

由 1—1 断面图可知，墩身的水平截面形状为矩形，再对照正面与侧面可看出，墩身为四棱台，且四条棱处均被做成半径为 50 的圆角。墩身底面尺寸为 490 cm×260 cm、顶面尺寸为 440 cm×210 cm，墩身高为 1030 cm。墩身所用材料为 C30 钢筋混凝土。

③ 墩帽。

由正面与侧面可知，托盘为梯形四棱柱，其底面梯形尺寸长边为 300 cm、短边为 210 cm、高为 100 cm、棱长为 440 cm，且四角均被做成半径为 50 的圆角。

由正面、平面及侧面可知，顶帽是矩形板，长 440 cm、宽 300 cm，且四角均被做成半径为 50 的圆角。顶帽的上表面是四面排水的倾斜面，上表面边缘有 5 cm 的抹角。其他详细尺寸都表示在三个基本投影内。

由图 15-3 的三个基本投影还可知，在顶帽上部有两块垫石，各长 220 cm、宽 100 cm。作为检查墩顶设备之用，在顶帽上部两块垫石之间开有一个 100 cm×300 cm×100 cm 的凹槽，槽内设与墩顶相同的纵向排水坡。

托盘与顶帽的材料为 C30 钢筋混凝土，垫石的材料为 C50 钢筋混凝土。

综合以上各个部分的分析，即可想象出整个桥墩的形状，如图 15-2 所示。

二、桥台图

桥台居于全桥的两端，前端支承着桥跨，后端与路基衔接，起着支挡台后路基填土并把桥跨与路基连接起来的作用。

同桥墩一样，桥台多以台身水平截面形状分成多种类型。铁路桥梁的桥台根据桥头填土高低等的不同，常采用 U 形、矩形、十字形和 T 形桥台等。

1. 桥台的构造

桥台的类型尽管不同，但其构造基本一致。现以图 15-4 所示的 T 形桥台为例，介绍其组成及构造。

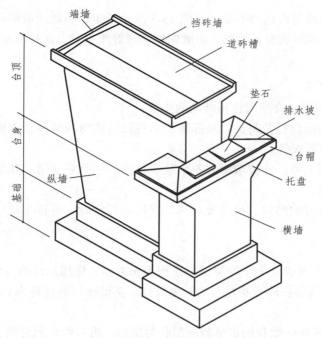

图 15-4　T 形桥台

　　基础：同桥墩一样，基础是桥台的最下部分，常埋于地下。它也随着水文地质等条件不同而有多种形式，常用的有明挖基础和桩基础等。

　　台身：桥台的中间部分。位于基础上表面与台帽下表面之间。T 形桥台的台身由纵墙、横墙及其上部的托盘组成。托盘是用来承托台帽的。

　　台顶：位于桥台的上部，主要由台帽、道砟槽和台顶纵墙（即台身纵墙向上延续的部分）三部分组成。台帽在托盘之上，其中一部分与台顶纵墙相嵌，它的构造基本上与墩帽相同。道砟槽是用来容纳道砟以铺设轨道的，其基本形状如图 15-5 所示，它两边的墙叫挡砟墙，内侧有凹进去的斜防水层槽。两端的墙叫端墙，其内侧也有凹进去的防水层槽。道砟槽中部是一个凹槽，在槽底的水平面上填有混凝土垫层，垫层做成中间高并向两边倾斜的平面，垫层上面铺设防水层，防水层四边嵌入防水层槽内，在挡砟墙内设置泄水管，以便将道砟槽内积水排出桥台以外。

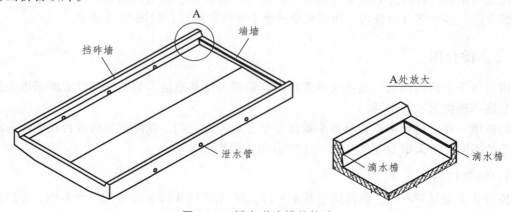

图 15-5　桥台道砟槽的构造

附属建筑：这里主要指保护桥头填土不致受河水冲刷的锥体护坡。它与桥台紧密相连，其实际形状相当于两个 1/4 的椭圆锥体，分设于桥台两侧。台身的大部分都为它所覆盖和包容。

2. 桥台的表达

一个桥台，通常要由桥台总图（或称桥台设计图）、台顶构造图、台帽及道砟槽钢筋布置图等图样来表达。若基础为较复杂的沉井或桩基础等，则还应有基础构造图。下面以图 15-4 所示的 T 形桥台为例介绍如何来表达桥台。

（1）桥台总图。

桥台总图主要是用来表达桥台的总体形状、大小及各组成部分所使用的材料，桥台与路基、桥台与锥体护坡、桥台与线路上部构造等相关构筑物的关系等。

桥台总图一般包括侧面图、半平面及半基顶剖面图、半正面及半背面图，如图 15-6 所示。

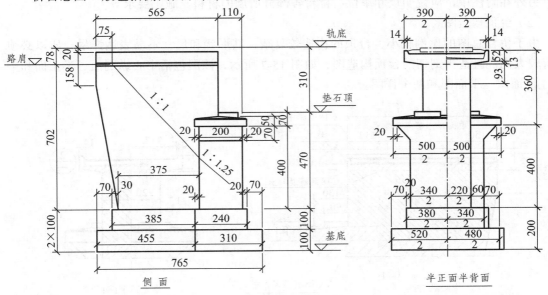

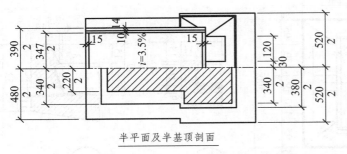

半平面及半基顶剖面

附注：
1. 本图尺寸以厘米计。
2. 材料：
　基础：M10水泥砂浆砌片石；
　台身：M10水泥砂浆砌片石，块石镶面；
　台顶：顶帽、道砟槽为C20钢筋混凝土，
　　　　其余为C15混凝土。
3. 台顶部分详细尺寸见台顶构造图。

图 15-6　T 形桥台总图

通常规定，把与线路垂直方向投射得到的视图称作桥台的侧面图，此图一般画在正立面图的位置上。用来表示桥台的侧面形状以及与路基、锥体护坡等的相互关系，此图除了要标注桥台本身的主要尺寸外，还应标注基底、轨底和桥头路肩等处的标高，锥体护坡顺线路方向的坡度等，从而确定桥台与线路和路基的相对位置。其路肩线、轨底线及锥体护坡与桥台的交线，一般用细实线绘出。它们的内容与布置，如图 15-6 所示。

由于桥台以线路中心纵剖面对称，故侧面投影常画成桥台的半个正面图和半个背面图组成的组合视图，中间以点画线分界。规定从桥跨结构一侧顺线路方向投射得到的视图称为桥台的正面图，而从路基一侧顺线路方向投射得到的视图称为桥台的背面图。它同时表达了桥台正面和背面的形状和大小。此图通常用细双点画线示出道砟和轨枕，而桥头路基及锥体护坡一律省略不画。

同样由于桥台以线路中心纵剖面对称，故平面图通常由半个平面图和半个基顶剖面图组成。其中半平面图重点表达道砟槽及台帽的形状和大部分尺寸，而半基顶剖面图则重点表达基础及台身水平截面的形状和尺寸。由于该图名表示了是沿基础与台身相接触的水平面进行剖切的，故图中无须再作剖切标注。

另外在附注中，应说明尺寸单位、桥台各部分所用的材料、施工要求等。

（2）台顶构造图。

由于桥台总图的比例较小，台顶的构造较复杂，其形状和尺寸不易表达详尽，所以必须画有较大比例且适当剖切的台顶构造图，如图 15-7 所示，该图包括中心纵剖面、半正面和半 1—1 剖面图、平面图和两个详图。

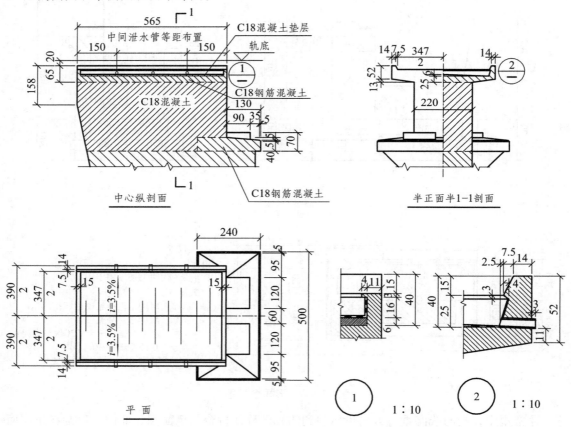

附注：
1. 本图尺寸以厘米计。
2. 顶帽、道砟槽钢筋布置图另见详图。

图 15-7 台顶构造图

中心纵剖面的剖切位置寓于图名之中无须标注。它主要用来表达道砟槽的构造、泄水管和轨底的位置，以及台顶各部分所用的材料，图中虚线为材料分界线。

半正面及半 1—1 剖面图主要表示台顶的正面、背面及道砟槽的形状与尺寸。

平面图主要表示道砟槽、台帽的形状和尺寸，以及槽底的横向排水坡度等。

1、2 详图分别表示挡砟墙和端墙内侧滴水檐的形状和尺寸。详图中黑白相间的符号表示防水层。

3. 桥台图的阅读

阅读桥台图的方法、步骤如下：

（1）首先读标题栏和附注，从中了解桥台类型、图样比例、尺寸单位以及各部分使用的材料等。

（2）查明各视图来源。

（3）弄清楚各部分的形状、尺寸和材料。读桥台形状时，可按基础、台身和台顶三大部分来读。

① 基础。

由图 15-6 的三个基本投影可知，桥台基础共有两层，其形状每层均为 T 形八棱柱，100 cm 厚。由图中可读出其他尺寸。

② 台身。

台身分为横墙、纵墙和托盘三部分，由侧面与半正面可以分析出，横墙为一长方体，托盘为一梯形四棱柱（棱长为 200 cm），纵墙也为一梯形四棱柱（棱长为 220 cm）。横墙的左右尺寸为 200 cm，前后尺寸为 340 cm，高度为 400-70=330 cm，其中 70 cm 为托盘高度。其他尺寸可从图中读出。

③ 台顶。

台顶按台帽、墙身和道砟槽三部分来读。

台帽：由图 15-6 得知台帽为高 50 cm、长 500 cm、宽 240 cm 的长方体。其抹角、垫石等的形状和尺寸，可由图 15-7 中读出。

墙身：纵墙向上的延伸部分，其形状为一棱柱体，后表面是一斜面与纵墙斜表面相吻合，前下角的缺口压在台帽上。

道砟槽：由图 15-7 可知，道砟槽总长 565 cm、宽 390 cm、高 52+13=65 cm。槽底厚 25 cm，槽底上面有中间高 6 cm 向两边倾斜的混凝土垫层，其坡度为 3.5%。在两侧的挡砟墙下部安放有泄水管。端墙和挡砟墙内侧凹槽的详细尺寸可从 1 详图和 2 详图中查出。

桥台各组成部分的材料，可由图 15-6 中的附注及图 15-7 中的剖面图查到。

第二节　涵洞工程图

一、涵洞工程图概述

涵洞是埋在路堤下面，用来排泄少量水流或通过车辆和行人的构筑物。

涵洞的类型是按其断面形状和结构形式来分类的，可分为拱形涵洞（图 15-8）、盖板箱形涵洞（图 15-9）和圆形涵洞（图 15-10）。

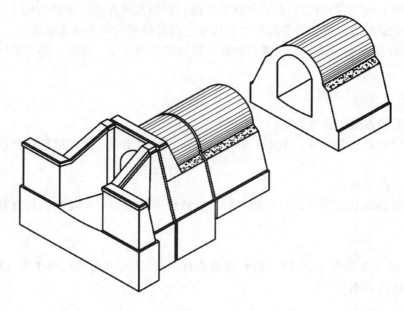

图 15-8　拱形涵洞

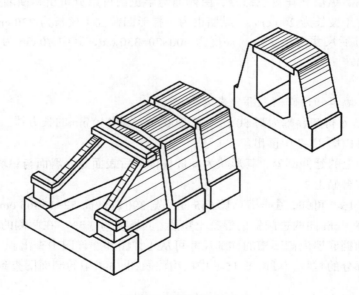

图 15-9　盖板箱形涵洞

涵洞两端的外露部分分别为入口和出口。埋在路堤内的部分叫洞身，洞身在长度方向上分为若干段，每段叫洞身节。各节之间留有沉降缝，对沉降缝要作防水处理。洞身上部覆盖黏土保护层。

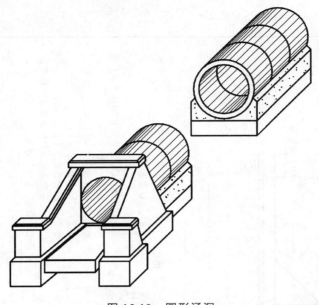

图 15-10 圆形涵洞

二、涵洞工程图的图示方法和特点

表示涵洞一般只画涵洞总图，需要时可单独画出某一部分的构造详图，如圆形涵洞的管节图，盖板箱涵的盖板钢筋布置图等。

下面以圆形涵洞（图 15-11）为例，说明涵洞工程图的图示方法和特点。

1．中心纵剖面图

中心纵剖面图是沿涵洞中心线垂直剖切后画出的一个全剖面图，不需标注剖切位置。该图表明涵洞出、入口的形状、尺寸及材料，涵洞的分节及每节长度，涵洞沉降缝的宽度及防水处理。

2．半平面及半 1—1 剖面图

半平面图表明涵洞出、入口及洞身节的形状；半 1—1 剖面图表明涵洞出、入口基础及端墙水平截面的形状。

3．正面图

正面图是涵洞出、入口的正面投影，表明涵洞出、入口立面的形状与尺寸以及锥体护坡的坡度。

4．2—2 断面图

2—2 断面图表明涵洞洞身节的构造、断面形状与尺寸以及各部所使用的材料。

5．附注

附注中对该圆形涵洞有关事项进行说明。

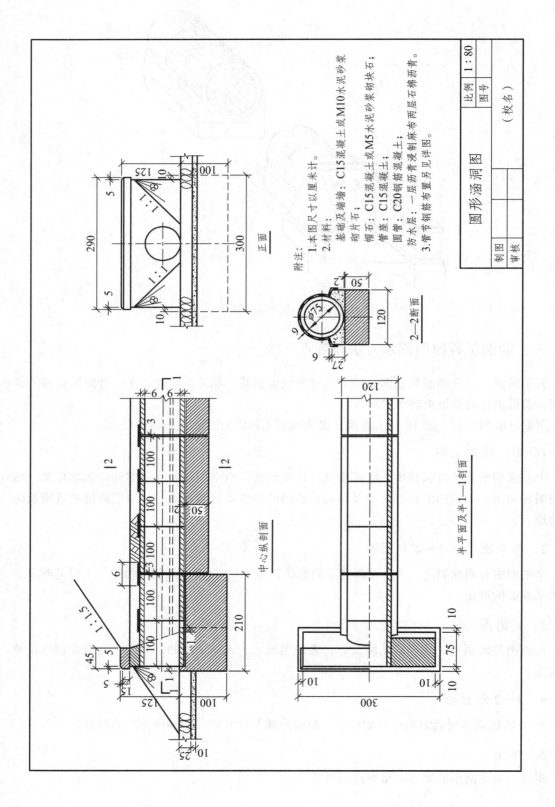

图 15-11 圆形涵洞图

三、涵洞图的阅读

现以拱形涵洞图 15-12（见插页）为例，介绍涵洞工程图的识图方法和步骤。

1. 读标题栏、附注

从中了解涵洞的类型、孔径、图样的比例、尺寸单位和各部分所用的材料及施工要求等。

2. 读图

查明各图形的来源并根据各图形间的投影关系，逐一弄清楚涵洞各组成部分的形状和尺寸。

（1）洞身。

① 洞身节。

由中心纵剖面可知，洞身节的长度是 300 cm，共有 3+1 节，两节间有 3 cm 的沉降缝，外面铺设 50 cm 宽的防水层，洞身上部铺 20 cm 纯净黏土层。由半平面及半基顶剖面、2—2 剖面图可知：基础为长方体，它的上表面中部有一个圆弧形槽。基础厚度为 120 cm、宽为 510 cm、长为 300 cm，圆弧形槽深 10 cm。边墙是两个平放的五棱柱，位于基础上面的两边。由拱圈详图可知，拱圈是等厚度的圆拱，厚度为 50 cm，拱脚与边墙上表面接触，拱脚所在平面通过拱圈的轴线。洞身净孔高为 10+190+70=270 cm。

② 出入口端节。

由中心纵剖面图、半平面及半基顶剖面和 2—2 剖面图可以看出，入口端节的形状和尺寸基本上与洞身节相同，只是基础加厚了 200-120=80 cm，节长只有 220 cm。入口端节左端上部设有一端墙，端墙顶厚 50 cm，底厚 90 cm。端墙右侧面是正垂面，在半平面图中画出了此平面与拱圈外表面交线的水平投影——椭圆弧。端墙之上有 290×45×20 的帽石，其上部在左、前、后三边均做有 5 cm 的抹角。

出口端节的形状和尺寸与入口端节的形状和尺寸完全相同。

（2）出入口。

入口由基础、翼墙、雉墙和帽石组成。对照中心纵剖面、半平面及半基顶剖面、1—1 剖面图和入口正面可以看出：

①基础：基础是立放 T 形柱，厚 200 cm。基础顶面有深 10 cm 的弧形槽。

②翼墙：两翼墙前后对称设置，右端面与基础的右端面对齐。两翼墙内侧面均由两平面组成，右边为 40 cm 长的正平面，左边为铅垂面，外侧面的两个平面中，一个是梯形侧垂面，另一个是一般位置的平面三角形，上表面由一个水平正方形及一个平行四边形正垂面组成。

③雉墙：两雉墙的断面形状是梯形，由中心纵剖面表示，雉墙外端面是正平面，内端面与翼墙内侧面重合。

④帽石：位于翼墙和雉墙顶部，其形状为宽 45 cm、厚 20 cm 的长条形，顶面三边有 5 cm 抹角，且外挑于八字墙顶面 5 cm，外侧相对于墙顶留有 10 cm 的襟边。

出口形状与入口一样，仅仅是尺寸不同。

（3）锥体护坡和沟床铺砌。

由出入口正面图和中心纵剖面图可以看出，锥体护坡是 1/4 椭圆锥体，顺路堤边坡方向的坡度为 1∶1.5，顺雉墙面的坡度为 1∶1。出入口锥顶高度由路基边坡与雉墙端面的交点确定。沟床铺砌由出入口起延伸到锥体护坡之外，其端部砌筑垂裙，具体尺寸另有详图表示。

第三节　隧道工程图

公路或铁路隧道是为火车或汽车穿越山岭而修建的建筑物。其结构由主体建筑物和附属建筑物两部分组成。主体建筑物由洞身衬砌和洞门组成；附属建筑物一般包括大小避车洞、防排水设施、电缆槽、长大隧道的通风道和通风机房等。

隧道工程图，主要有洞身衬砌断面图、洞门图以及大小避车洞的构造图等。现介绍如下（避车洞图从略）：

一、洞身衬砌断面图

当隧道被开挖成洞体以后，为了保持围岩的稳定，一般需要进行衬砌。隧道衬砌按照不同的围岩类别，有直墙式衬砌和曲墙式衬砌。其衬砌结构一般用断面图表示，即隧道衬砌断面图。图 15-13 是衬砌结构断面的一种，包括上部的拱圈、两侧的竖直边墙和下部的铺底。边墙是直的叫直墙式衬砌，边墙是曲线型的叫曲墙式衬砌。直墙式衬砌，其拱圈内轮廓线系由三心圆曲线构成，故称三心拱。拱圈与边墙的分界线称为起拱线，下部的铺底要有一定的横向坡度，以利于排水。衬砌下部两侧分别设有洞内水沟和电缆槽。绘制衬砌断面图和作施工放样时，均以中心线及轨顶线为基准，正确定出拱部三个圆心及各段拱的起讫点。

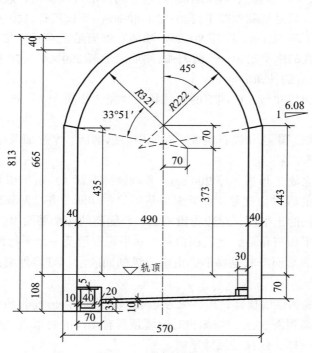

图 15-13　衬砌断面图

二、隧道洞门图

洞门位于隧道的进出口，是隧道的唯一外露部分。它起着稳定洞口仰坡、引离地表水流、装饰美化洞口等作用。根据洞口的地形和地质条件的不同，隧道洞门可以采用端墙式、柱式和翼墙式等形式，如图 15-14 所示。

（a）端墙式　　　　　　（b）柱式　　　　　　（c）翼墙式

图 15-14　隧道洞门

1. 隧道洞门的组成及构造

（1）端墙。

洞门端墙由墙体、洞口环节衬砌及帽石等组成。它一般以一定坡度倾向山体，以保持仰坡稳定、阻挡仰坡雨水及土、石落入洞门前的道路上，以保证洞口的行车安全。

（2）翼墙。

翼墙位于洞口两边，呈三角形，顶面坡度与仰坡一致，后端紧贴端墙，并以一定坡度倾向路堑边坡，并起着支承端墙和稳定路堑边坡的作用。翼墙顶还设有排水沟，墙体设有泄水孔，用来排除墙后的积水（图 15-15）。

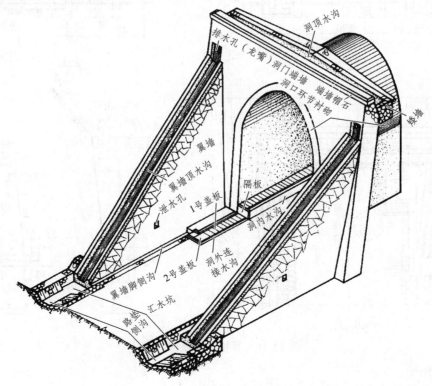

图 15-15　翼墙式洞门的构造

（3）洞门排水系统。

仰坡地表水通过端墙顶水沟和翼墙顶水沟流入汇水坑排除。其中端墙顶水沟位于洞门端墙顶与仰坡之间，沟底由中间向两侧倾斜，并保持底宽一致，水沟两端有挡水短墙，沟底最低处设有排水孔（俗称龙嘴），它穿过端墙，把该水沟的水引向翼墙顶水沟。

洞内地下水则通过洞内排水沟、洞外连接水沟和翼墙脚水沟流入汇水坑排除。

2. 隧道洞门的表达

隧道洞门图一般包括洞门的正面图、平面图、剖面图和断面图等，如图 15-16 所示。

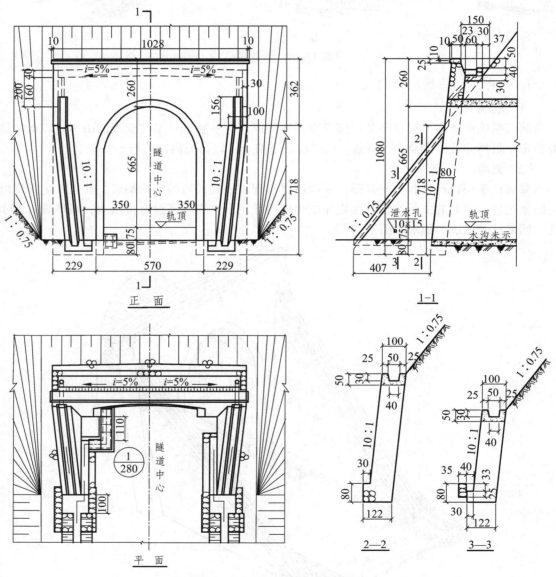

图 15-16　翼墙式隧道洞门图

（1）正面图。

正面图是沿线路方向面朝洞内对洞门所作的立面投影。它主要是表达洞门端墙的形式、尺寸，洞口衬砌的类型、尺寸，翼墙的位置、横向倾斜度以及端墙顶水沟的位置、排水坡度等。

（2）平面图。

平面图主要表达洞口排水系统的组成及洞内外水的汇集与排除路径，同时也表达了洞门仰坡与路堑边坡的过渡关系。

（3）1—1剖面

它是沿隧道中心竖直剖切后向左投影而得到的，主要表达端墙的厚度及倾斜度、端墙顶水沟的断面形状及尺寸、翼墙顶水沟及仰坡的坡度、连接端墙顶水沟及翼墙顶水沟的排水孔设置等。因另画有排水系统详图，该图一般不详示洞内外排水沟。

（4）2—2和3—3断面图。

断面图主要用来表达翼墙的厚度、横向倾斜度及其与路堑边坡的关系，翼墙顶水沟的断面形状和尺寸。2—2断面图还表达翼墙脚处无水沟，而3—3断面图还表达翼墙脚处有水沟。

（5）排水系统详图。

排水系统详图如图15-17所示。其中1详图是图15-16平面图中洞外连接水沟的放大图。它主要表达连接水沟上的盖板布置。6—6、7—7和8—8主要是表达洞内水沟与洞外连接水沟的构造及其连接情况。汇水坑平面和4—4表达左右两个汇水坑的构造及其与翼墙端面的相对位置。5—5是一个组合断面图，左、右两边分别表示离汇水坑远、近处路堑侧沟的铺砌。

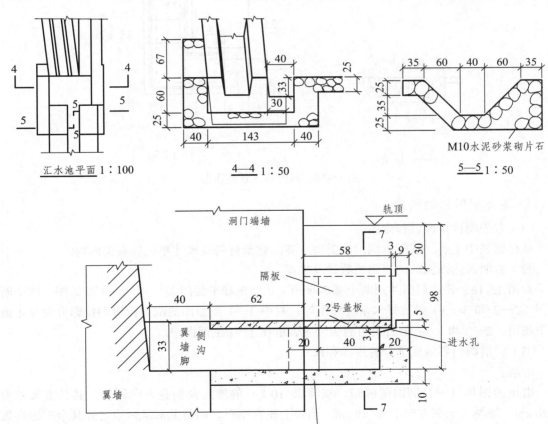

汇水池平面1：100　　　4—4 1：50　　　5—5 1：50

M10水泥砂浆砌片石

6—6 1：20

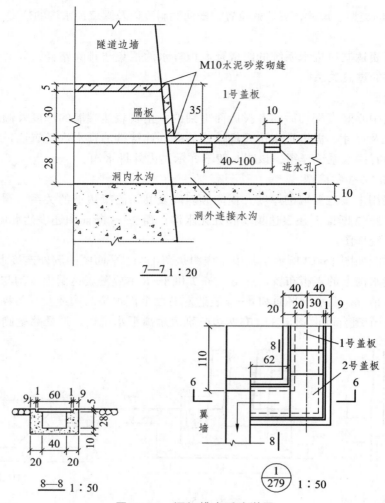

图 15-17　洞门排水系统详图

3. 隧道洞门图的阅读

（1）首先阅读标题栏和附注。

从标题栏中主要了解隧道洞门的类型、各部建筑材料及尺寸单位等有关内容。

（2）查明表达该洞门的视图的数量及来源。

如图 15-16，表达洞门共用两个基本视图（正面图和平面图）、一个 1—1 剖面图、两个断面图（2—2 和 3—3）以及排水系统详图等，其中 1—1 剖面图的剖切位置和投影方向在正面图中注出，2—2 和 3—3 断面图的剖切位置表示在 1—1 剖面图中。

（3）弄清洞门各组成部分的形状和尺寸。

端墙：

由正面图和 1—1 剖面图可知，端墙以 10:1 的坡度向洞身方向倾斜，其长度尺寸为 1028 cm，墙厚（水平方向）为 80 cm。墙顶上压有帽石，帽石上部除后边之外其余三边均做成 10 cm×10 cm 的抹角。在端墙顶的背后设有水沟，其断面形状为直角梯形，由正面图可知水沟自墙的中间向两端倾斜，其坡度 $i=0.05$，沟深为 40 cm。在端墙顶水沟的两端设有厚 30 cm、高 200 cm 的短墙，其形状用虚线表示在正面图及 1—1 剖面图中。

端墙顶水沟靠洞门一侧的沟壁不是侧垂面，而是双曲抛物面。因为此沟壁的上边线为端墙顶的侧垂线，而下边线为正平线（这样才能使向两端倾斜的沟底面宽 60 cm 保持不变），上下边线不在同一个平面内。如此设置后，此沟壁两端的坡度要比中间的陡一些。

翼墙：

由正面图和平面图可知在端墙的前面、线路的两侧各有一堵翼墙，分别向路堑两边的山坡倾斜，坡度为 10 : 1。结合 1—1 剖面图可以看出，翼墙的形状大体上是一个斜三棱柱。从 2—2 和 3—3 断面图中可以了解翼墙的竖直断面的形状和尺寸，以及墙顶排水沟的断面形状和尺寸。由平面图可知翼墙墙脚处有侧沟，侧沟的断面形状和尺寸由 3—3 断面图表示。由 1—1 剖面图可知翼墙内还设有一个 10 cm×15 cm 的泄水孔，以排除翼墙背面的积水。

侧沟：

由图 15-17 中的 1 详图可知洞内侧沟的水是经过两次直角转弯后流入翼墙脚侧沟的。由 9—9 断面图和 7—7 剖面图可知洞内外侧沟断面形状均为矩形的混凝土沟槽，沟宽 40 cm，洞内沟深为 98-30=68 cm，洞外沟深为 28+5=33 cm。由 8—8 剖面图可知，洞内侧沟与洞外连接水沟的沟底在同一平面上，在洞口处水沟边墙高度变化的地方有隔板封住，以防道砟掉入沟内。洞内外水沟上部均盖有盖板，且洞外连接水沟的边墙上设有进水孔，每间隔 40～100 cm 设一个。

由图 15-17 中的 4—4 剖面图可知翼墙前端部各水沟与汇水坑的连接情况和尺寸。由 5—5 断面图的剖切位置可知 5—5 断面图的右边一半表明靠近汇水坑处路堑侧沟的铺砌情况，而左边一半则表明离汇水坑较远处路堑侧沟的铺砌情况。

第十六章 房屋施工图

第一节 房屋施工图概述

一、房屋的分类

房屋是供人们生产、生活和居住的建筑物。房屋可以按照使用性质和结构形式分类。

1. 按照房屋使用性质分类

房屋按其使用性质可以分为两大类：生产性建筑和非生产性建筑。其中：生产性建筑可分为工业建筑和农业建筑；非生产性建筑统称为民用建筑，可分为公共建筑和居住建筑。

（1）生产性建筑。

工业建筑是供人们从事各种工业生产的建筑。它包括生产用建筑和辅助用建筑，生产用建筑包括各种生产车间、厂房等，辅助用建筑包括仓库、锅炉、变配电所等。

农业建筑是人们从事农牧业生产需要的建筑，可分为种植类（如温室、农机站、粮仓等）和养殖类（如牛棚、养鸡场等）。

（2）非生产性建筑。

居住建筑是供人们生活起居的建筑物，如住宅楼、宿舍楼、公寓等。

公共建筑是供人们进行各项社会活动的建筑物，这类建筑种类最多、范围最广。它又可根据使用功能分为办公建筑、文教建筑、幼托建筑、科研建筑、医疗建筑、体育建筑、商业建筑、旅游建筑、交通建筑、邮电建筑、园林建筑等等。

2. 按照房屋的结构形式分类

（1）砖混结构。

砖混结构的房屋是用砖石砌成墙体或柱子作为竖向承重，用钢筋混凝土的梁和板作为横向承重构件。一般的多层住宅大多采用这种结构。

（2）框架结构。

框架结构是指用梁柱形成框架作为主要承重构件的房屋，这种房屋的墙体只起围护和分割作用，不起承重作用。一般的办公楼、商场等公共建筑多采用这种结构。

（3）剪力墙结构。

剪力墙结构一般用于高层住宅建筑。在高层建筑中，钢筋混凝土剪力墙不但承受竖向荷载，还要承受风荷载、地震作用等水平力，这些水平力的作用使墙体承受水平剪力，因此，这种结构的房屋称为剪力墙结构。

（4）框架-剪力墙结构。

剪力墙结构一般墙体较多，房间的使用空间较小，多用于高层住宅。但对于要求有大空间的公共建筑来说，布置太多的剪力墙是不合适的。框架结构由于有柱子作为竖向承重构件，墙体是不承重的，所以在框架结构的房屋可以不布置墙，形成较大的使用空间，但框架结构承担水平力的能力较差，房屋的高度受到限制，为了使房屋既能满足高度要求又能满足使用空间的要求，常常采用把框架和剪力墙这两种结构形式结合起来形成一种复合结构——框架-剪力墙结构。

（5）筒体结构。

在更高的房屋中，往往采用筒中筒结构或框筒结构。筒中筒结构是房屋的内部和外部布置两个刚度很大的筒体，内筒一般布置楼梯和电梯，形成交通核，内外筒之间的空间作为使用空间。框筒结构是房屋的内部布置一个刚度很大的筒体，作为交通核，外部布置密排柱框架。这两种结构的房屋都称为筒体结构，它们承担水平力的能力更强，房屋可以盖得更高。

（6）大空间结构。

一些要求有更大使用空间的房屋常常采用轻钢结构，比如体育馆、礼堂、展厅等，这些房屋常采用网架、门式刚架等结构形式。

二、房屋的组成及其各部分的作用

一幢建筑物一般都可以看成由基础、墙和柱、楼板层、地面、屋顶、楼梯（电梯）、门窗几大部分组成。每一部分都起着不同的作用，如图 16-1 所示。

基础：位于建筑物最下部的承重结构，承受着建筑物的全部荷载，并将这些荷载传给地基。因此基础必须具有足够的强度，并能抵御地下各种因素的侵蚀。

墙和柱：建筑物的承重构件和围护构件。作为承重构件，墙和柱承受着建筑物由屋顶或楼板层传来的荷载，并将这些荷载传给基础。作为围护结构，外墙起着抵御自然界各种因素对室内侵袭的作用，内墙起着分隔房间、创造室内舒适环境的作用。因此要求墙体根据功能的不同，分别具有足够的强度、稳定性、保温隔热、隔声、防水、防火等能力以及具有一定的经济性和耐久性。

楼板层：房屋建筑中水平方向的承重构件，同时沿高度方向将房屋分成若干楼层。楼板层承受着家具、设备、人体的荷载及本身的自重，并将这些荷载传给墙体或柱子，同时还对墙体起着水平支撑作用。作为楼板层，要具有足够的强度、刚度和隔声能力，同时对于有水的房间还要求楼板具有防水防潮的能力。

地面：底层房屋与土壤接触的部分，承受底层房屋的荷载。

屋顶：建筑物顶部的外围护构件和承重构件，抵御着自然界雨、雪、太阳辐射等对房间的影响，承受着建筑物顶部的荷载，并将这些荷载传给墙体或柱子。

楼梯（电梯）：楼房建筑的垂直交通设施，供人们上下楼层和紧急疏散使用。较高的建筑还要设置电梯。

门窗：门主要是供人们内外交通，同时还有分隔房间、采光通风和围护的作用；窗主要是采光通风，同时也起分隔和围护作用。

一幢建筑物除了上述几大主要部分外，还有很多细部构造，如阳台、雨篷、女儿墙、栏杆、台阶、散水、勒脚等。

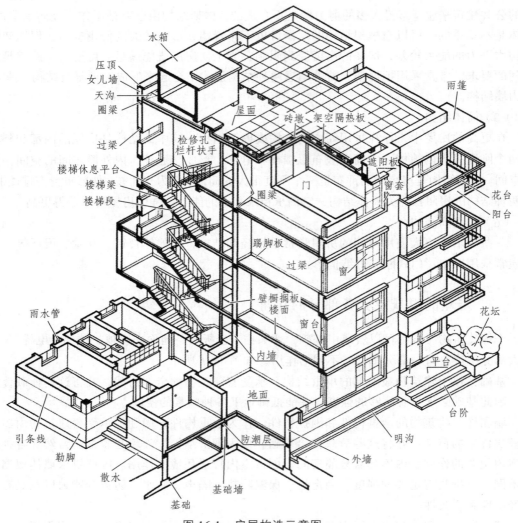

图 16-1　房屋构造示意图

三、房屋施工图的特点和分类

房屋施工图是房屋建造和施工的依据。建造房屋是一个复杂的系统工程，包括很多工种。房屋的设计和施工可以分成五个不同的专业，即建筑、结构、给排水、采暖通风和电气。这五个专业既相互独立又相辅相成。一套房屋的施工图也按这五个专业来分类，即建筑施工图（简称"建施"）、结构施工图（简称"结施"）、给排水施工图（简称"水施"）、采暖通风施工图（简称"暖施"）、电气施工图（简称"电施"）。

建筑施工图是表示房屋的总体布局、外部形状、内部布置、内外装修、细部构造、施工要求等情况的图样。它是房屋施工放线、砌筑墙体、门窗安装、室内外装修等工作的主要依据。建筑施工图一般包括建筑设计总说明、总平面图、建筑平面图、建筑立面图、建筑剖面图、建筑详图和门窗表等。

房屋的结构是指房屋的主要受力构件如基础、墙、柱、梁、板等构成的支撑房屋的骨架，它们承受着房屋的自重及各种荷载。组成房屋骨架的承重构件称为结构构件。结构施工图就是表示这些结构构件的布置、形状、材料、做法等内容的图样。结构施工图一般包括结构设计说明、基础图、楼层结构布置图、楼梯结构图、构件详图等。

给排水施工图主要表示房屋内部给水管道、排水管道、用水设备等的图样。它一般包括给排水设计说明、给水平面图、给水系统图、排水平面图、排水系统图、安装详图等。

采暖通风施工图是主要表示房屋采暖、通风管道及设备的图样，包括采暖和通风两个专业。一般规模较小的房屋，若通过门窗的自然通风能满足设计要求时，可不设置机械通风设备。但规模较大的房屋自然通风不能满足要求时，必须采用机械通风设备。暖通施工图一般包括暖通设计说明、暖通平面图、暖通系统图、安装详图等。

电气施工图包括强电和弱电，强电指照明动力等，弱电包括通信、网络、有线电视等。电气施工图一般包括电气设计说明、系统图、电气平面布置图等图样。

本书介绍建筑施工图和结构施工图。

第二节　建筑施工图

建筑施工图是表示建筑物的总体布局、外部造型、内部布置以及内外装修、细部构造和施工要求等内容的图纸，是施工放样、砌筑墙体、门窗安装、室内外装修和编制预算和施工组织安排的依据。

建筑施工图应遵循的国家标准包括《房屋建筑制图统一标准》（GB/T 50001—2010）、《总图制图标准》（GB/T 50103—2010）、《建筑制图标准》（GB/T 50104—2010）等。

建筑施工图一般应包括图纸目录、建筑设计总说明、总平面图、建筑平面图、建筑剖面图、建筑立面图、建筑详图等。

一、图纸目录

阅读施工图，首先要看图纸目录。编制图纸目录的目的是便于查找图纸。从图纸目录中可以了解该套图包含了哪些图纸、各图纸的名称及编排次序。

二、建筑设计总说明

建筑设计总说明主要是对建筑施工图中未能详细表达的内容用文字加以详细说明，主要包括工程概况、设计依据、执行的国家及地方标准、工程做法、材料选用、施工要求、保温节能措施、防水防火要求等等。建筑设计总说明放在建筑施工图的首页。

三、总平面图

1. 总面图的图示内容

总平面图是新建房屋在用地范围内的总体布置图。将新建工程及其四周一定范围内的新建、拟建、原有和拆除的建筑物、构筑物，连同其周围的地形、地物状况，向水平投影面所作的水平投影，即为建筑总平面图。它主要是表示新建房屋的位置、层数、朝向、与原有建筑物的关系以及周围的地形、地物、道路、绿化等情况。它是新建房屋定位、土方施工及绘制设备管网平面布置图和施工总平面布置图的依据。图 16-2 为某小区物业楼的总平面图。

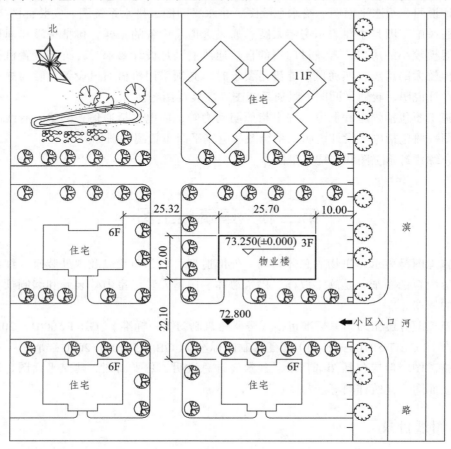

总平面图 1∶500   注：本图尺寸单位为米。

图 16-2　总平面图

2. 总平面图的图示方法及特点

（1）图线。

在总平面图中，新建建筑物用粗实线表示，新建地下建筑物用粗虚线表示，原有建筑物以及地形、地物等用细实线表示，其他按国标有关规定表示。

（2）比例。

总平面图表示的范围较大，一般比例较小，常用的比例为 1∶500 或 1∶1000。

（3）图例。

由于总平面图的比例较小，对于用实际投影表达不清的内容往往用图例表示。《总图制图标准》（GB/T 50103—2010）中给出了一些常用的图例，表 16-1 列出了其中部分常用图例。若总平面图中所用的图例在《总图制图标准》中没有规定，则必须在图中另加说明。

表 16-1 总平面图常用图例

图例	表示意义	图例	表示意义
6F/2D	新建建筑物用粗实线表示首层外墙轮廓线。 用小黑点或数字加F表示层数。 用箭头或轮廓线断开表示主要出入口。 首层以上悬挑部分用细实线表示		风向频率玫瑰图
	地下建筑物用粗虚线表示外墙轮廓线		填挖边坡
71.560(±0.000)	室内地坪标高		挡土墙
71.260 ▼	室外地坪标高		原有道路
	原有建筑物		计划扩建道路
	拟建建筑物	×—×—×	要拆除的道路
×—×	要拆除的建筑		公路桥梁
	散状材料露天堆放场		铁路桥梁
⊠	其他材料露天堆放场	X105.00 Y425.00	测量坐标
+ + + + + + + +	敞棚或敞廊	A131.51 B278.25	建筑坐标
	围墙及大门	+ + + + + + + + + + +	露天桥式起重机
北 指北针	指北针	+ + + + + +	露天电动葫芦

（4）新建建筑物的定位。

新建建筑物的定位方法一般有两种：一种是利用原有建筑物定位，该方法要标明新建筑与原有建筑的距离关系及方位；另一种是利用坐标定位，可在总平面图中绘制坐标网格，坐标网分测量坐标和建筑坐标。测量坐标是大地测量所有的坐标，国家测绘局为了方便使用采用统一的坐标，坐标原点设在陕西省泾阳县。建筑坐标则是为了施工方便在建设用地范围内设立的局部坐标。坐标网格应以细实线表示。测量坐标网应画成交叉十字线，坐标代号宜用 X、Y 表示；建筑坐标网应画成网格通线，坐标代号宜用 A、B 表示，如图 16-3 所示。随着科技的发展，现在施工放线常采用 GPS 定位系统，这时可直接在总平面图中标注建筑角点或定位轴线交点的坐标，施工放线时使用全站仪直接定位控制点的坐标。

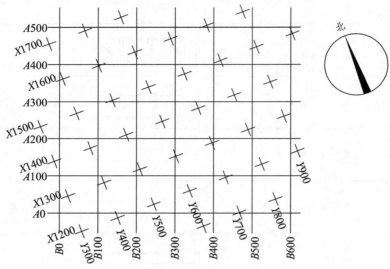

图 16-3　测量坐标与建筑坐标

（5）新建建筑物的层数和朝向。

新建建筑物的层数用小黑点或"层数 F"标在建筑物投影图的右上角。

新建建筑物的朝向可根据指北针或风玫瑰判断。指北针的形状如图 16-4（a）所示，其圆的直径为 24 mm，用细实线绘制；指针尖为北向，指针尾部的宽度为 3 mm，指针头部应注"北"或"N"字样。

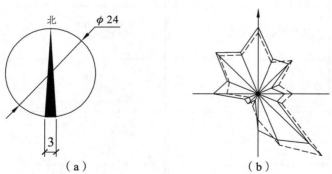

（a）　　　　　　　　　　　　（b）

图 16-4　指北针与风向频率玫瑰

风玫瑰又叫风向频率玫瑰图，表示该地区常年的风向频率。它是根据该地区多年统计的各个方位刮风次数的百分率，以端点到中心的距离按一定比例绘制而成的，如图 16-4（b）。风的吹向是从外吹向中心，实线范围表示全年风向频率，虚线范围表示夏季（按 6、7、8 三个月统计）风向频率。风玫瑰图一般画出 16 个方向的长短线来表示该地区常年的风向频率，有箭头的方向为北向。

（6）标高。

在总平面图上，注明新建房屋室内首层地面、室外地面和道路的标高。

标高分为绝对标高和相对标高。在我国，以青岛附近黄海平均海平面为零点，其他各地标高都以此为基准，由此测出的标高即为绝对标高；相对标高一般是以新建建筑物首层室内地面作为零点的标高，零点标高注写成±0.000。高于零点标高用正数表示，正数标高可不标注"＋"，低于零点标高用负数表示，负数标高应注"－"；标高数值以米为单位，一般精确到小数点后三位。

在总平面图中室外地坪标绝对标高符号用涂黑的三角形表示，如总平面图中的 72.800。室内首层地面一般注两个标高，一个是室内首层地面的绝对标高，另一个是相对标高的零点，即±0.000，相对标高的零点标高一般用小括号括起来。本工程相对标高±0.000 即为绝对标高 73.250。

除总平面图外，在其他图纸中一般都采用相对标高。在设计总说明中，应说明相对标高和绝对标高之间的关系。

标高符号以等腰直角三角形表示，三角形高约 3 mm，用细实线绘制，如图 16-5。

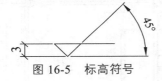

图 16-5　标高符号

3. 总平面图的识读

下面以某小区物业楼的总平面图为例，见图 16-2，简述其读图方法。

从图名可知该图为总平面图，比例为 1∶500。附注说明该图中标注尺寸采用单位为米。图中的新建建筑物用粗实线表示，为物业楼，总长 25.70 m，宽 12.00 m，该范围是新建房屋首层平面的外轮廓线。粗实线范围内右上方的 3F 表示房屋层数，由图中可知，该物业楼的层数为 3 层。周围为道路和小区住宅，物业楼的定位可根据原有建筑确定，物业楼距离西侧的原有住宅楼 25.32 m，距离东侧的围墙 10.00 m，物业楼距离南面原有住宅楼 22.1 m。图中左上方为带指北针的风玫瑰图，表明该地区全年风以西北—东南风为主导风向。从图中还可知，新建物业楼的主入口方向朝南。图中给出室内室外的标高，该新建建筑的首层室内地面的绝对标高为 73.25 m，室外地坪标高为 72.80 m，首层地面与室外地面高差为 0.45 m。

四、建筑平面图

1. 建筑平面图的形成

用一组假想的水平剖切面，沿每层略高于窗台的位置将房屋剖切开，然后对剖切后的每一层所作的水平投影，即为建筑平面图，简称平面图。建筑平面图实际上是一个剖面图。

一般地，房屋有几层，就应画出几个平面图，并在图的下方注明相应的图名，如首层平面图、二层平面图等。如果中间楼层的平面布置完全相同，则相同的楼层也可以只画一个平面图，称为标准层平面图。因此，多层建筑的平面图一般包括首层平面图、标准层平面图、顶层平面图等，本物业楼的各层平面图如图 16-6 ~ 图 16-8。

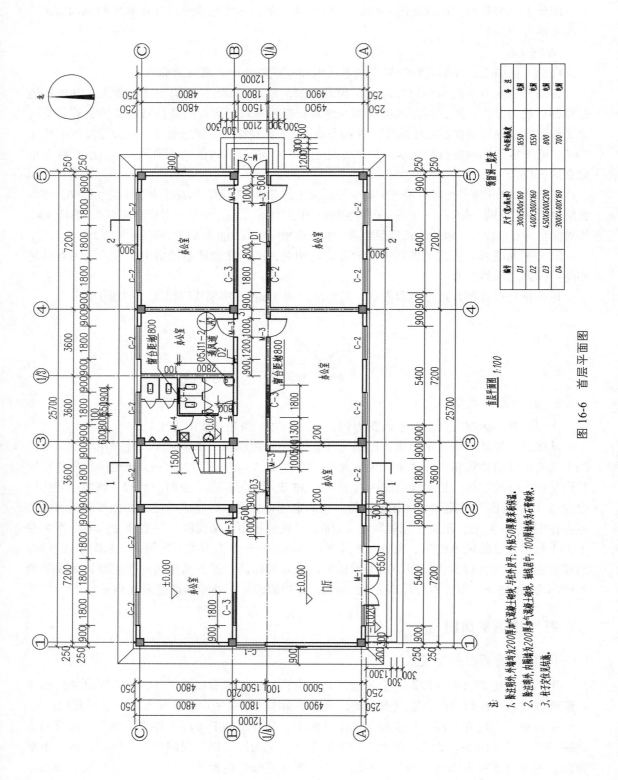

首层平面图 *1:100*

图 16-6 首层平面图

注:
1. 除注明外,外墙均为200厚加气混凝土砌块,与柱外皮平,外挂50厚某某保温。
2. 除注明外,内隔墙为200厚加气混凝土砌块。钻孔居中,100厚墙体为石膏砌块。
3. 柱子尺寸见结施。

编号	尺寸(宽×高×厚)	中距离地高度	备注
D1	300×500×160	1650	电梯
D2	400×300×160	1550	电梯
D3	450×600×200	800	电梯
D4	300×400×160	700	电梯

预留洞一览表

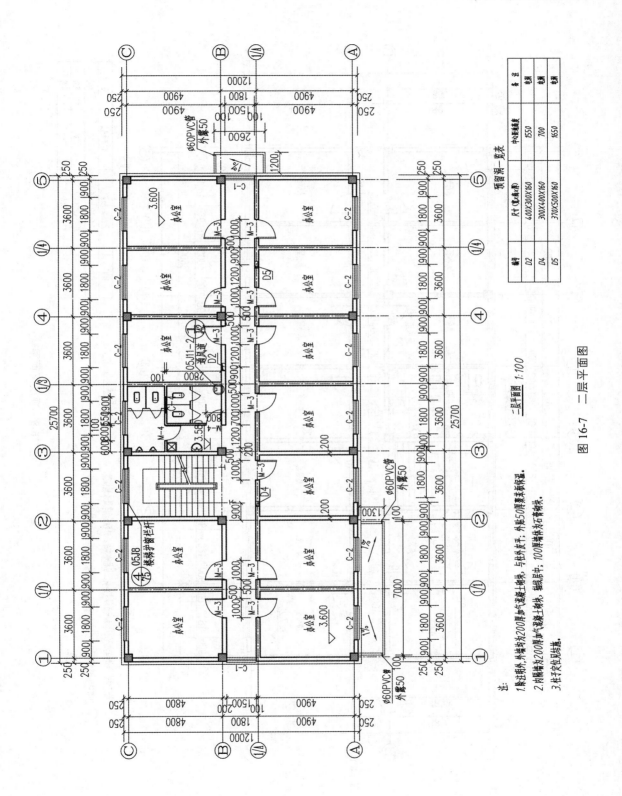

二层平面图 1:100

预留洞一览表

编号	尺寸（宽×高厚）	中心标高（m）	备 注
D2	400X300X160	1550	钢筋
D4	300X400X160	700	钢筋
D5	370X500X160	1650	钢筋

注：

1.除进瓷砖，外墙均为200厚加气混凝土砌块，与墙外皮平，外抹50厚聚苯板保温。

2.内隔墙为200厚加气混凝土砌块，卫生间为，其他层中，100厚墙体为石膏砌块。

3.柱子定位见结施。

图 16-7 二层平面图

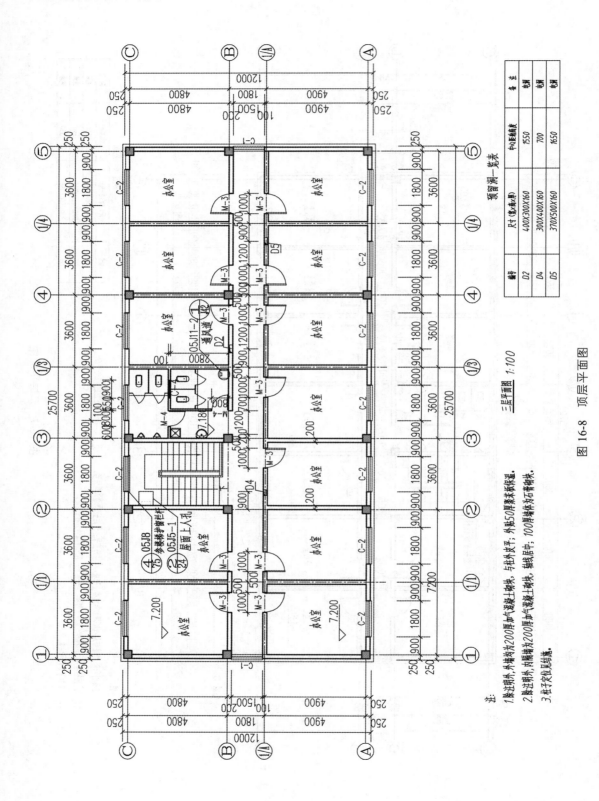

顶留洞一览表

编号	尺寸(宽×高厚)	中心建底度	备注
D2	400×300×160	1550	电预
D4	300×400×160	700	电预
D5	370×500×160	1650	电预

三层平面图 1:100

图 16-8 顶层平面图

注:

1. 除注明外,外墙均为200厚加气混凝土砌块,与外大皮平,外贴50厚聚苯板保温.

2. 除注明外,内隔墙为200厚加气混凝土砌块,钢筋居中;100厚墙体为石膏砌块.

3. 柱子大佳位见结施.

2．建筑平面图的图示内容

建筑平面图主要表示房屋的平面布置情况，比如房屋的出入口、门厅、走廊、楼梯、电梯、房间的布置、墙柱的位置和尺寸、门窗的位置及大小等。平面图是施工放线、砌筑墙体、安装门窗、室内装修及编制预算的重要依据，是建筑施工图中的重要图纸。

各层建筑平面图表示的内容基本相同，但首层、中间层和顶层平面图各层之间表达的内容还略有不同。首层平面图除需表明以上内容外还需表明室外散水、明沟、台阶、坡道等情况，首层平面图中要画出建筑剖面图的剖切符号，还要画出指北针，以表示建筑物的朝向。二层平面图则除以上内容外还要表明一层顶的雨篷、构架等情况。三层及以上平面图仅表明室内布局即可。

3．建筑平面图的图示方法及特点

（1）图线。

建筑平面图实质上是一个剖面图，因此被剖切到的墙、柱等轮廓线用粗实线表示，未剖切到的主要部分如台阶、散水等用中实线或细实线表示，一些次要的构配件或图例等用细实线表示。

（2）比例。

建筑平面图的比例常采用 1∶50、1∶100 或 1∶200。在平面图中被剖切到的墙柱等断面，当比例大于 1∶50 时，应画出其材料图例和抹灰层的轮廓线。当比例为 1∶100、1∶200 时，抹灰层轮廓线可不画出，而断面材料图例可用简化画法（如砖墙涂红色，钢筋混凝土涂黑色等）。

（3）图例。

由于建筑平面图的比例较小，建筑物的一些细部构造，如门、窗、楼梯、厨卫等不能详细画出，需要用图例表示。《建筑制图标准》（GB/T 50104—2010）中给出了一些常用的图例，表 16-2 列出了部分常用的建筑构造及配件图例。

（4）定位轴线。

在建筑施工图中为了定位方便，对于墙、柱、梁或屋架等主要构件画出定位轴线，并进行编号。

定位轴线用细点画线表示，编号注写在轴线端部的圆内。圆用细实线绘制，直径为 8～10 mm。其圆心应在定位轴线的延长线上或延长线的折线上。

在建筑平面图上定位轴线的编号，宜标注在图样的下方与左侧。横向编号用阿拉伯数字，从左至右顺序编写；竖向编号用大写拉丁字母，从下至上顺序编写，如图 16-9 所示。大写拉丁字母中的 I、O、Z 三个字母不得用作轴线编号，以免与数字 1、0、2 混淆。如字母数量不够用，可增用双字母或单字母加注脚，如 AA、BB…YY 或 A_1、B_1…Y_1。

在较复杂且可分为几个不同区域的平面图中，定位轴线也可采用分区编号。编号的注写形式应为"分区号-该分区编号"，分区号采用阿拉伯数字或大写拉丁字母表示，如图 16-10 所示。

表 16-2　建筑构造及配件图例

图例	名称	图例	名称
	首层楼梯		顶层楼梯
	中间层楼梯		单扇门（平开或单面弹簧）
	单扇双面弹簧门		烟道
			通风道
	单扇内外开双层门		单层固定窗
	双扇门（平开或单面弹簧）		单层上悬窗
	地面检查孔（左）吊顶检查孔（右）		单层中悬窗
	孔洞		
	墙预留孔		单层外开平开窗
	墙预留槽		

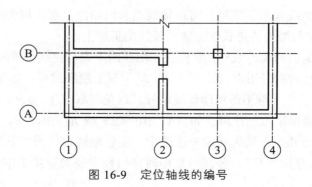

图 16-9　定位轴线的编号

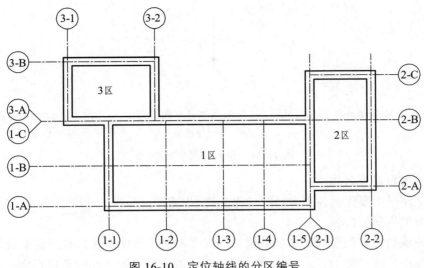

图 16-10 定位轴线的分区编号

对于一些次要构件，其定位轴线可用附加轴线编号。附加定位轴线用分数编号，并符合下列规定：

两根轴线间的附加轴线，应以分母表示前一轴线的编号，分子表示附加轴线的编号，且采用阿拉伯数字顺序编写，如：

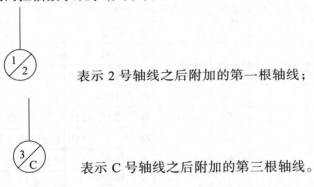

表示 2 号轴线之后附加的第一根轴线；

表示 C 号轴线之后附加的第三根轴线。

1 号轴线或 A 号轴线之前附加轴线的分母应用 01 或 0A 表示，如：

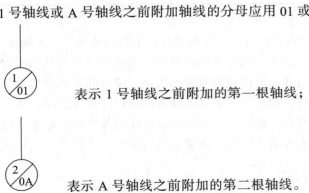

表示 1 号轴线之前附加的第一根轴线；

表示 A 号轴线之前附加的第二根轴线。

在通用详图中，如一个详图适用于几根轴线时，应同时注写各有关轴线的编号，如图 16-11 中所示，也可只画圆不标注轴线编号。

| 用两根轴线时 | 用于三根或三根以上轴线时 | 用于三根以上连续编号的轴线时 |

图 16-11　通用详图定位轴线

（5）房间的布置及名称。

在建筑平面图中要注明各个房间的名称及其布置情况。

（6）门窗编号和门窗表。

在一栋建筑物中，门窗的种类和数量往往很多。为了方便起见，对门窗要进行编号，并在编号前面加注"M"或"C"。"M"表示门，"C"表示窗。而且在一套建筑施工图中还要有门窗统计表，如表 16-3。门窗做法各地区都有标准图集，在门窗表中应注明门窗选用的图集及编号，若门窗图集中没有，则应画出门窗大样图，如图 16-12。

表 16-3　门窗表

类型		设计编号	洞口尺寸（mm）	数量				图集选用		备注
				一层	二层	三层	合计	图集名称	页次编号	
门	塑钢门	M-1	5 400×2 700	1			1	见门窗大样图		全玻门
		M-2	1 500×2 700	1			1	见门窗大样图		全玻门
	木门	M-3	1 000×2 100	6	12	12	30	05J4-1	89 页 1PM-0821	夹板门
		M-4	800×2 100	2	2	2	6	05J4-1	89 页 1PM-1021	夹板门
窗	塑钢窗	C-1	1 500×1 800	1	2	2	5	05J4-1	28 页 2TC-1518	中空玻璃推拉窗
		C-2	1 800×1 800	12	14	14	40	05J4-1	28 页 2TC-1818	中空玻璃推拉窗
		C-3	1 800×600	6			6	见门窗大样图		中空玻璃推拉窗
		C-4	900×600	1	1	1	3	见门窗大样图		中空玻璃推拉窗

（7）尺寸标注。

建筑平面图中的尺寸有外部尺寸和内部尺寸。外部尺寸标在平面图的外部，一般分三道：第一道尺寸，标注房屋外轮廓总尺寸，即从一端的外墙边到另一端的外墙边的总长和总宽尺寸；第二道尺寸，标注定位轴线间的尺寸，用以说明房间的大小，即开间和进深尺寸，相邻横向定位轴线之间的尺寸为房间的开间，相邻竖向定位轴线之间的尺寸称为进深；第三道尺寸，标注外墙上门窗洞宽度和位置的尺寸，首层平面图中还应标注室外台阶、散水等尺寸。内部尺寸在平面图的内部，用来标注内部墙体厚度、内墙上的门窗洞尺寸以及一些构配件的大小和位置尺寸等。

（8）标高。

在建筑平面图中要用标高符号标出房间地面的标高。

当房屋几层相同时，相同的楼层可用一个图表示，但标高要标上不同楼层的标高，标高数字可按图 16-13 的形式注写。

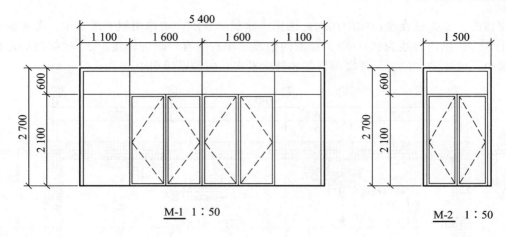

M-1　1：50　　　　　　　　　　M-2　1：50

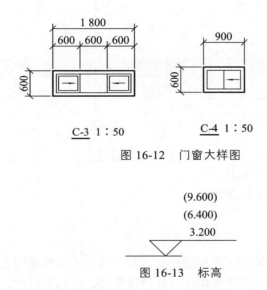

C-3　1：50　　　　　C-4　1：50

图 16-12　门窗大样图

(9.600)

(6.400)

3.200

图 16-13　标高

4. 屋顶平面图

屋顶平面图是从建筑物的上方向下所作的水平投影，主要反映屋顶的情况，比如：屋顶上的构配件、女儿墙、檐口、屋面的排水方向及坡度、天沟的位置、屋脊线、雨水管的位置等，如图 16-14。

屋顶平面图往往比较简单，可用与建筑平面图相同的比例绘制，也可用较小的比例如 1：200 绘制。

5. 平面图的识读

下面以该物业楼的平面图为例来说明平面图的识读方法。

图 16-6 为首层平面图，从图中可知，该图的绘图比例为 1：100。根据图中的指北针，可知该楼主入口朝南。从附注说明中可知内外墙体的建筑材料、定位、做法等信息。

读懂该层的轴网及墙柱的平面布置情况。该楼为框架结构，定位轴线主要表示墙柱的平面定位情况。框架柱在平面图中用简化图例（涂黑）表示，墙体用粗实线表示。图中横向轴线为①～⑤，纵向轴线为Ⓐ～Ⓒ，在横向轴线③轴右侧有一附加轴线⑴₃。框架柱的定位为轴线居中。墙体的定位为：外墙与框架柱外皮平齐，内墙轴线居中。

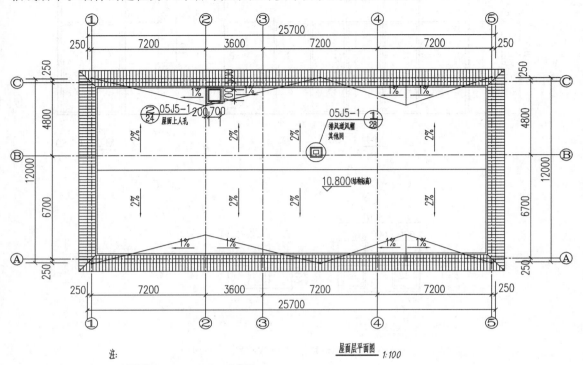

图 16-14　屋顶平面图

读懂该层各房间的平面布置情况。根据房间的名称，可以了解到该层各房间的布置、用途、数量以及相互间的联系情况。该建筑主入口在西南角处，进门为门厅，门厅北部右转为走廊，走廊北侧有三个办公室、楼梯间和卫生间，走廊南侧为三个办公室。走廊的尽头，即走廊东侧头有一次出入口。

读懂该层各房间的门窗布置情况。例如：该楼房主入口的大门 M-1 为门联窗；门厅右边第一间办公室外窗为 C-2，内门为 M-3；门厅右边第二间办公室外窗为两个 C-2，内门为 M-3，该办公室与走廊的隔墙上还有一个高窗 C-3，该窗户的窗台距地面 1 800 mm；等等。其他读者自己分析。门窗的统计情况见门窗表。

读懂该层平面的平面尺寸。建筑平面图外部一般标注三道尺寸。第一道为总体尺寸，从第一道尺寸可知该楼总长 25.7 m，总宽 12 m，占地总面积 308.4 m²。第二道尺寸为定位轴线间的尺寸，表示框架的跨度及房间的开间与进深。例如，框架的跨度为：纵向第一跨为 7 200 mm，第二跨为 3 600 mm，纵向第三、四跨均为 7 200 mm；横向第一跨为 6 700 mm，第二跨为 4 800 mm。房间的开间和进深：门厅的开间为 7 200 mm，进深为 6 700 mm；门厅东边第一间办公室开间为 3 600 mm，进深为 4 900 mm；楼梯间的开间为 3 600 mm，进深为

4800 mm；等等。第三道为门窗洞口尺寸，表示门窗洞口的大小及定位，门窗洞口的定位应以定位轴线为基准，例如：楼梯间的窗户宽度为 1 800 mm，其定位为左边距②轴 900 mm，右边距③轴 900 mm，即窗户居中布置。其他读者自己分析。

在建筑平面图中除了外部三道尺寸外，还有内部和细部尺寸，以表示内部的门窗洞口和细部构造的尺寸。例如：主入口处的室外台阶顶面长 6 500 mm，宽 1 300 mm，从台阶顶面处到室外地面下三步台阶，每步台阶宽 300 mm。室外散水宽度 900 mm。门厅北边办公室门宽 1 000 mm，距②轴线 500 mm，高窗 C-3 宽度 1 800 mm，距①轴线 900 mm。走廊两侧墙上电洞的定位，例如电洞 D2 距⑬轴 900 mm 等等。其他读者自己分析。

读懂各房间楼地面的标高。在平面图中，除了标注平面尺寸，还要标注各房间楼地面的标高。这些标高均采用相对标高，并将建筑物的首层室内地坪面的标高定为±0.000（相当于绝对标高 73.25 m）。该办公楼首层的门厅、走廊、办公室等地面标高均为±0.000。厕所地面、室外台阶顶面等略低，其标高为–0.020，表示该处地面比门厅、走廊等地面低 20 mm。

读懂房间的一些细部布置情况。例如卫生间的洁具布置情况、风道的布置情况，以及它们所选用的建筑详图情况。图中可知卫生间通风道选自标准图集 05J11-2 第 J42 页第 1 个详图。

在首层平面图中还要画出建筑剖面图的剖切符号。图中②、③轴线间和④、⑤轴线间分别画有剖切符号 1—1 和 2—2，表示在此位置剖开画有两个剖面图，剖视方向向左，以便与建筑剖面图对照查阅。

图 16-7、图 16-8 为二、三层的平面图。二层平面图除表示其本层的内部情况外，还画出本层室外的雨篷等。三层的平面图仅表示其本层的情况。其读图方法与首层类似，此处不再赘述。

屋顶平面图主要表示屋面的排水情况（排水方向、坡度、天沟、出水口、雨水管的布置等）以及水箱、屋面检修孔、烟道的位置等。图 16-14 为屋顶平面图，比例为 1∶100，主要介绍屋面的排水情况，屋面中间东西向有一分水线，屋面雨水向南北方向排水，坡度 2%，沿东西纵墙设坡度为 1% 的排水坡，排向雨水管，雨水管南北各设 3 处。屋顶有上人孔一处，详图见通用图 05J5-1 册 24 页 2 图；排风道一处，详图见通用图 05J5-1 册 28 页 1 图。

五、建筑立面图

1．建筑立面图的形成及图示内容

为了反映房屋的外形、高度，在与房屋立面平行的投影面上所作的房屋正投影图，称为建筑立面图，简称立面图。它主要是表示建筑物的外貌，反映了建筑各立面的造型、门窗形式和位置、各部位的标高、外墙面的装饰材料和做法等。图 16-15 为某物业楼的①—⑤立面图。

2．建筑立面图的命名

建筑立面图中的命名方式有以下 3 种：

（1）按主要出入口或外貌特征命名。把反映房屋主要出入口或比较显著地反映房屋外貌特征的立面图，称为正立面图；其余的立面图相应地称为背立面图、左侧立面图、右侧立面图。

（2）按房屋朝向来命名。站在南面观看建筑物所得的立面图，称为南立面图；其余的立面图称为北立面图、东立面图、西立面图。

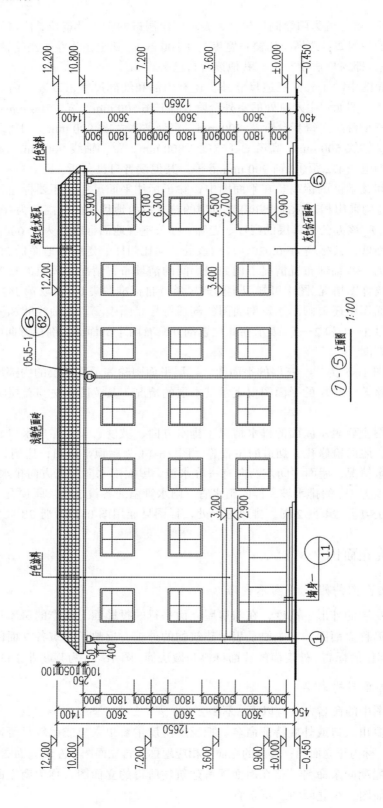

图 16-15 ①—⑤立面图

（3）按房屋两端定位轴线的编号来命名。按照观察者面向建筑物取最左和最右两条定位轴线命名，如①—⑨立面图或⑨—①立面图等。

图 16-16 所示为建筑立面图的投影方向和名称。

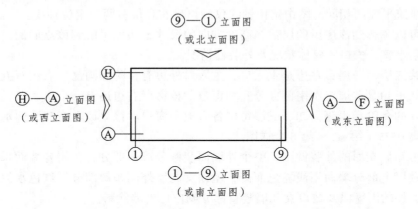

图 16-16　建筑立面图的投影方向与名称

3．建筑立面图的图示方法和特点

（1）图线。

立面图虽然是外形的投影，但为了加强立面效果，在立面图中通常用粗细不同的线型来表达房屋的外形、前后层次和立面上的凸出构件等。《建筑制图标准》（GB/T 50104—2010）规定，立面图的外轮廓用粗实线绘制，勒脚、门窗洞、檐口、雨篷、墙柱、台阶以及建筑构配件的外轮廓线一律用中实线绘制，门、窗扇以及墙面引条线等用细实线绘制，地坪线用特粗实线绘制，即线宽为 $1.4b$。其余图线应按有关规定绘制。

（2）比例。

建筑立面图的绘图比例一般与建筑平面图相同，常用的比例为 $1:50$、$1:100$ 或 $1:200$。

（3）定位轴线。

在立面图中一般仅标注房屋两端的定位轴线及编号。

（4）尺寸。

在立面图中一般只注主要部位的高度尺寸，如楼层、门窗等的高度，一般标在立面图的两侧。

（5）标高。

立面图上一般只注写外部主要部位相对标高。通常需注写出室外地坪、各层楼地面、勒脚、门窗洞口的上下表面、檐口、雨篷、女儿墙顶等处的标高。各部位的标高一般标在立面图的两侧，且上下对齐。

（6）装修做法。

外墙面的装修做法用引出线引出并用文字说明材质、颜色和做法。

（7）简化画法。

在建筑物立画图上，相同的门窗、阳台等可在局部重点表示，并应绘出其完整图形，其余部分可只画轮廓线。

4. 建筑立面图识读

下面以该物业楼的①—⑤立面图为例来说明立面图的识读方法，如图 16-15。

该图为①—⑤立面图，投影方向为从南向北投影，也就是房屋的南立面图，绘图比例为 1：100，与建筑平面图相同。图中定位轴线仅画出最左和最右两条定位轴线。

从图中可以了解到该房屋的层数、高度方向的尺寸，还可了解到该立面的门窗布置、台阶、雨篷、雨水管、檐口等整体状况及外装修情况。

该房屋共三层，一层最左边是主入口，主入口外边有台阶和雨篷。右边有五个窗户，对照首层平面图可知是首层走廊南侧办公室的窗户。该房屋右边还有一个次入口，图中右边画出了次入口外的台阶和雨篷。二、三层每层各有七个窗户。该立面上有三个雨水管，雨水管的做法见图集 05J5-1 第 62 页第 6 个详图。

从图中可知该立面的外墙做法，整个外墙面装修分成两部分，首层外墙面采用灰色仿石面砖，二层及以上部分墙面用浅驼色面砖，屋顶女儿墙外侧倾斜部分深红色水泥瓦铺面。主入口和次入口外的雨篷以及檐口女儿墙竖直部分刷白色外墙涂料。

从图中可知该房屋高度方向的尺寸和主要部位标高。在该立面图的左侧和右侧都标注有尺寸和标高，从图中可知该房屋从室外地面到女儿墙顶的总高为 12.65 m，室内外高差 0.45 m，三层楼房每层 3.6 m。各层窗户的高度均为 1.8 m 高，窗台 0.9 m 高。从图中可知各主要部位的标高，比如室外地面标高-0.450 m，各层楼地面标高分别为：首层±0.000 m，二层 3.600 m，三层 7.200 m，屋顶 10.800 m。各层窗台和窗眉的标高为：一层窗台为 0.900 m，窗眉为 2.700 m；二层窗台为 4.500 m，窗眉为 6.300 m；三层窗台为 8.100 m，窗眉为 9.900 m；主入口上方的雨篷底面标高为 2.900 m。

该立面图中在主入口部位还有一带剖切的详图索引符号，表示此处画有一个剖切后的详图，即墙身一详图，该详图在图纸第 11 页。

六、建筑剖面图

1. 建筑剖面图的形成及图示内容

假想用一个或多个垂直于外墙面的铅垂剖切面剖切房屋，移去一部分，将剩余部分作正投影得到的投影图，称为建筑剖面图，简称剖面图。建筑剖面图表示房屋内部在高度方向上的结构或构造、分层情况、各部位的联系及各层高度等。在建筑剖面图中不仅要画出被剖切到的各个部位，还要画出没有剖切到的但投影能看到的各个部分的投影。它是建筑施工图中不可缺少的重要图纸之一。

剖切面一般为横向剖切，即平行于侧立面，必要时也可纵向剖切，即平行于正立面。剖切位置应选择房屋构造复杂或有代表性的部位，如楼梯间、电梯间等。剖面图的名称应与建筑平面图上所标注的剖切符号一致。图 16-17 为某物业楼的 1—1 剖面图。

2. 建筑剖面图的图示方法和特点

（1）图线。

在建筑剖面图中，被剖切到的墙、梁、楼板等轮廓线用粗实线表示，未剖切到但投影看到的主要部分如门窗洞口、墙角线等用中实线或细实线表示，一些次要的构配件或图例等用细实线表示。地坪线用特粗线（1.4b）表示。

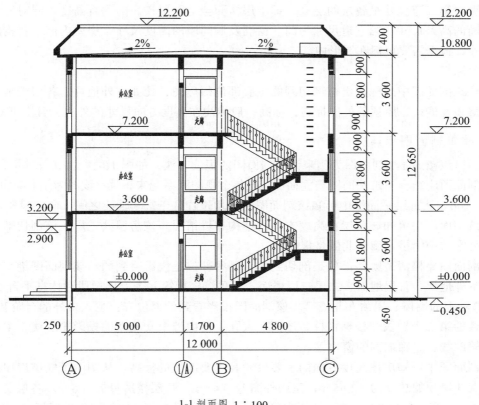

1-1 剖面图 1：100

图 16-17 1—1 剖面图

（2）比例。

建筑剖面图的比例与建筑平面图相同，常采用 1：50、1：100 或 1：200。在剖面图中剖切的部位是否画材料图例，与平面图中要求相同。当比例大于 1：50 时，应画出其材料图例和抹灰层的面层线。当比例为 1：100、1：200 时，抹灰层轮廓线可不画出，而断面材料图例可用简化画法（如砖墙涂红色，钢筋混凝土涂黑色等）。

（3）图例。

在建筑剖面图中，细部构造比例比较复杂时，如：门、窗、楼梯等按实际投影画出，有困难时可用图例表示。《建筑制图标准》（GB/T 50104—2010）中给出了一些常用的图例，表16-2 列出了部分常用的建筑构造及配件图例。

（4）定位轴线。

在建筑剖面图中要标注出被剖切到的墙的定位轴线及编号。

（5）房间的名称。

在建筑剖面图中要注明被剖切的房间的名称。

（6）尺寸标注。

在建筑剖面图中要标注出被剖切到的各部分的平面尺寸和在高度方向的尺寸。高度尺寸一般标在图形外边，通常标注三道尺寸：第一道尺寸为房屋总高度，即室外地面到女儿墙顶的总高度；第二道尺寸是各层的层高，即本层楼面至上一层楼面的垂直高度，同时还注明室内外地面的高差尺寸；第三道尺寸为门、窗洞及洞间墙的高度尺寸。房屋内部一些构配件的高度尺寸，根据需要可标在图形内部。

（7）标高。

在建筑剖面图中要标注出被剖切到的主要部位的标高，比如室外地坪、各层楼地面、窗台、门窗顶及檐口、屋顶等处的标高，标高一般标注在高度方向尺寸的外边，且上下对齐。

3. 建筑剖面图识读

下面以该楼的 1-1 剖面图为例来说明剖面图的识读方法，如图 16-17。

读剖面图应结合建筑平面图与立面图，把各个视图联系起来识读。该图为 1-1 剖面图，比例为 1：100。从首层平面图中可知该剖面图的剖切位置位于②③轴线之间，向左投影。

从该剖面图中可知该房屋在高度方向的结构布置情况。该房屋共三层，该剖切部位的南侧是办公室、中间是走廊、北侧是楼梯间。

读剖面图要搞清楚哪些部位是剖切到的，哪些部位是投影看到的。该剖面图剖切到的部位有：室外地坪、首层地面、二层三层楼面、屋顶、楼梯第一个上楼梯段和休息平台、Ⓐ轴Ⓐ轴Ⓒ轴上的墙体、屋顶女儿墙等。该剖面图投影看到的部位有：主入口外的台阶和雨篷、楼梯上楼的第二个梯段、楼梯栏杆、屋面上人孔、西山墙上女儿墙的投影轮廓线、梁和柱子的投影轮廓线、走廊端部的窗户等。

从剖面图中可知房屋高度方向的主要尺寸和主要部位的标高。从图中可知该房屋从室外地面到女儿墙顶的总高为 12.65 m，室内外高差 0.45 m，三层楼房每层 3.6 m。各层窗户的高度均为 1.8 m 高，窗台 0.9 m 高。从图中可知各主要部位的标高，比如室外地面标高-0.450 m，各层楼地面标高分别为：首层±0.000 m，二层 3.600 m，三层 7.200 m，屋顶 10.800 m。各层窗台和窗眉的标高为：一层窗台为 0.900 m，窗眉为 2.700 m；二层窗台为 4.500 m，窗眉为 6.300 m；三层窗台为 8.100 m，窗眉为 9.900 m；主入口上方的雨篷底面标高为 2.900 m。女儿墙顶标高为 12.200 m。从图中还可知道房屋宽度方向的尺寸，房屋总宽 12.000 m。各轴线间尺寸分别为：5 m、1.7 m、4.8 m。

在建筑剖面图中一般不画基础部分，墙体在地面以下适当位置折断。基础做法在结构施工图中表示。

七、建筑详图

由于建筑平、立、剖面图所用的比例较小，建筑物上的许多细部构造难以表达清楚。为了满足施工的需要，必须另外绘制比例较大的图样，将房屋的某些细部构造或构配件的形状、尺寸、材料、做法详细表达出来，这样的图称为建筑详图，简称详图。

建筑详图是这些细部构造施工的依据。详图的特点：一是比例较大，二是图示详尽清楚，三是尺寸标注齐全。常用比例有 1：20、1：10、1：5、1：2、1：1 等。

一般来说，房屋建筑需要画详图的部位有：外墙身、楼梯、门窗、卫生间及一些细部节点做法等。

1. 详图索引符号与详图符号

（1）详图索引符号。

在建筑平、立、剖面图中需要画详图的部位往往用详图索引符号加以表示。详图索引符号表明该详图所在的位置及编号，如图 16-18 所示。详图索引符号由直径为 10 mm 的圆和水平直径组成，用细实线绘制。详图可与原图画在同一张图纸内，也可画在其他有关的图纸上。当详图与被索引的图同在一张图纸内时，在下半圆中间画一段水平细实线，如图 16-18（a）所示；当详图与被索引的图不在同一张图纸内时，在索引符号的下半圆中用阿拉伯数字注明该详图所在图纸的页数，如图 16-18（b）所示。在索引符号的上半圆中用阿拉伯数字注明该详图的编号。当详图采用标准图时，应在索引符号水平引出线上加注该标准图册的编号，在索引符号下半圆中注写详图在该图册中的页数，上半圆中注写该详图的编号，如图 16-18（c）表示详图是在标准图册 J103 的第 5 页图纸上 1 号详图。

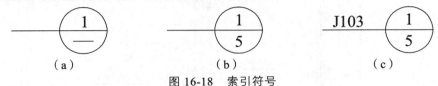

图 16-18　索引符号

当详图需要画成剖面图（或断面图）时，在被剖切的部位绘制剖切位置线，并以引出线引出详图索引符号，引出线在剖切位置的哪一侧，就表示详图向那一侧投影，如图 16-19 所示。其余部分含义与不带剖切时相同。

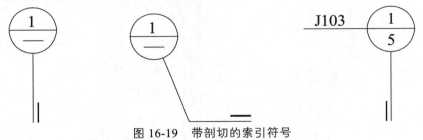

图 16-19　带剖切的索引符号

（2）详图符号。

建筑详图应标注详图符号，用一粗实线圆绘制，直径为 14 mm。详图与被索引的图纸同在一张图纸内时，在详图符号内用阿拉伯数字注明详图的编号，如图 16-20（a）所示；如不在同一张图纸内，可用细实线在圆内画一水平直径，在上半圆中注明详图编号，在下半圆中注明被索引的图样所在图纸页数，如图 16-20（b）所示。

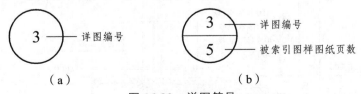

图 16-20　详图符号

2. 外墙身详图

（1）图示内容。

外墙身详图（图 16-21）也叫外墙大样图，是外墙剖面图的局部放大图，主要表示外墙从室外地面到屋顶檐口各个节点的详细构造，比如散水、明沟、台阶、勒脚、踢脚、墙身防潮层、窗台、窗眉、檐口、女儿墙等。外墙身详图是砌墙、室内外装修、门窗安装、编制施工预算以及材料估算等的重要依据。

在多层房屋中，若中间各层的构造相同，中间各层可合并。门窗洞口处用折断线断开，但要标注省略的各层标高。

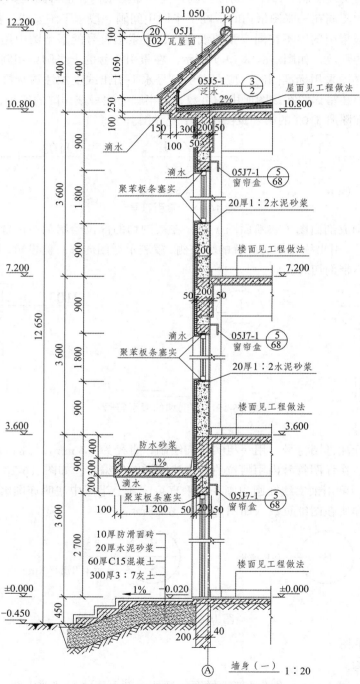

图 16-21　是某物业楼的外墙身详图

（2）图示特点。

在外墙身详图中，剖切到的墙体、梁、楼板等主要承重构件用粗实线画出，剖切到的抹灰层、装饰层等次要部分用中实线或细实线画出。

在外墙身详图中要画出剖切到的定位轴线，并标明其与墙体的关系。

外墙身详图比例一般较大，常用的比例是 1：20，剖切到的部分要画出材料符号。

建筑物的某些部位需要用文字加以说明时，可用引出线（细实线）从该部位引出。引出线可采用水平方向的直线，或与水平方向成 30°、45°、60°、90°的直线，或上述角度的引出线再折为水平线。文字说明可注写在水平线的上方，也可注写在水平线的端部。同时引出几个相同部分的引出线，宜相互平行，如图 16-22（a），也可画成集中于一点的放射线，如图 16-22（b）。

图 16-22　引出标注示意图

用于多层构造的共用引出线，应通过被引出的各层构造。文字说明可注写在横线的上方，也可注写在横线的端部，文字说明的顺序应由上至下，与被说明的层次相互一致；如层次为横向顺序，则由上至下的说明顺序应与由左至右的层次顺序相互一致，如图 16-23 所示。

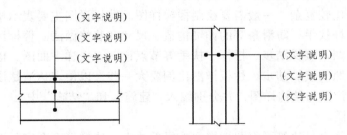

图 16-23　多层构造引出标注示意图

（3）外墙身详图的识读。

现以图 16-21 所示的墙身详图为例，说明外墙身详图的识读方法。

该外墙身详图为一剖面图，其剖切位置从前面介绍的①—⑤立面图中带剖切的详图索引符号可知，剖切位置位于主入口部位，根据本图中的轴线编号可知该详图表示的是主入口部位Ⓐ轴线外墙墙身，该图比例为 1：20。从外墙身详图可知外墙与地面、各层楼面、屋面等各个节点的详细做法。

① 外墙与地面节点。主入口大门下墙体为 240 厚砖墙，与轴线关系为：轴线外 200 mm，轴线内 40 mm。大门内室内地面标高±0.000 m，大门外台阶顶面标高-0.020 m。台阶顶面向外侧设置了 1%的排水坡，防止雨水进入大厅。台阶做法从下到上以此为：300 厚 3：7 灰土，60 厚 C15 混凝土，20 厚水泥砂浆，10 厚防滑面砖贴面。首层地面做法见工程做法表。

② 外墙与二层楼面节点。从图中可知二层楼面、边框架梁及主入口上的雨篷为现浇混凝

土结构，墙体为加气混凝土砌块墙，墙厚200 mm，墙外设置保温层。门窗洞口上设有钢混凝土过梁。楼面做法见工程做法表，外墙内窗台角用厚1：2水泥砂浆做20 mm厚的护角。门窗细部构造尺寸较小在外墙身详图中仍用图例表示，其详细作法另画详图表示。窗框四周与墙体的缝隙均用聚苯板条塞实，窗顶和雨篷下外边缘部位设有滴水，室内窗帘盒做法选自标准图集05J7-1第68页5详图。

③外墙与三层楼面节点。该节点与二层节点基本相同，仅取消主入口上的雨篷，其他相同。

④外墙与屋面檐口部分节点。该房屋屋面、边框架梁与檐口女儿墙均为现浇钢筋混凝土结构。屋面做法见工程做法表。屋面排水坡2%，泛水做法见标准图集05J5-1第2页3详图。檐口外挑宽度为600 mm。女儿墙下部250高为竖直，上部为倾斜，倾斜部分上铺水泥瓦，做法见标准图集05J1第102页20详图。

外墙身详图尺寸标注比较齐全，外部三道尺寸与建筑剖面图基本相同，各个节点的详细尺寸请同学们自己分析。

2. 楼梯详图

楼梯是多层房屋上下交通的主要设施，由楼梯段（简称梯段）、休息平台、栏杆与扶手等组成。梯段是联系两个不同标高平面的倾斜构件，上面做有踏步，踏步的水平面称踏面，垂直面称踢面；休息平台起到休息和转换行走方向的作用；栏杆和扶手起到保证楼梯交通安全的作用。

目前最常用的楼梯是钢筋混凝土楼梯。楼梯按形式不同，可分为单跑楼梯、双跑楼梯、三跑楼梯、螺旋楼梯、弧形楼梯、剪刀楼梯等。

由于楼梯构造比较复杂，一般需要绘制楼梯详图。楼梯详图主要表示楼梯的类型、结构形式以及踏步、栏杆扶手、防滑条等的详细构造、尺寸和装修做法。楼梯详图一般包括楼梯平面图、楼梯剖面图及楼梯踏步、栏杆、扶手等节点详图。楼梯平面图、楼梯剖面图的比例一般一致，便于对照阅读。踏步、栏板详图比例要大一些，以便表达清楚该部分的构造。楼梯详图一般分建筑详图与结构详图，并分别编入"建施"和"结施"中。

（1）楼梯平面图。

楼梯平面图实际上是建筑平面图楼梯间的局部放大。楼梯平面图实际也是一个水平剖面图，剖切位置与建筑平面图一致，一般在该层往上走的第一梯段（休息平台下）。

楼梯平面图一般每层都要画出，若中间各层相同可合并只要一个标准层，因此三层以上的房屋，一般至少要画底层、中间层和顶层三个平面图。各层被剖切到的梯段，按国标规定，均在平面图中用一条45°倾斜折断线表示。

图16-24～图16-26分别为楼梯的首层平面图、二层平面图和三层平面图。

楼梯平面图中的图线要求与建筑平面图一样。

楼梯平面图的绘图比例一般用1：50，简单的也可用1：100。

楼梯平面图中要注出楼梯间四周墙体的定位轴线及编号。

在楼梯平面图中，要标注楼梯间的开间和进深尺寸，以及楼梯段的起止位置和梯段长度。楼梯段的尺寸可采用乘积的形式标注。如260×10=2600，表示该梯段有10个踏面，每一踏面宽为260 mm，整跑梯段的水平投影长度为2600 mm。

在楼梯平面图中，楼梯踏面数比楼梯踏步数少一个。

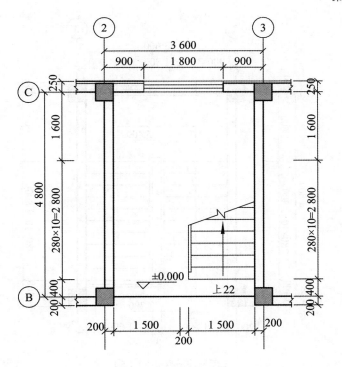

首层楼梯平面图　1∶50

图 16-24　楼梯首层平面图

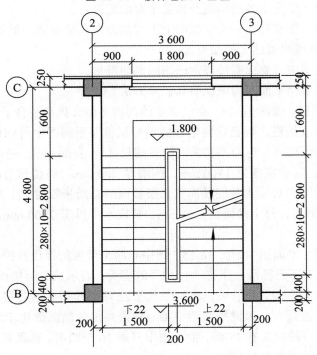

二层楼梯平面图　1∶50

图 16-25　楼梯二层平面图

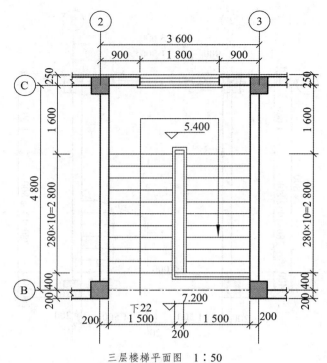

三层楼梯平面图　1：50

图 16-26　楼梯三层平面图

在楼梯平面图中，要注出各层楼面及休息平台的标高。

在楼梯平面图中，要有箭头和文字注明上下楼的方向和踏步数。例如："上 20"，表示从该层楼地面往上走 20 级可到达上层楼地面。

在楼梯首层平面图中，要标明楼梯剖面图的剖切符号。

现以物业楼各层楼梯平面图为例说明其识读方法。

① 首层楼梯平面图，如图 16-24。由于首层的剖切平面在休息平台下方，所以首层平面图只看到第一个楼梯段及护栏。根据定位轴线的编号从首层平面图中可知楼梯间的位置。从图中标出的楼梯间的轴线尺寸，可知该楼梯间的开间尺寸为 3600 mm，进深尺寸为 4800 mm；外墙厚度为 250 mm，窗洞宽度为 1800 mm，内墙厚 200 mm。该楼梯为两跑楼梯，图中注有上行方向的箭头。"上 22"表示由首层楼面到二层楼面的总踏步数为 22。其中"280×10=2800"表示该梯段有 10 个踏面，每个踏面宽 280 mm，梯段水平投影 2800 mm。图中还注明了地面标高±0.000。

② 中间层（二层）平面图，如图 16-25。图中有两个可见的梯段及护栏，因此二层平面图中既有上行梯段，又有下行梯段。注有"上 22"的箭头，表示从二层楼面往上走 22 级踏步可到达三层楼面；注有"下 22"的箭头，表示往下走 22 级踏步可到达首层楼面。因梯段最高一级踏面与平台面或楼面重合，因此平面图中每一梯段画出的踏面数比步级数少一个。如二层平面图中往下走的第一梯段共有 11 级，但在图中只画 10 个踏面，梯段长度为 280×10=2800。图中还标注出了楼面及休息平台标高。

③ 顶层平面图，如图 16-26。由于剖切平面在护栏上方，所以顶层平面图能看到下楼的两个楼梯段、休息平台及护栏，"下 22"表示下行 22 级踏步可到达二层楼面。

（2）楼梯剖面图。

楼梯剖面图是假想用一铅垂的剖切面沿楼梯段的长度方向从上至下剖切后，向未剖到的另一个梯段方向投影，所得到的剖面图。楼梯剖面图应清楚地表明梯段的结构形式、踏步的踏面宽、踢面高、踏步数以及楼地面、平台、墙身、栏杆、栏板等构造及其相互关系。在楼梯剖面图中不仅要画出被剖切到的梯段，还要画出未被剖切到的梯段的投影。在多层建筑中，若中间层楼梯完全相同时，可只画出首层、中间层、顶层的剖面图，在中间层处用折断线符号分开，并在中间层的楼面和楼梯平台面上注写它所适用的各层楼面和平台面的标高。楼梯间的屋面构造可不画出。

图 16-27 分别为楼梯的 1—1 剖面图。

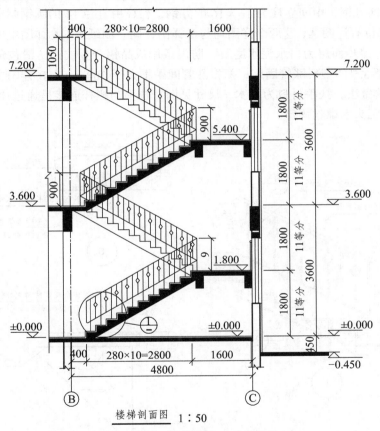

楼梯剖面图 1：50

图 16-27 楼梯的 1—1 剖面图

楼梯剖面图中的图线要求与建筑剖面图一样。

楼梯剖面图的绘图比例一般与楼梯平面图相同。

楼梯剖面图中要注出被剖切到的楼梯间墙体的定位轴线及编号。

梯段的踢面尺寸可采用乘积的形式标注。但若梯段高度除以踏步数不是整数时，也可标注楼梯段总高度，然后注明"均分几步"字样。

楼梯剖面图识读：

从图 16-27 楼梯的 1—1 剖面图中可知，该楼梯为现浇钢筋混凝土楼梯、双跑。从楼层标高和定位轴线间的距离可知，该楼层高 3600 mm，楼梯间进深为 4800 mm。楼梯栏杆端部有索引符号，详图与楼梯剖面图在同一图纸上，详图为 1 号详图，表示该部位还画有详图。从图中可知各楼段的踏步数和尺寸。如第一梯段的高度尺寸 1800，该高度分为 11 等份，表示该梯段为 11 级，每个梯段的踢面高为 1800/11=163.64 mm，整跑梯段的垂直高度为 1800 mm。楼梯栏杆高度尺寸为 900 mm。顶层水平段楼梯栏杆高 1050 mm。

（3）楼梯节点详图。

在楼梯平面图和剖面图中没有表示清楚的一些细部做法，如踏步、栏杆及扶手等，常用较大的比例另外画出详图。如图 16-28 是楼梯踏步和栏杆的详图，踏步详图主要表明踏步的截面形状、大小、材料以及面层的做法；栏杆与扶手详图主要表明栏杆及扶手的形式、大小、所用材料及其与梯段的连接做法等。从图中可以知道栏杆的构成材料，其中立柱材料有两种，端部为 25×25 的方钢，中间立柱为 16×16 的方钢，栏杆由直径 14 的圆钢制成。扶手部位有详图 B，台阶部位有详图 A，这两个详图均与 1 详图在同一图纸上。A 详图主要表示楼梯踏步及防滑条做法，踏步面层为白水泥水磨石，防滑条用成品铝合金或铜防滑包角，包角尺寸见图，包角用直径 3.5 的塑料涨管固定，两根涨管间距不大于 300 mm。B 详图主要说明扶手及其与栏杆连接的做法，扶手材料为硬木，尺寸见图，扶手与栏杆连接是通过顶部 40×4 的通长扁钢用 30 长沉头木螺丝固定。

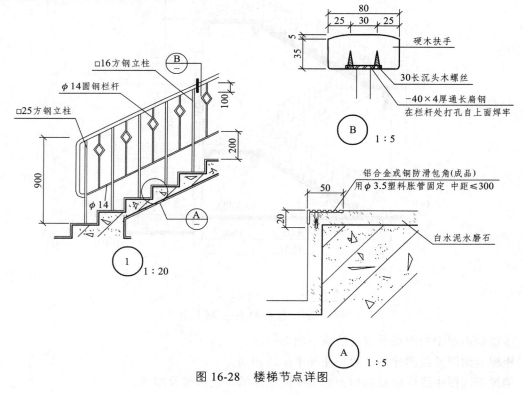

图 16-28　楼梯节点详图

第三节　结构施工图

结构施工图是表示房屋主要结构构件的布置、形状、材料、做法等内容的图样。结构施工图一般包括：结构设计总说明、结构平面图和构件详图。其中结构平面图包括：基础平面图、楼层结构布置平面图、屋面结构布置平面图；构件详图包括：基础详图、梁板柱详图、楼梯结构详图以及其他构配件详图（如阳台、雨篷等）等。

　　房屋的结构构件种类繁多，布置复杂。为了图示清楚、简明扼要，常常用构件代号来表示结构构件。构件代号就是用构件名称主要字汉语拼音的第一个字母表示构件。常用构件代号如表 16-4 所示。

表 16-4 结构构件代号表

名称	代号	名称	代号
板	B	楼梯梁	TL
屋面板	WB	框架	KJ
现浇板	XB	柱	Z
楼梯板	TB	框架柱	KZ
檐口板	YB	构造柱	GZ
天沟板	TGB	楼梯柱	TZ
墙板	QB	基础	J
梁	L	桩	ZH
框架梁	KL	承台	CT
屋面框架梁	WKL	梯	T
过梁	GL	雨篷	YP
圈梁	QL	阳台	YT
连系梁	LL	梁垫	LD
基础梁	JL	预埋件	M

　　对于钢筋混凝土结构的房屋，由于柱梁板等构件太多，且配筋复杂，若用第十三章介绍的钢筋混凝土结构图来表达这些结构构件的配筋图，太烦琐。为了减轻工作量，提高工作效率，目前常采用混凝土结构平面整体表示法（简称"平法"）来表达。本章对于柱梁板部分主要介绍平法的内容。

　　下面以某物业楼为例介绍结构施工图的图示内容、特点和读图方法。

一、结构设计总说明

　　结构设计总说明一般在一套结构施工图的最前面，结构设计总说明主要对主体结构的结构形式、设计依据、抗震等级、材料选用、设计荷载、选用的标准图集、通用节点做法、施工注意事项等用文字加以说明。结构设计总说明很重要，一些无法用图形表示的技术要求都在设计总说明中体现。在看结构施工图时，一定要先看结构设计总说明。

二、基础施工图

　　基础是建筑物最下部的承重结构，承受着整个建筑物的全部荷载，俗话说万丈高楼从地起，所以基础是很关键的。基础一般指建筑物±0.000 以下部分，埋在地面以下。基础的形式很多，这主要与建筑物的上部结构形式、层数以及地基情况等有关。常见的基础形式有条形基础、独立基础、筏板基础、箱型基础、桩基础等，如图 16-29 所示。条形基础各部分的名称见图 16-30 所示。

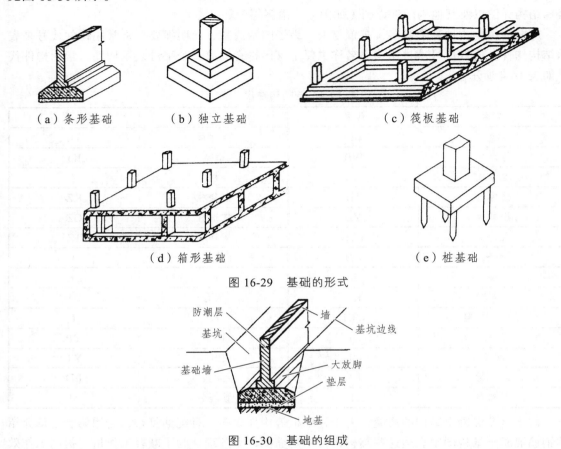

（a）条形基础　　　（b）独立基础　　　　　　（c）筏板基础

（d）箱形基础　　　　　　（e）桩基础

图 16-29　基础的形式

图 16-30　基础的组成

　　基础施工图一般包括基础平面布置图和基础详图。基础平面图是假想用一个水平剖切面在略低于房屋底层室内地面的位置把房屋剖切开，移去上面部分和回填土，然后向下投影所得到的投影图。它主要表示基础的形式、平面布置及其尺寸等。它还要表示与基础有关的一些构造的布置情况，比如管沟、集水坑、电梯坑等。它是基础施工定位、放线和开挖基坑的依据。基础详图是假想用一个铅垂剖切平面切开基础所得到的断面图，主要表示基础的形状、尺寸大小、材料和构造做法，是基础施工的重要依据。

　　下面以某物业楼的基础图为例进行介绍，如图 16-31 所示。

　　在框架结构中，当层数不太多，框架柱承受的荷载不太大且地基条件比较好时，柱下常做独立基础。独立基础就是每个柱子下做一个单独的基础，有时为了加强结构的整体性，独立基础之间还设有拉梁。首层填充墙可直接砌筑在拉梁上，也可在填充墙下设计条形基础。本工程是在填充墙下设条形基础。

　　在基础平面图中每个框架柱的位置用定位轴线来定位，定位轴线与建筑平面图相同，从基础平面图中可以看到每个框架柱下面基础的情况，比如，①轴与ⓒ轴交点处的框架柱基础为 J-1，下面的-2.000 表示基底标高。基础的平面尺寸为长度 2500 mm、宽度 2500 mm，轴线居中，即轴线两边各 1250 mm。

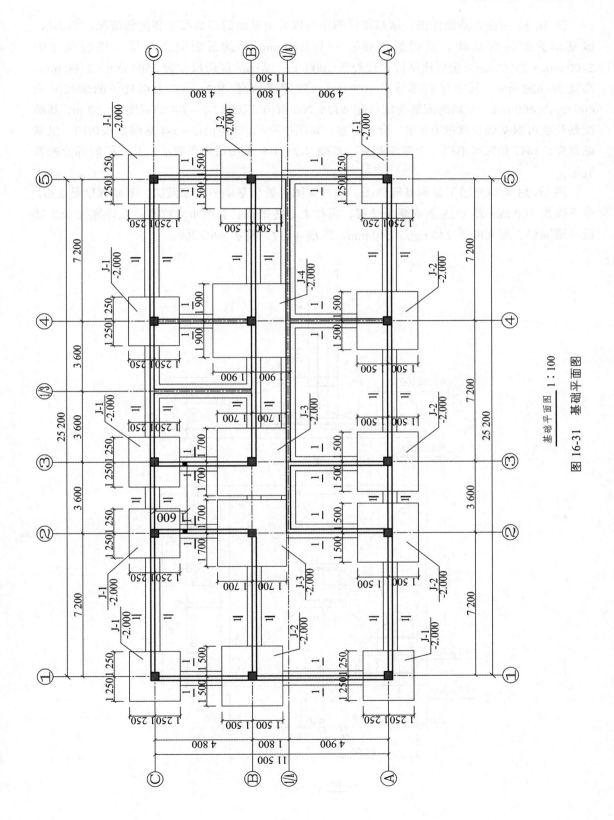

基础平面图　1：100

图 16-31　基础平面图

图 16-32 为独立基础详图，从基础详图中可以看出基础的详细尺寸和配筋情况。如 J-1，该基础为倒锥形基础，基础最下面有一个 100 mm 厚的素混凝土垫层，垫层尺寸为 2700 mm×2700 mm，垫层比基础每边外扩 100 mm。基础的底面尺寸为 2500 mm×2500 mm，高度为 600 mm，其中竖直部分高 300 mm，锥体部分高 300 mm。上部柱子断面尺寸为 400 mm×400 mm。基础的配筋为底部配 Φ12@200 双向。基础 J-2～J-4 的宽度大于 3 m，基础配筋长度可取基础长度的 0.9 倍，交错布置，如图中所示。基础 J-2～J-4 基础形式相同，仅基础宽度、高度和配筋不同，为简单起见，基础 J-2～J-5 采用通用图表示，其不同的部分列表表示。

图 16-33 为填充墙下条形基础详图。从该详图可看出基础的详细做法，基础深度是 2 m，最下面为 100 mm 厚 C15 素混凝土垫层，再往上是砖基础，有两步大放脚，在标高−0.060 处设一道圈梁，圈梁断面 240 mm×240 mm，纵筋 4Φ12，箍筋 Φ6@200。

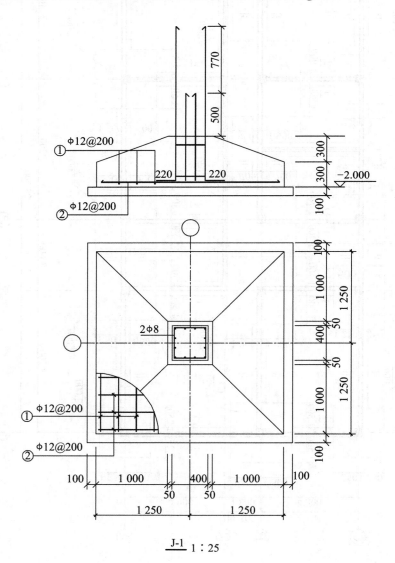

$\underline{\text{J-1}}$ 1 : 25

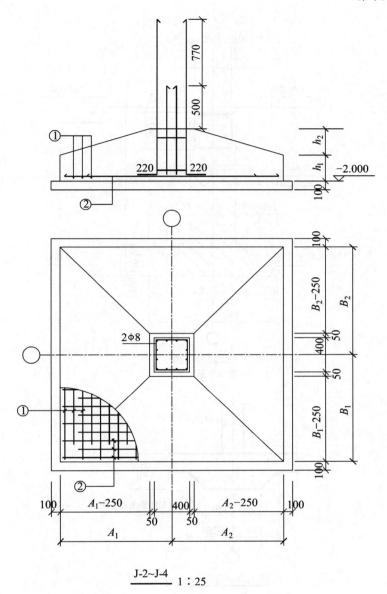

$$\frac{J\text{-}2\text{~}J\text{-}4}{}\quad 1:25$$

J-2~J-4基础选用表

基础编号	A_1	A_2	B_1	B_2	h_1	h_2	①钢筋	②钢筋	备注
J-2	1500	1500	1500	1500	300	300	Φ12@120	Φ12@120	
J-3	1700	1700	1700	1700	300	300	Φ14@150	Φ14@150	
J-4	1900	1900	1900	1900	300	400	Φ16@150	Φ16@150	

图 16-32 独立基础详图

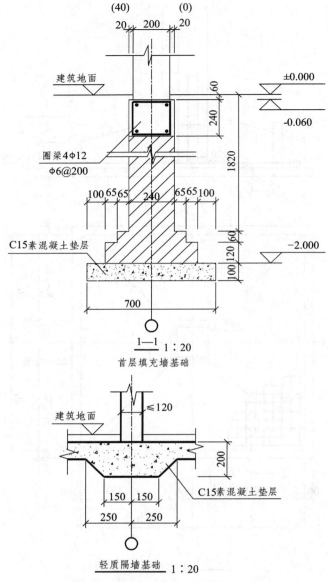

图 16-33　填充墙下条形基础详图

三、柱平法施工图

在框架结构中，框架柱为房屋的主要竖向受力构件，墙体仅起围护和分割房间的作用。在框架结构的施工图中应画出框架柱的布置及配筋图。框架柱常采用"平面整体表示方法"（以下简称"平法"）。框架柱的平法施工图可采用列表注写方式或截面注写方式。在柱平法施工图中每个柱子都进行编号，框架柱的平面布置情况可根据定位轴线确定。在柱平法施工图中应注明各结构层的楼面结构标高、结构层高及相应的结构层号。

1. 列表注写方式

列表注写方式系在柱平面布置图上，分别在同一编号的柱中选择一个（有时需要选择几个）截面标注几何参数代号，在柱表中注写柱号、柱段起止标高、几何尺寸（含柱截面对轴线的偏心情况）与配筋的具体数值，并配以各种柱截面形状及其箍筋类型图的方式，来表达柱平法施工图。柱截面箍筋类型如图16-34所示。

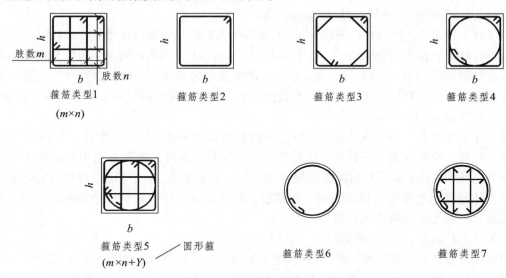

图 16-34　柱截面箍筋类型

箍筋类型1的箍筋肢数可有多种组合，图16-35为5×4组合，图中给出了箍筋的详细构造，其他形式的箍筋为固定形式，在施工图中仅选择编号即可。

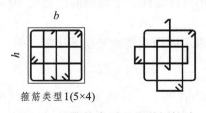

图 16-35　箍筋类型1的详细构造

柱表注写内容规定如下：

（1）注写柱编号，柱编号由类型代号和序号组成，应符合表16-5的规定。编号时，当柱的总高、分段截面尺寸和配筋均对应相同，仅分段截面与轴线的关系不同时，仍可将其编为同一柱号。

表 16-5　柱编号

柱类型	代号	序号
框架柱	KZ	××
框支柱	KZZ	××
芯柱	XZ	××
梁上柱	LZ	××
剪力墙上柱	QZ	××

（2）注写各段柱的起止标高，自柱根部往上以变截面位置或截面未变但配筋改变处为界

分段注写。框架柱和框支柱的根部标高系指基础顶面标高。芯柱的根部标高系指根据结构实际需要而定的起始位置标高。梁上柱的根部标高系指梁顶面标高。剪力墙上柱的根部标高分两种：当柱纵筋锚固在墙顶部时，其根部标高为墙顶面标高；当柱与剪力墙重叠一层时，其根部标高为墙顶面往下一层的结构层楼面标高。

（3）对于矩形柱，注写柱截面尺寸 $b \times h$ 及轴线关系的几何参数代号 b_1、b_2 和 h_1、h_2 的具体数值，须对应于各段柱分别注写。其中 $b=b_1+b_2$，$h=h_1+h_2$。当截面的某一边收缩变化至与轴线重合或偏到轴线的另一侧时，b_1、b_2、h_1、h_2 中的某项为零或为负值。对于圆柱，表中 $b \times h$ 一栏改用在圆柱直径数字前加 d 表示。为表达简单，圆柱截面与轴线的关系也用 b_1、b_2 和 h_1、h_2 表示，并使 $d=b_1+b_2=h_1+h_2$。

（4）注写柱纵筋。当柱纵筋直径相同，各边根数也相同时（包括矩形柱、圆柱和芯柱），将纵筋注写在"全部纵筋"一栏中；除此之外，柱纵筋分角筋、截面 b 边中部筋和 h 边中部筋三项分别注写（对于采用对称配筋的矩形截面柱，可仅注写一侧中部筋，对称边省略不注）。

（5）注写箍筋类型号及箍筋肢数，在箍筋类型栏内注写柱箍筋类型号及箍筋肢数。柱截面形状及其箍筋类型绘制出示意图。

（6）注写柱箍筋，包括钢筋级别、直径与间距。

当为抗震设计时，用斜线"/"区分柱端箍筋加密区与柱身非加密区长度范围内箍筋的不同间距。例如 φ10@100/250，表示箍筋为Ⅰ级钢筋，直径 φ10，加密区间距为 100 mm，非密区间距为 250 mm。当箍筋沿柱全高为一种间距时，则不使用"/"线。例 φ10@100，表示箍筋为Ⅰ级钢筋，直径 φ10，间距为 100 mm，当圆柱采用螺旋箍筋时，需在箍筋前加"L"。例如 Lφ10@100/200，表示采用螺旋箍筋，Ⅰ级钢筋，直径 φ10，加密区间距为 100 mm，非加密区间距为 200 mm。

图 16-36 为采用列表方式表示的物业楼框架柱平法施工图。

2. 截面注写内容规定

截面注写方式是在柱平面布置图上，分别在同一编号的柱中选择一个截面，以直接注写截面尺寸和配筋具体数值的方式来表达柱平法施工图。为了表达清楚，常常将选中的柱按一定比例原位放大绘制柱截面配筋图，并在各配筋图上继其编号后再注写截面尺寸 $b \times h$、角筋或全部纵筋（当纵筋采用一种直径且能够图示清楚时）、箍筋的具体数值。

柱截面与轴线关系 b_1、b_2、h_1、h_2 的具体数值在柱截面配筋图上标注。

注写柱纵筋时，当柱纵筋直径相同，各边根数也相同时，注写全部纵筋；除此之外，仅注写角筋。其他各边中部配筋情况在柱截面配筋图中直接标注（对于采用对称配筋的矩形截面柱，可仅在一侧注写中部筋，对称边省略不注）。

在截面注写方式中，如柱的分段截面尺寸和配筋均相同，仅分段截面与轴线的关系不同时，可将其编为同一柱号。但此时应在未画配筋的柱截面上注写该柱截面与轴线关系的具体尺寸。

图 16-37 所示的施工图采用截面注写方式注写。该图表示的是从标高−0.050 到 3.550 的框架柱配筋图，即一层的柱配筋图。从图中可以看出该层框架结构共有两种框架柱，即 KZ1 和 KZ2。它们的断面尺寸相同，均为 400 mm×400 mm，它们与定位轴线的关系均为轴线居中。它们的纵筋相同，角筋均为 4Φ20，每边中部钢筋均为 2Φ18，KZ1 箍筋为 φ8@100，KZ2 箍筋为 φ8@100/200。

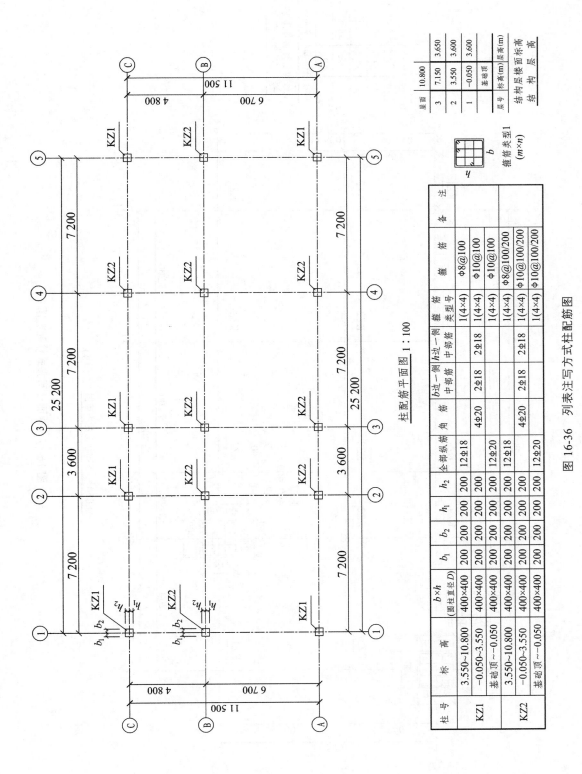

柱配筋平面图 1:100

图 16-36 列表注写方式柱配筋图

结构层楼面标高
结构层高

层号	结构层楼面标高(m)	层高(m)
屋面	10.800	
3	7.150	3.650
2	3.550	3.600
1	-0.050	3.600
基础顶		

箍筋类型1
(m×n)

柱号	标高	b×h (圆柱直径D)	b_1	b_2	h_1	h_2	全部纵筋	角筋	b边一侧中部筋	h边一侧中部筋	箍筋类型号	箍筋	备注
KZ1	3.550~10.800	400×400	200	200	200	200	12Φ18				1(4×4)	Φ8@100	
	-0.050~3.550	400×400	200	200	200	200		4Φ20	2Φ18	2Φ18	1(4×4)	Φ10@100	
	基础顶~-0.050	400×400	200	200	200	200	12Φ20				1(4×4)	Φ10@100	
KZ2	3.550~10.800	400×400	200	200	200	200	12Φ18				1(4×4)	Φ8@100/200	
	-0.050~3.550	400×400	200	200	200	200		4Φ20	2Φ18	2Φ18	1(4×4)	Φ10@100/200	
	基础顶~-0.050	400×400	200	200	200	200	12Φ20				1(4×4)	Φ10@100/200	

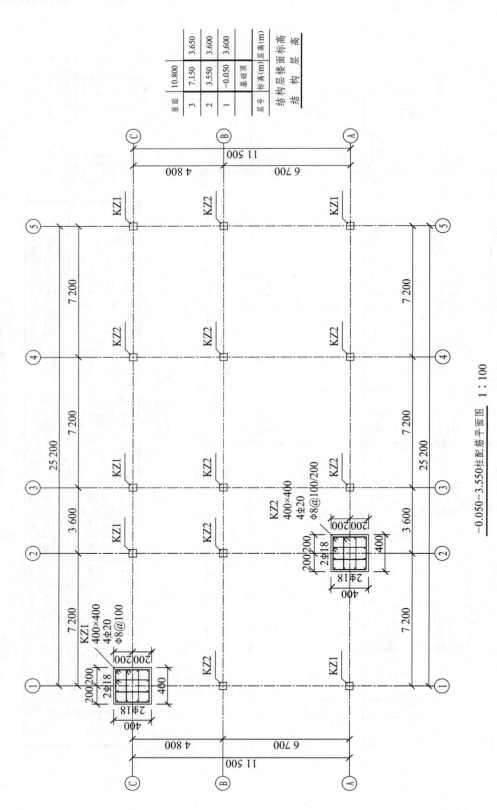

结 构 层 楼 面 标 高 结 构 层 高		
层号	标高(m)	层高(m)
屋面	10.800	3.650
3	7.150	3.600
2	3.550	3.600
1	-0.050	
基础顶		

−0.050～3.550柱配筋平面图　1∶100

图16-37　截面注写方式柱配筋图

在截面注写方式中，一张图仅表示一层柱的配筋情况（若几层相同也可合并表示），其他层柱子的配筋情况需再画出平面图表示。

四、梁平法施工图

在框架结构中，由于梁的种类和数量比较多，用传统的表示方法比较麻烦。因此常用"平面整体表示方法"（以下简称"平法"）来表示梁的配筋。梁平法施工图系在梁平面布置图上采用平面注写方式或截面注写方式表达。梁平面布置图，应分别按梁的不同结构层（标准层），将全部梁和与其相关联的柱、墙、板一起采用适当比例绘制。梁平法施工图尚应按规定注明各结构层的顶面标高及相应的结构层号。对于轴线未居中的梁，应标注其偏心定位尺寸（贴柱边的梁可不注）。

1. 平面注写方式

平面注写方式，系在梁平面布置图上，分别在不同编号的梁中各选一根梁，在其上注写截面尺寸和配筋具体数值的方式来表达梁平法施工图。

平面注写包括集中标注与原位标注，集中标注表达梁的通用数值，原位标注表达梁的特殊数值。当集中标注中的某项数值不适用于梁的某部位时，将该项数值原位标注，施工时，原位标注取值优先，如图 16-38 所示。为了比较平面注写方式与传统注写方式，图 16-39 给出了该梁采用传统表示方法绘制梁施工图，可见采用传统表示方式非常烦琐。

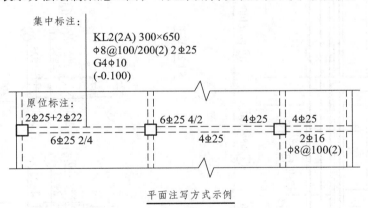

图 16-38　框架梁平面注写方式示例

梁编号由梁类型代号、序号、跨数及有无悬挑代号几项组成，应符合表 16-6 的规定。

表 16-6　梁编号

梁类型	代　号	序　号	跨数及是否带有悬挑
楼层框架梁	KL	××	（××）、（××A）或（××B）
屋面框架梁	WKL	××	（××）、（××A）或（××B）
框支梁	KZL	××	（××）、（××A）或（××B）
非框架梁	L	××	（××）、（××A）或（××B）
悬挑梁	XL	××	（××）、（××A）或（××B）

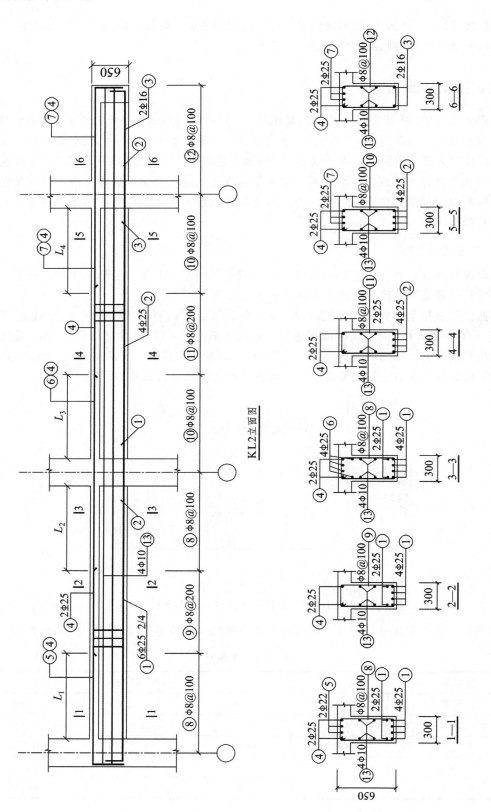

KL2立面图

图 16-39 框架梁传统表达方式示例

跨数后面的字母 A 和 B 表示梁是否悬挑，（XXA）为一端有悬挑，（XXB）为两端有悬挑，悬挑不计入跨数。例如：KL7（5A）表示 7 号框架梁，5 跨，一端有悬挑；L9（7B）表示 9 号非框架梁，7 跨，两端有悬挑。

梁集中标注的内容，有五项必注值及一项选注值（集中标注可以从梁的任意一跨引出），规定如下：

（1）梁编号，见表 16-6，该项为必注值。

（2）梁截面尺寸，该项为必注值。当为等截面梁时，用 $b \times h$ 表示；当有悬挑梁且根部和端部的高度不同时，用斜线分隔根部与端部的高度值表示，即为 $b \times h_1/h_2$，如图 16-40。

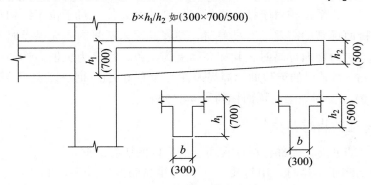

图 16-40　悬挑梁表示方法

（3）梁箍筋，包括钢筋级别、直径、加密区与非加密区间距及肢数，该项为必注值。箍筋加密区与非加密区的不同间距及肢数需用斜线"/"分隔；当梁箍筋为同一种间距及肢数时，则不需用斜线；当加密区与非加密区的箍筋肢数相同时，则将肢数注写一次；箍筋肢数应写在括号内。加密区范围见相应抗震级别的标准构造详图。

例如 φ10@100/200（4），表示箍筋为 I 级钢筋，直径 φ10，加密区间距为 100 mm，非加密区间距为 200 mm，均为四肢箍。

φ8@100（4）/150（2），表示箍筋为 I 级钢筋，直径 φ8，加密区间距为 100 mm，四肢箍；非加密区间距为 150 mm，两肢箍。

（4）梁上部通长筋或架立筋配置（通长筋可为相同或不同直径采用搭接连接、机械连接或对焊连接的钢筋），该项为必注值。所注规格与根数应根据结构受力要求及箍筋肢数等构造要求而定。当同排纵筋中既有通长筋又有架立筋时，应用加号"+"将通长筋和架立筋相连。注写时须将角部纵筋写在加号的前面，架立筋写在加号后面的括号内，以示不同直径及与通长筋的区别。当全部采用架立筋时，则将其写入括号内。

例如 2φ22 用于双肢箍；2φ22+（2φ12）用于四肢箍，其中 2φ22 为通长筋，2φ12 为架立筋。

当梁的上部纵筋和下部纵筋为全跨相同，且多数跨配筋相同时，此项可加注下部纵筋的配筋值，用分号"；"将上部与下部纵筋的配筋值分隔开来。少数跨不同者，采用原位标注注写。

例如"3φ22；3φ20"表示梁的上部配置 3φ22 的通长筋，梁的下部配置 3φ20 的通长筋。

（5）梁侧面纵向构造钢筋或受扭钢筋配置，该项为必注值。当梁腹板高度 $h_w \geqslant 450$ mm 时，须配置纵向构造钢筋，所注规格与根数应符合规范规定。此项注写值以大写字母 G 打头，后面注写设置在梁两个侧面的总配筋值，且对称配置。

例如 G 4Φ12，表示梁的两个侧面共配置 4Φ12 的纵向构造钢筋，每侧各配置 2Φ12。

当梁侧面需配置受扭纵向钢筋时，此项注写值以大写字母 N 打头，后面注写配置在梁两个侧面的总配筋值，且对称配置。受扭纵向钢筋应满足梁侧面纵向构造钢筋的间距要求，且不再重复配置纵向构造钢筋。

例如 N 6Φ22，表示梁的两个侧面共配置 6Φ22 的受扭纵向钢筋，每侧各配置 3Φ22。

（6）梁顶面标高高差，该项为选注值。

梁顶面标高高差，系指相对于结构层楼面标高的高差值，对于位于结构夹层的梁，则指相对于结构夹层楼面标高的高差。有高差时，须将其写入括号内，无高差时不注。当某梁的顶面高于所有结构层的楼面标高时，其标高高差为正值，反之为负值。例如：某结构层的楼面标高为 44.950 m，当某梁的梁顶面标高高差注写为（−0.050）时，即表明该梁顶面标高相对于 44.950 m 低 0.05 m，即该梁的顶面标高为 44.900 m。

2. 梁原位标注的内容规定

（1）梁支座上部纵筋，该部位标注含通长筋在内的所有纵筋：

① 当上部纵筋多于一排时，用斜线"/"将各排纵筋自上而下分开。

例如，梁支座上部纵筋注写为 6Φ25 4/2，则表示上一排纵筋为 4Φ25，下一排纵筋为 2Φ25。

② 当同排纵筋有两种直径时，用加号"+"将两种直径的纵筋相连，注写时将角部纵筋写在前面。

例如，梁支座上部有四根纵筋，2Φ25 放在角部，2Φ22 放在中部，在梁支座上部应注写为 2Φ25+2Φ22。

③ 当梁中间支座两边的上部纵筋不同时，须在支座两边分别标注；当梁中间支座两边的上部纵筋相同时，可仅在支座的一边标注配筋值，另一边省去不注，如图 16-41 所示。

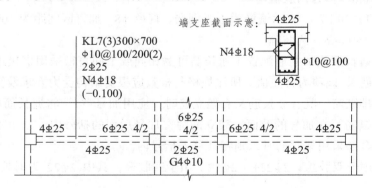

图 16-41　框架梁平面注写方式示例

（2）梁下部纵筋。

① 当下部纵筋多于一排时，用斜线"/"将各排纵筋自上而下分开。

例如，梁下部纵筋注写为 6Φ25 2/4，则表示上一排纵筋为 2Φ5，下一排纵筋 4Φ25，全部伸入支座。

②当同排纵筋有两种直径时，用加号"＋"将两种直径的纵筋相联，注写时角筋写在前面。

③当梁下部纵筋不全部伸入支座时，将梁支座下部纵筋减少的数量写在括号内。

例如，梁下部纵筋注写为 6Φ25 2（−2）/4，则表示上排纵筋为 2Φ25，且不伸入支座；下一排纵筋为 4Φ25，全部伸入支座。

④当梁的集中标注中已分别注写了梁上部和下部均为通长的纵筋值时，则不需在梁下部重复做原位标注。

（3）附加箍筋或吊筋，将其直接画在平面图中的主梁上，用引线标注总配筋值（附加箍筋的肢数注在括号内），如图 16-42 所示，当多数附加箍筋或吊筋相同时，可在梁平法施工图上统一注明，少数与统一注明值不同时，再原位引注。

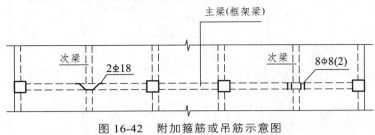

图 16-42　附加箍筋或吊筋示意图

施工时应注意：附加箍筋或吊筋的几何尺寸应按照标准构造详图，结合其所在位置的主梁和次梁的截面尺寸而定。

（4）当在梁上集中标注的内容（即梁截面尺寸、箍筋、上部通长筋或架立筋，梁侧面纵向构造钢筋或受扭纵向钢筋，以及梁顶面标高高差中的某一项或几项数值）不适用于某跨或某悬挑部分时，则将其不同数值原位标注在该跨或该悬挑部位，施工时应按原位标注数值取用。

如图 16-43 为采用平面注写方式表达的梁平法施工图。

3．截面注写方式

截面注写方式，系在分层绘制的梁平面布置图上，分别在不同编号的梁中各选择一根梁用剖面号引出配筋图，并在其上注写截面尺寸和配筋具体数值的方式来表达梁平法施工图，如图 16-44 所示。

对所有梁按表 16-6 的规定进行编号，从相同编号的梁中选择一根梁，先将"单边截面号"画在该梁上，再将截面配筋详图画在本图或其他图上。当某梁的顶面标高与结构层的楼面标高不同时，尚应继其梁编号后注写梁顶面标高高差（注写规定与平面注写方式相同）。

在截面配筋详图上注写截面尺寸 $b \times h$、上部筋、下部筋、侧面构造筋或受扭筋以及箍筋的具体数值时，其表达形式与平面注写方式相同。

截面注写方式既可以单独使用，也可与平面注写方式结合使用。

五、楼板配筋平法施工图

在房屋结构图中，楼板的配筋可采用传统表达方式，也可采用平法表达方式。传统表达方式见第十三章，此处不再举例。下面主要介绍平法表达方式。

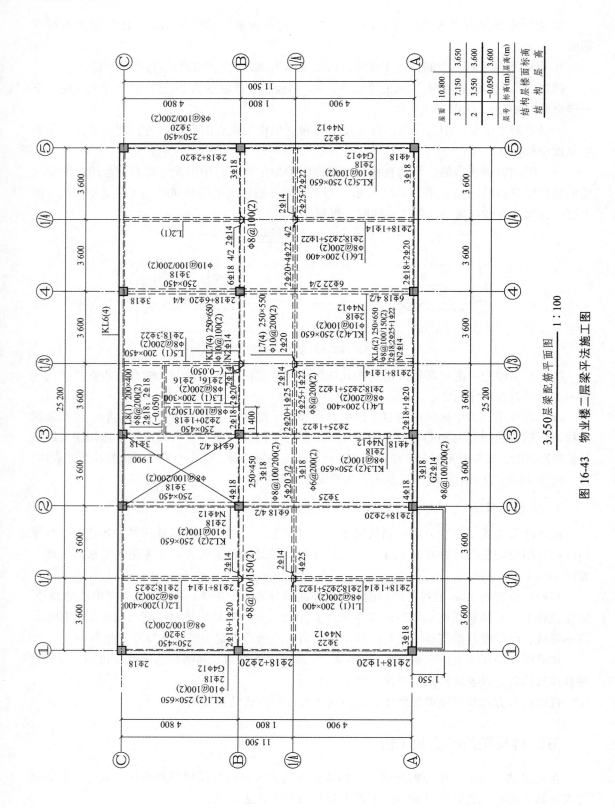

3.550层梁配筋平面图 1:100

图 16-43 物业楼二层梁平法施工图

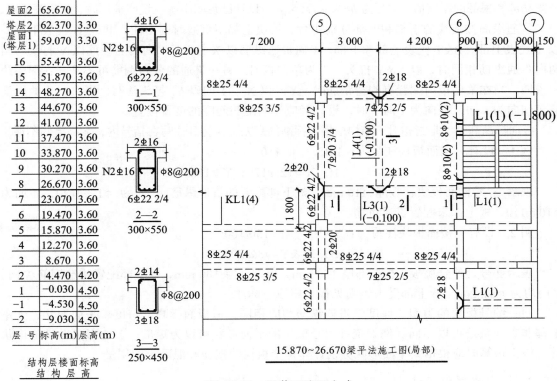

层　号	标高(m)	层高(m)
屋面2	65.670	
塔层2	62.370	3.30
屋面1(塔层1)	59.070	3.30
16	55.470	3.60
15	51.870	3.60
14	48.270	3.60
13	44.670	3.60
12	41.070	3.60
11	37.470	3.60
10	33.870	3.60
9	30.270	3.60
8	26.670	3.60
7	23.070	3.60
6	19.470	3.60
5	15.870	3.60
4	12.270	3.60
3	8.670	3.60
2	4.470	4.20
1	-0.030	4.50
-1	-4.530	4.50
-2	-9.030	4.50

结构层楼面标高
结 构 层 高

15.870~26.670梁平法施工图(局部)

图 16-44　梁截面注写方式

楼板平法施工图，是在楼面板或屋面板的平面布置图上，采用平面注写的表达方式。它主要包括板块集中标注和支座原位标注。

为了方便设计表达和施工图识读，规定结构平面的坐标方向如下：① 当两向轴网正交布置时，图面从左向右为 x 向，从下向上为 y 向。② 当轴网转折时，局部坐标方向顺轴网转折角度作相应转折。③ 当轴网向心布置时，切向为 x 向，径向为 y 向。

1. 板块集中标注

板块集中标注的内容为：板块编号、板厚、贯通纵筋以及当板面标高不同时的板面标高差。

对于普通楼面，两向均以一跨为一板块，对于密肋楼盖两向均以一跨主梁（框架梁）为一板块（非主梁密肋不计）。所有板块应逐一编号，相同编号的板块可择其一进行集中标注。其他仅注写板块编号，以及当板面标高不同时的标高差。

板块编号按表 16-7 规定编写。

表 16-7　板块编号

板类型	代号	序号
楼面板	LB	××
屋面板	WB	××
延伸悬挑板	YXB	××
纯悬挑板	XB	××

板厚注写为 $h=××$（×× 为垂直板面的厚度），当悬挑板的端部改变截面厚度时，用斜线

分割端部和根部的厚度值。注写为 $h=××/××$。当设计已在图中统一说明板厚时，此项可不注。

贯通纵筋按板块的下部和上部分别注写。板块上部不贯通时则不注，并以 B 代表下部，以 T 代表上部，B&T 代表上部和下部。X 向贯通纵筋以 X 打头，Y 向贯通纵筋以 Y 打头，当两向贯通纵筋相同时，以 X&Y 打头。当为单向板时，另一贯通的分布钢筋可不注，在图中统一说明。当在某些板内配置有构造钢筋时，X 向以 X_C、Y 向以 Y_C 打头注写。当 Y 向为放射配筋（切向为 x 向，径向为 y 向）时，设计者应注明配筋间距的度量位置。

板面标高高差，是指相对于结构层楼面标高的高差，应将其注写在括号内，无高差则不注。

例 1   设有一楼面板块注写为：LB5 $h=110$

B：$X\phi12@120$；$Y\phi10@110$

表示 5 号楼面板块，板厚 110 mm，板下部配置的贯通纵筋 X 向为 $\phi12@120$，Y 向为 $\phi10@110$，板上部未配置贯通负筋。

例 2   设有一楼面板块注写为：YXB2 $h=150/100$

B：$X_C\&Y_C\phi8@200$

表示 2 号延伸悬挑板，板根部厚 150 mm，板端部厚 100 mm，板下部配置构造钢筋 X 向、Y 向均为 $\phi8@200$，板上部受力钢筋见板支座原位标注。

同一编号板块的类型、厚度、贯通纵筋均应相同，但板面标高、跨度、平面形状、支座上部非贯通负筋可以不同。例如统一编号板块的平面形状可以为矩形、多边形以及其他形状等，施工预算时应根据其平面形状分别计算每个板块的钢筋和混凝土的用量。

2. 板支座原位标注

板支座原位标注的内容为板支座上部非贯通纵筋和纯悬挑板上部受力钢筋。板支座原位标注的钢筋应在配置相同跨的第一跨表达（当在梁悬挑部位单独配置时在原位表达），在配置相同跨的第一跨（或梁的悬挑部位）垂直于板的支座（梁或墙）绘制一段适宜长度的中粗实线（当该筋通长设置到悬挑板端或短跨板的上部时，实线应画至板对边或贯通短跨），以该线段代表板上部支座非贯通负筋，并在线段上方注写钢筋编号、配筋值、横向连续布置的跨数（注写在括号内，且当为一跨时可不注）以及横向是否布置到梁的悬挑端。例如：（××）为横向布置的跨数，（××A）为横向布置的跨数及一端悬挑，（××B）为横向布置的跨数及两端悬挑。

板支座上部非贯通负筋自支座中线向板内的延伸长度，注写在中粗实线的下方。当中间支座非贯通负筋向支座两侧对称延伸时，可仅在支座一侧线段的下方注写延伸长度，另一侧不注。当中间支座非贯通负筋向支座两侧不对称延伸时，应分别在支座两侧线段的下方注写延伸长度。

对线段画至对边贯通全跨或贯通全悬挑长度的上部通长纵筋，贯通全跨或延伸至悬挑一侧的长度值不注。只注明非贯通筋另一侧的延伸长度值。

板平法施工图示例如图 16-45 所示。

六、楼梯结构图

楼梯构造比较复杂，每一栋楼房都要画出楼梯结构图，楼梯结构图主要表示楼梯各承重构件的位置、支撑关系及配筋情况。图 16-46 至图 16-52 为某物业楼的楼梯结构详图。

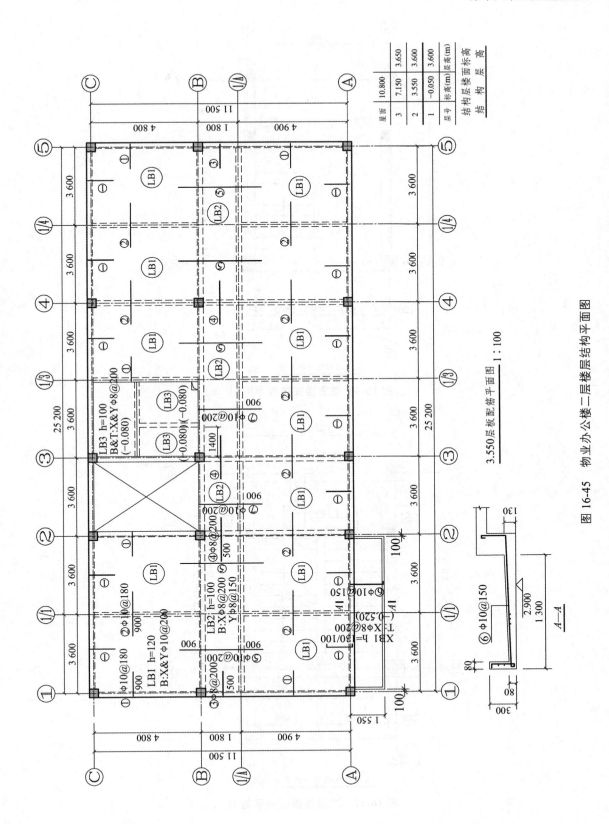

图 16-45 物业办公楼二层楼层结构平面图

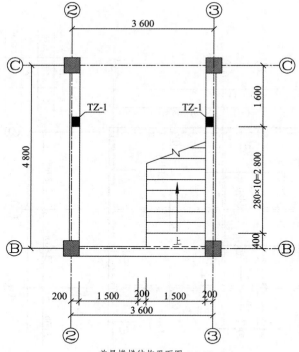

首层楼梯结构平面图 1 : 50

图 16-46 首层楼梯结构平面图

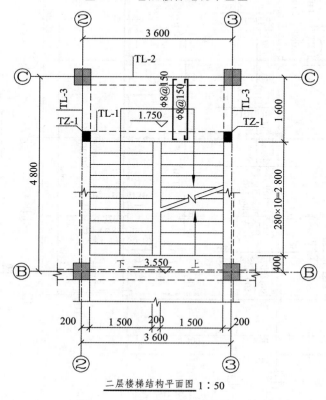

二层楼梯结构平面图 1 : 50

图 16-47 二层楼梯结构平面图

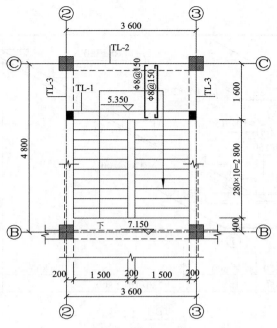

三层楼梯结构平面图 1 : 50

图 16-48　三层楼梯结构平面图

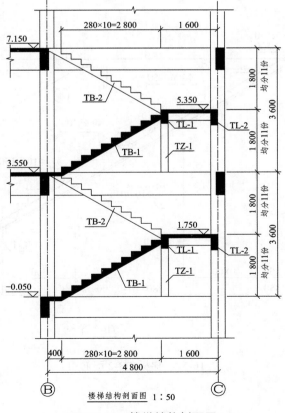

楼梯结构剖面图 1 : 50

图 16-49　楼梯结构剖面图

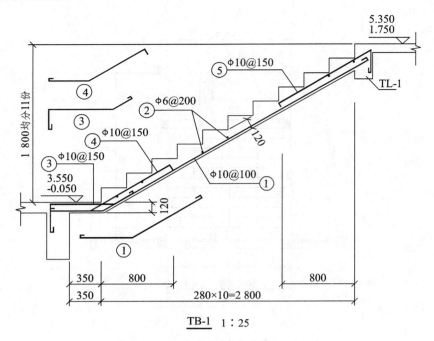

TB-1 1 : 25

图 16-50 梯板 TB-1 配筋图

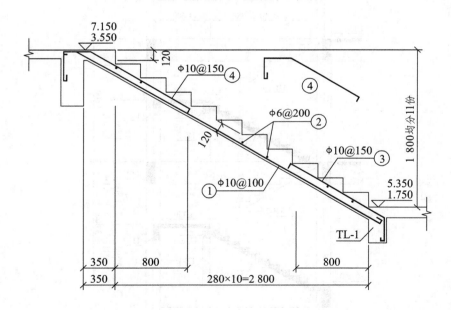

TB-2 1 : 25

图 16-51 梯板 TB-2 配筋图

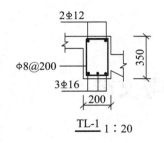

TL-1 1 : 20

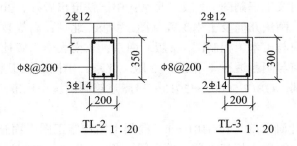

TL-2 1 : 20　　　　　TL-3 1 : 20

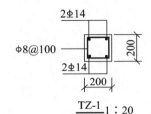

TZ-1 1 : 20

图 16-52　梯柱、梯梁配筋图

在框架结构中，竖向主要承重构件为框架柱，水平承重构件为梁和板。墙体仅起围护和分割房间的作用，这种墙体称为填充墙。因此框架结构的结构施工图主要表示柱梁板的布置及配筋情况，填充墙可以省略不画。框架结构的楼梯结构详图也主要表示这些承重构件的布置及配筋情况，不应画出填充墙。

图 16-46 至图 16-52 为楼梯结构详图。从图中可以看出，该楼梯为两跑楼梯。而且一层到二层的楼梯和二层到三层的楼梯相同，第一个梯段都是 TB-1，第二个梯段都是 TB-2。TB-1和 TB-2 都是一段支撑在框架梁上，一段支撑在楼梯梁 TL-1 上。两个楼梯段与框架梁相连处都有一小段水平板，所以这两个楼梯板都是折板楼梯。TL-1 的两端支撑在楼梯柱 TZ-1 上，TZ-1 支撑在基础拉梁（首层）或框架梁（二层）上。楼梯休息平台四周分别有 TL-1、TL-2、TL-3 支撑。TL-2 的两端支撑在框架柱上。

楼梯板的配筋可从 TB-1 和 TB-2 的配筋详图中得知，比如 TB-1 的板底受力钢筋为①号筋Φ10@100；左支座负筋为③号钢筋 Φ10@150 和④号钢筋 Φ10@150，因为该楼梯左支座处为折板楼梯，支座负筋需要两根钢筋搭接，右支座负筋为⑤号钢筋 Φ10@150；板底分布钢筋为②号钢筋 Φ6@200。为了表示①③④号钢筋的详细形状，图中还画出了它们的钢筋大样图。TB-1的板厚为 120 mm，注意水平段厚度也是 120 mm。TB-2 的配筋请读者自己阅读。

参考文献

[1] 宋兆全. 画法几何及工程制图. 2 版. 北京：中国铁道出版社，2003.

[2] 朱育万，卢传贤. 画法几何及土木工程制图. 3 版. 北京：高等教育出版社，2005.

[3] 唐人卫. 画法几何与土木工程制图. 2 版. 南京：东南大学出版社，2008.

[4] 许松照. 画法几何与阴影透视（下册）. 2 版. 北京：中国建筑工业出版社，1998.

[5] 住房和城乡建设部. GB/T 50001—2010 房屋建筑制图统一标准. 北京：中国计划出版社，2011.

[6] 中国建筑标准设计研究院. 16G101—1 混凝土结构施工图平面整体表示方法制图规则和构造详图（现浇混凝土框架、剪力墙、梁、板）. 北京：中国计划出版社，2016.